알기쉬운

식품분석

Food Analysis

손종연 저

도서출판 진 로

머 리 말

식품산업의 급속한 발전에 의해 수많은 식품들이 개발, 생산되고 있는 상황에서, 이들 식품의 분석을 통한 품질관리가 절실히 요구되고 있는 실정이다. 또한 생산, 유통 , 저장 중의 병원성 미생물 및 식품 유래 독성물질이 증가하고 있어, 가공식품 뿐 아니라 농축산식품에 대한 안정성 확보가 필요하다. 이러한 관점에서 본서는 식품 전공학생의 실험실습뿐 만 아니라 식품제조기사 자격 취득을 위한 지침서로 활용할 수 있도록 하였다.

책의 내용은 우선 식품분석의 기초실험으로서 기초적 분석지식, 분석원리, 조작방법을 설명하고 실제 식품에 대한 응용 예를 실었다. 또한 식품성분 분석표에 근거한 일반성분 분석 및 식품공전에 기술된 기본 분석법을 중심으로 특수성분의 정성 및 정량, 유지의 산패 측정법 등을 기술하였다.

종래의 식품분석 관련 서적들은 대부분 문장으로 기술되어 있기 때문에 그대로 보고 실험조작을 행하기 어려웠으나, 본서에서는 조작방법을 차트식으로 기술하여 실험을 보다 쉽게 행할 수 있도록 하였다. 또한 각 실험조작 단계마다 주의해야할 사항을 병기하였다.

또 각 항목의 실험을 행하는데 있어서 그 내용의 이해를 돕기 위한 해설을 붙이고, 실험조작, 결과에 있어서도 각각의 항목을 기술하여 실험내용을 쉽게 이해하도록 하였다. 또 실험지도자의 편리를 고려하여 자료, 시약, 기구 등 필요한 것을 모두 기재하였다.

특히 분석조작으로서의 전단계인 시료조제에 대해서는 자칫하면 생략되는 경우가 많기 때문에 이에 대해 상당 부분을 할당하여 기술하였다. 또한 실험 경험이 없는 학생을 고려하여 특히, 특수시약 조제에 대해서는 그 표준액의 조제방법에 대해 주의사항을 들어 자세히 설명하였다.

실험을 행하는 목적의 하나는 과학적인 생각과 기술을 배우고 이것을 몸에 익히는 것이다. 따라서 가능한 한 많은 실험경험을 할 수 있고, 실험경험이 없는 학생도 무리 없이 실험 감각을 몸에 익힐 수 있도록 노력하였다.

끝으로 본서의 출판을 위해 많은 도움과 노고를 아끼지 않으신 도서출판 진로 임종철사장님께 감사의 마음을 전하는 바이다. 또한 실험항목의 예비실험 및 원고정리에 수고를 아끼지 않았던 국립 한경대학교 식품화학실험실 학생 및 졸업생들에게도 감사의 뜻을 전하는 바이다.

2017년 2월

저자 손 종 연

차 례

제1장. 식품분석의 기초 ---------- 11

1.1. 분석기구의 종류 및 사용법 ---------- 11

1. 분석기구의 재질 ---------- 11
2. 부피측정 기구 ---------- 14
3. 여과 기구 ---------- 22
4. 건조 기구 ---------- 25
5. 증류 기구 ---------- 27
6. 그 밖의 분석 기구 ---------- 28
7. 온도측정 기구 ---------- 33
8. 분석기구의 세척 ---------- 35

1.2. 측정치 및 유효숫자 ---------- 36

1. 유효숫자의 반올림 ---------- 36
2. 더하기, 빼기의 유효수치 ---------- 36
3. 곱하기, 나누기의 유효수치 ---------- 37

1.3. 실험 보고서 작성법 ---------- 37

1.4. 시약의 규격 및 명명법 ---------- 39

1. 시약의 규격 ---------- 39
2. 시약의 명명법 ---------- 39

1.5. 용액의 조제 ---------- 44

1. 용액의 농도 및 조제법 ---------- 44

제2장. 부피분석의 기초실험 ---------- 51

1. 표준용액의 표정과 역가 ---------- 52
2. 표정방법 ---------- 52

2.1. 중화적정법 ---- 53
1. 중화적정 곡선과 지시약 ---- 53
실험 2-1. 0.1N NaOH용액 조제 및 표정 ---- 59
실험 2-2. 0.1N HCl(또는 H_2SO_4)용액의 조제 및 표정 ---- 61
실험 2-3. 식품중의 유기산 정량 ---- 62
실험 2-4. 우유의 산도(젖산함량) 측정 ---- 66
2.2. 산화환원적정법 ---- 68
1. 과망간산칼륨($KMnO_4$)을 이용한 산화환원적정 ---- 68
2. 요오드(I_2)를 이용한 산화환원적정 ---- 69
실험 2-5. 0.1N 과망간산칼륨($KMnO_4$)용액의 조제 및 표정 ---- 70
2.3. 침전적정법 ---- 72
1. 모르(Mohr)법 ---- 72
2. 볼하드(Volhard)법 ---- 73
3. 파이얀스(Fajans)법 ---- 74
실험 2-6. 모르법에 의한 식염 정량 ---- 76
실험 2-7. 볼하드법에 의한 식염 정량 ---- 81
2.4. 킬레이트적정법 ---- 83
1. 킬레이트제 ---- 83
2. 금속지시약(metal ion indicator) ---- 84
실험 2-8. 물의 경도 측정(직접적정법) ---- 87
실험 2-9. 물의 경도 측정(역적정법) ---- 90

제3장. 식품성분의 정량분석 ---- 93
3.1. 분석시료의 채취 및 조제 ---- 93
1. 분석시료의 채취 ---- 93
2. 분석시료의 조제 ---- 94
3. 분석시료의 전처리 ---- 95
3.2. 수분 정량 ---- 96
실험 3-1. 상압가열건조법에 의한 수분 정량 ---- 97
실험 3-2. 비속법에 의한 수분 정량 ---- 98

실험 3-3. 감압건조법에 의한 수분 정량 100
실험 3-4. 증류법에 의한 수분 정량 102
실험 3-5. 적외선 가열건조법에 의한 수분 정량 104
3.3. 조단백질 정량 106
실험 3-6. 킬달질소정량법에 의한 단백질 정량 107
실험 3-7. 개량법에 의한 조단백질 정량 113
3.4 아미노산 정량 116
1. 포르몰(formol) 적정법 116
2. 반스라이크(Van Slyke)법 117
3. 닌하이드린법(비색법) 117
실험 3-8. 포르몰(formol) 적정법에 의한 아미노태질소 정량 118
3.5. 조지방 정량 119
1. 지질 정량법 119
실험 3-9. 속슬레법에 의한 지방 정량 122
실험 3-10. 뢰제 · 곳트리브법에 의한 지방 정량 124
실험 3-11. 게르버법에 의한 유지방 정량 128
실험 3-12. 뱁콕법에 의한 유지방 정량 130
실험 3-13. 클로로포름-메탄올혼합액 추출법에 의한 지방 정량 132
3.6. 탄수화물 정량 134
실험 3-14. 벨트란(Bertrand)법에 의한 환원당 정량 134
실험 3-15. 소모기(Somogyi)법에 의한 환원당 정량 139
실험 3-16. 소모기-넬슨(Somogyi-Nelson)법에 의한 환원당 정량 142
실험 3-17. DNS법에 의한 환원당 정량 144
실험 3-18. 설탕의 가수분해와 정량 146
실험 3-19. 전분의 가수분해와 정량 149
실험 3-20. 페놀-황산법에 의한 총당(total sugar) 정량 151
실험 3-21. 조섬유 정량 153
3.7. 조회분 정량 157
실험 3-22. 직접회화법에 의한 조회분 정량 158
실험 3-23. 신속회화법에 의한 조회분 정량 160
실험 3-24. 식품의 산, 알칼리도 측정 162

3.8. 무기성분의 분석 ---------- 165
실험 3-25. 과망간산칼륨적정법을 이용한 칼슘 정량 ---------- 165
실험 3-26. 킬레이트적정법을 이용한 칼슘 정량 ---------- 170
실험 3-27. 몰리브텐블루(molybden blue) 비색법에 의한 인(P) 정량 ---------- 172
실험 3-28. Ortho-phenanthroline 비색법에 의한 철 정량 ---------- 174
3.9. 비타민 C 정량 ---------- 176
1. 비타민 C 정량방법 ---------- 176
실험 3-29. 인도페놀법에 의한 비타민 C 정량 ---------- 179
실험 3-30. 2,4-DNP에 의한 비타민 C 정량 ---------- 182
3.10. 알코올 정량 ---------- 185
1. 주정계를 이용한 알코올 정량 ---------- 185
실험 3-31. 주정계를 이용한 에탄올 정량 ---------- 185
2. 산화환원적정을 이용한 알코올 정량 ---------- 187
실험 3-32. 중크롬산칼륨법을 이용한 에탄올 정량 ---------- 188
실험 3-33. 중크롬산칼륨을 이용한 에탄올 함량 측정(AOAC법) ---------- 181
3.11. 유지의 화학 시험 ---------- 193
1. 유지의 산패 측정 시험 ---------- 193
실험 3-34. 과산화물가 측정 ---------- 193
실험 3-35. 산가(acid value)의 측정 ---------- 199
실험 3-36. TBA가(thiobarbituric acid value) ---------- 203
2. 유지의 품질 특성 및 판별 시험 ---------- 205
실험 3-37. 요오드가(Iodine value) 측정 ---------- 205
실험 3-38. 비누화값(saponification value, 검화가)의 측정 ---------- 208
3.12. 식품의 기능성 ---------- 211
실험 3-39. 채소류의 래디칼 소거활성 측정 ---------- 211
실험 3-40. Folin-Denis법에 의한 페놀성 물질 정량 ---------- 213
3.13. 식품의 칼로리(열량) 계산 ---------- 215

제4장. 식품에 관한 기타 실험 ---------- 217
4.1. pH 측정 ---------- 217

1. 수소이온 농도와 pH ---------- 217
2. pH의 측정법 ---------- 218
3. 수소이온 농도와 완충용액(buffer solution) ---------- 221
실험 4-1. pH 미터에 의한 중화적정곡선의 작성 ---------- 222
실험 4-2. 초산 완충액의 조제 및 완충능의 측정 ---------- 224
4.2. 비중 측정 ---------- 226
실험 4-3. 식용유의 비중 측정 ---------- 226
실험 4-4. 우유의 비중 측정 ---------- 228
4.3. 굴절계(refractometer) 측정 ---------- 230
1. 아베 굴절계(Abbe refractometer) ---------- 232
2. 간이굴절계 ---------- 235
4.4. 분광광도계(spectrophotometer) ---------- 240
1. 색과 파장 ---------- 240
2. 람베르트-베르법칙(Lambert-beer law) ---------- 240
3. 분광광도 측정법 ---------- 242
4.5. 크로마토그래피(chromatography) ---------- 244
1. 여지크로마토그래피(paper chromatography) ---------- 245
2. 박층크로마토그래피(TLC, thin layer chromatography) ---------- 245
실험 4-5. 박층크로마토그래피(TLC)에 의한 수용성 식용색소 분리 ---------- 248
실험 4-6. 박층크로마토그래피(TLC)에 의한 아미노산 분리 ---------- 249
3. 고속액체크로마토그래피(HPLC) ---------- 250
4. 가스크로마토그래피(GC) ---------- 255
실험 4-7. 가스크로마토그래피를 이용한 지방산 조성 ---------- 260
4.6. 원자흡광분석법에 의한 무기질 분석 ---------- 263
4.7. 당산비(糖酸比)에 의한 과실, 과즙의 품질평가 ---------- 267

제5장. 식품성분의 정성반응 ---------- 269
5.1. 탄수화물의 정성반응 ---------- 269
실험 5-1. 탄수화물의 정성시험에 의한 당류의 확인 ---------- 270
5.2. 지질의 정성반응 ---------- 277

실험 5-2. 지질의 정성시험 277
5.3. 단백질의 정성반응 282
실험 5-3. 단백질의 정성시험 282
5.4. 식물성 색소의 정색반응 285
실험 5-4. 식물성 색소의 정색시험 285

부 록 289

1. 우유비중보정표 289
2. 탈지우유비중 보정표 291
3. 벨트란 당류 정량표 293
4. 당도 온도 보정표 295
5. 완충용액조성표 296
6. 국제원자량표 299
7. 원소주기율표 300

제 1 장

식품분석의 기초

1.1. 분석기구의 종류 및 사용법
1.2. 측정치 및 유효숫자
1.3. 실험보고서 작성법
1.4. 시약의 명명법
1.5. 용액의 제조

1.1. 분석기구의 종류 및 사용법

1. 분석기구의 재질

1) 유리 기구

일상생활에서 사용되는 연질유리는 화학약품이나 기계적 충격에 약하여 실험기구로는 적합하지 않다. 정량분석용 기구에는 보통 경질 1급과 경질 2급의 재료가 사용된다. 보통 사용되는 것은 경질 1급(붕규산유리, 내열유리)으로 규산(실리카, SiO_2)를 주성분으로 한다. 상품명으로는 pyrex, kimax, duran 등이 있다(표 1-1)

유리는 일반적으로 산에는 강하지만, 불화수소산 및 진한 인산에는 약하여 부식된다. 또 알칼리에 약해 장기간 노출되면 Na^+, K^+, 규산염 등이 용출된다. 산이나 알칼리는 모두 고온인 경우, 부식작용이 더 강하다.

2) 사기기구

불투명하지만 화학적, 기계적으로도 유리보다 강도가 강해 보통 자기도가니는 1,200℃의 고온에서도 견디어 증발, 강열, 건조회화(550℃) 조작에 사용된다.

[표 1-1] 유리기구의 종류 및 특징

종 류	특 징
연질유리 (소다유리)	- 규산(SiO_2, 60~70%)에 산화나트륨(Na_2O, 소다), 산화칼슘(CaO)을 섞어 만든 유리 - 산화나트륨(소다)이 상당량 함유되어있어 소다유리라고도 한다. - 융점이 낮아 가공이 쉽고, 가격이 싸지만, 충격에 쉽게 깨지고, 열팽창계수가 커서 가열이나 급냉각에 쉽게 깨진다. - 식기류나 판유리, 일반병류, 유리컵, 전구유리, 유리관, 데시케이터로 사용
경질유리 (경질2급)	- 연질유리보다 경도가 높은 유리로, 산화나트륨 대신 산화칼륨(K_2O)을 넣어 만든 유리. - 온도의 급변에 강하고 내열성·내약품성 등이 우수한 유리 - 이화학용, 조리용, 조명용, 보온병, 주사기, 온도계 등에 널리 이용
초경질유리 (경질1급)	- 규산에 붕산을 섞어 만든 붕규산유리(borosilicate glass) - 열에 강하여 내열유리라고도 한다(내열온도 230℃). - 경질유리보다 단단하고 화학적으로 안정하고, 급가열이나 급냉각에도 잘 견딘다. 예) 파이렉스(pyrex, 규산(81%)과 붕산(12%)으로 만든 유리), kimax, duran 등 - 비커, 전자렌지용 식기, 가열용 주전자 등에 사용
크리스탈 유리	- 96% 석영 유리 - 녹는 점이 매우 높고 단단하며, 900℃에서도 견딜 수 있는 강도가 높은 유리
석영유리 (실리카)	- 거의 100% 규산(SiO_2)으로 구성되며, 팽창계수가 작어 온도 급변에 견디는 힘이 강하며 연화온도가 높다(연질유리 700℃, 초경질유리 820℃, 석영유리 1,700℃). - 연속사용에 견디는 온도(1,000℃)는 초경질유리(230℃)에 비해 높다. - 충격에 약한 것이 단점. - 자외선(UV)를 투과시키는 특징이 있어 UV cell로 많이 사용된다. - 가스크로마토그래피 및 전기영동용 모세관 칼럼 제조에도 사용된다.

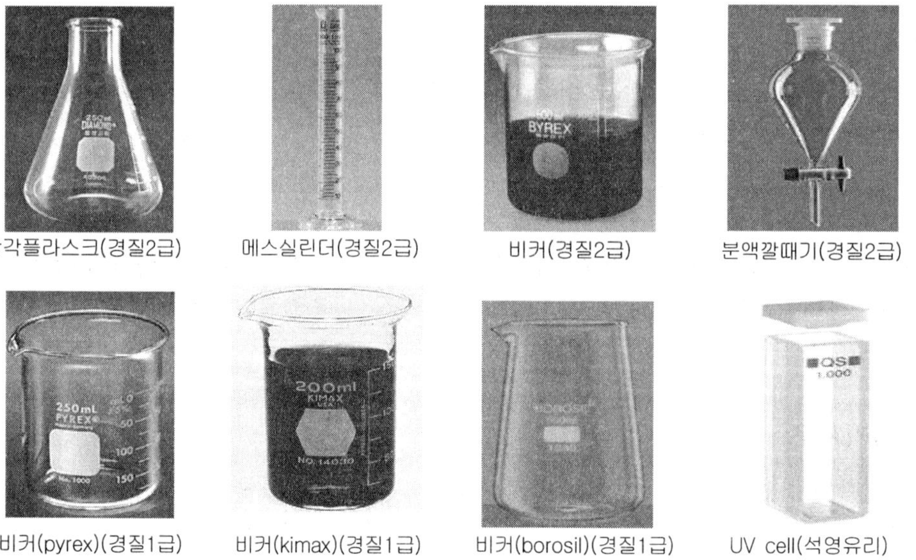

삼각플라스크(경질2급) 메스실린더(경질2급) 비커(경질2급) 분액깔때기(경질2급)

비커(pyrex)(경질1급) 비커(kimax)(경질1급) 비커(borosil)(경질1급) UV cell(석영유리)

[그림 1-1] 유리 재질에 따른 유리기구

3) 플라스틱기구

플라스틱기구는 유리보다 가볍고, 취급이 용이하다는 장점이 있으나 기체가 투과되기 쉽고, 열에 약하다는 등의 단점이 있다. 또한 재질에 따라 유기용매에 부식되는 것도 있기 때문에 사용에 주의할 필요가 있다.

일반적으로 실험기구에는 폴리에틸렌(PE), 폴리프로필렌(PP), 폴리스타이렌(PS), 테프론(teflon) 등이 이용된다.

폴리에틸렌은 내산, 내알칼리성이 강하며, 유기용매나 약품에도 강하나 내열성이 약한 단점이 있다.

폴리프로필렌은 대부분의 특성이 폴리에틸렌과 비슷하지만, 내열성과 강도가 더 강하다.

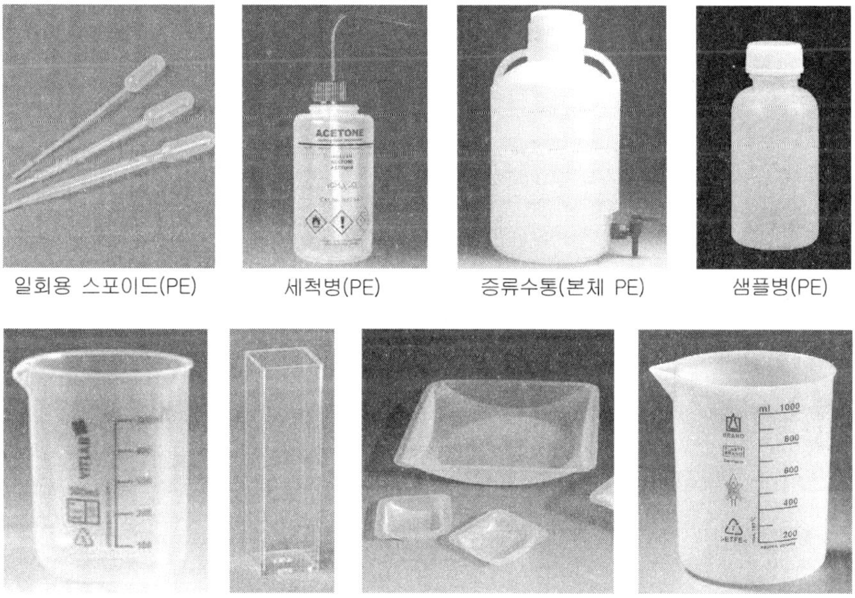

일회용 스포이드(PE) 세척병(PE) 증류수통(본체 PE) 샘플병(PE)

비커(PP) 플라스틱셀(PS) 일회용 칭량접시(PS) 비커(테프론)

[그림 1-2] 플라스틱 재질에 따른 플라스틱기구

폴리스타이렌은 내산성, 내알칼리성, 내열성, 유기용매에 약하기 때문에 일회용 칭량접시 등에 이용된다.

반면 테프론은 대부분의 화합물에 잘 견디고, 내열성이 있어, 미량분석시약의 저장 등에 사용된다.

[표 1-2] 플라스틱 재질에 따른 플라스틱기구의 종류 및 특성

재 질	특 성	용 도
폴리에틸렌 (PE, polyethylene)	- 내산, 내알칼리, 유기용매, 약품에 강함 - 수증기 투과성이 낮다. - 기체투과성이 높다. 내열성이 약하다(80℃에서 연화).	샘플병, 세척병, 일회용스포이드, 증류수통
폴리프로필렌 (PP, polypropylene)	- 대부분 성질이 폴리에틸렌(PE)과 비슷 - 단 폴리에틸렌보다 강도, 투명도, 내열성(140℃)이 우수	플라스틱비커, 실린더, 깔때기, 세척병뚜껑, 데시케이터
폴리스타이렌 (PS, polystyrene)	- 내산, 내알칼리, 내열성, 유기용매에 약함 - 투명도 우수	페트리디쉬, 일회용 칭량접시, 플라스틱셀, 샘플병
테프론(teflon)	- 내산, 내알칼리, 내열성, 내약품성이 매우 우수	미량분석시약 저장

2. 부피측정 기구

1) 뷰렛(buret)

뷰렛은 유출되는 용액의 양을 정확하게 측정하는데 이용되며, 일반적으로 25 mL와 50 mL 용량의 뷰렛이 많이 사용된다. 보통 mL를 표시하는 주눈금선과 0.1 mL를 표시하는 부눈금선이 있다. 부눈금선의 사이를 대략 10등분하여 읽을 수 있기 때문에 보통 0.01 mL까지 측정할 수 있다.

- 뷰렛의 종류

뷰렛은 코크의 종류에 따라 가이슬러 뷰렛(Geissler buret, 뷰렛 끝부분이 유리나 테프론 코크로 되어 있음)과 모르뷰렛(Mohr buret, 뷰렛 끝부분이 고무관으로 되어 있음) 등으로 분류된다.

- 가이슬러 뷰렛(Geissler buret, stopcock buret)

하부에 유리(또는 테프론)코크로 붙여 개폐할 수 있도록 되어 있다(그림 1-3). 유리코크형 뷰렛의 경우는 코크의 양끝에 소량의 바셀린을 바른 후 코크를 넣고 회전시켜 골고루 묻히게 한다.

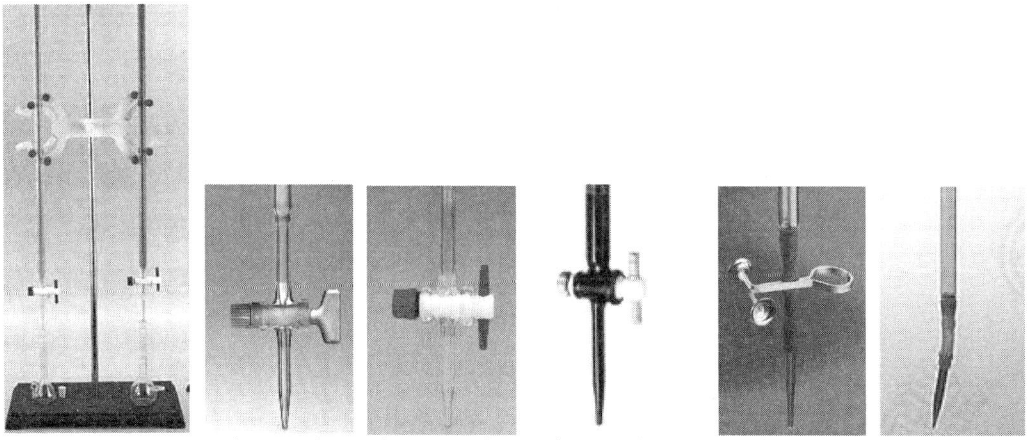

(유리코크) (테프론코크) (갈색뷰렛) (고무관) (고무관)

가이슬러뷰렛 모르뷰렛

[그림 1-3] 뷰렛의 종류

바셀린을 너무 많이 바르면 코크에 구멍이나 선단을 막히게 한다. 일반적으로 산을 적정액으로 사용하는 경우에는 가이슬러 뷰렛을 사용하는 것이 편리하다. 그러나 이 뷰렛은 오랫동안 알칼리용액(NaOH, KOH 등)을 넣어 방치하면 공기 중의 CO_2를 흡수하여 코크 부분에 Na_2CO_3 또는 K_2CO_3를 생성하여 코크가 회전하지 않게 된다. 따라서 알칼리용액을 사용하는 경우에는 항상 깨끗이 씻어 두어야 한다.

광에 민감하고 변질되기 쉬운 시약($AgNO_3$, $KMnO_4$ 등)에는 갈색 뷰렛을 사용하는 것이 좋다.

- **모르뷰렛(Mohr buret, pinchcock buret)**

뷰렛의 방출부는 선단의 방출용 세공유리관이 연결되어 있고, 고무관을 끼운 핀치코크(pinchcock)를 개폐하거나, 고무관 내부에 유리구가 들어 있어 고무관 위를 손끝으로 집어 약간 늘어나게 하면 용액이 유출된다(그림 1-3). 알칼리용액을 적정액으로 사용하는 경우에는 모르뷰렛을 사용하는 것이 편리하다. 그러나 고무관은 환원되기 때문에 과망간산칼륨과 질산은용액에는 사용할 수 없다.

그러나 현재에는 시약의 영향을 받지도 않으며 윤활제도 필요 없는 테프론 마개 뷰렛(teflon stopcock buret)이 많이 사용되고 있다.

- **뷰렛 사용법**

1) 뷰렛을 사용할 때는 먼저 사용하고자 하는 용액으로 뷰렛안을 2~3번 세척한다.

2) 뷰렛 상단부에 깔때기를 놓고 기포없이 용액을 눈금의 제로점보다 많이 넣은 후 제로점을 맞춘다.

3) 뷰렛의 선단부에 기포가 없이 앞까지 용액으로 채워진 것을 확인하고 선단밖에 용액이 묻어 있는 부분을 닦아낸다.

4) 액체의 볼록면을 보면서 코크를 열어 용액을 유출시킨다.

5) 적정을 할 때는 코크를 왼손으로 외측을 누르고 오른손으로 약간 누르면서 코크를 연다(그림 1-4 a). 왼손만으로도 조작이 가능하며(그림 1-4 b), 이때는 오른손으로 용기를 흔들면서 적정할 수 있다.

[그림 1-4] 뷰렛의 코크 조작법

• **뷰렛의 표선(메니스커스) 읽는 법**

눈금을 읽을 때에는 눈의 높이를 메니스커스(표선, meniscus)의 높이와 같이 놓고 메니스커스의 하단 눈금을 읽는다. 만약 눈의 높이가 메니스커스의 높이보다 높으면 실제보다 높게 보이고, 눈을 너무 아래로 낮추면 액체는 실제보다 낮게 보인다. 그러나 과망간산칼륨용액과 같이 착색이 강하여 하단을 확인하기 어려울 때는 상단을 읽는다.

적정 시에는 용기의 액을 회전시켜 섞으면서 초기에는 비교적 빨리하고 종말점이 가까워지면 한 방울씩 넣는다. 종말점이 가까워지면 눈금을 보면서 종말점을 확인하는 것이 안전하다.

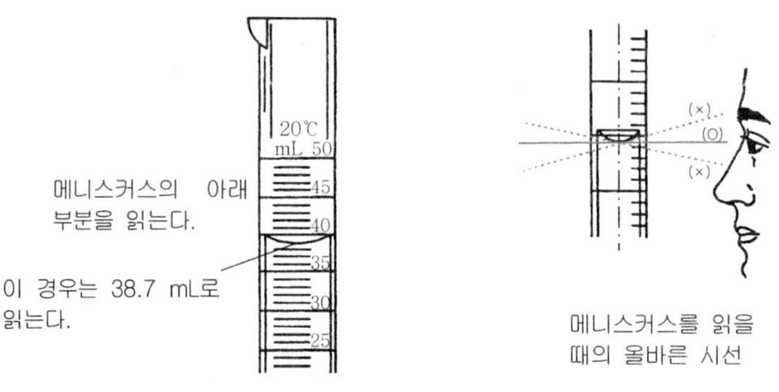

[그림 1-5] 뷰렛의 메니스커스(표선) 읽는 법

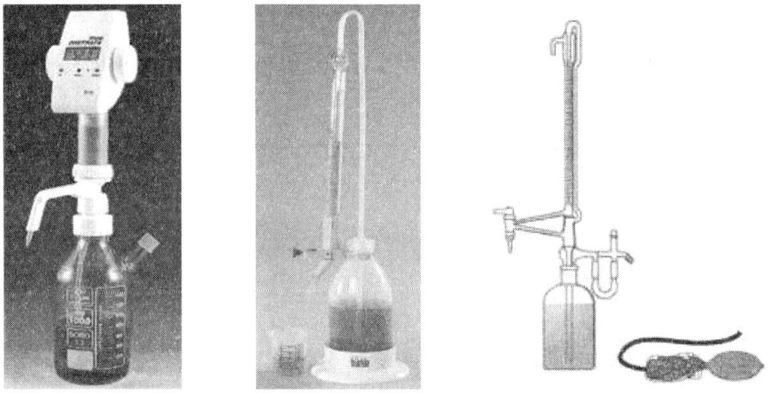

[그림 1-6] 자동뷰렛의 종류

2) 피펫(pipet)

피펫은 일정량의 액체를 채취하여 다른 곳으로 옮기는 데 이용되는 기구(TD, to deliver)이며, 보통 1~100 mL 용량의 것이 있다.

• **피펫의 종류**

피펫의 종류로는 홀피펫, 메스피펫, 마이크로람다피펫, 오스트왈드-폴린피펫, 적하피펫, 파스텔피펫 등이 있다(그림 1-7).

1) 홀피펫(whole pipet, volumetric pipet, transfer pipets) : 정해진 일정 부피만큼만 옮길 수 있도록 하나의 눈금을 가지고 있다.

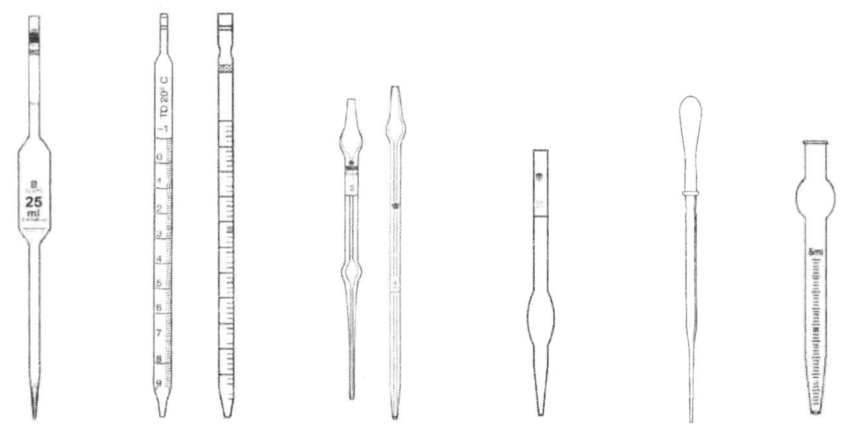

[그림 1-7] 피펫의 종류

2) 메스피펫 (mess pipet, measuring pipets): 실험자가 원하는 양을 자유로이 취할 수 있도록 여러 눈금이 표시되어 있다. 메스피펫은 모르피펫(Mhor pipet)과 혈청용 피펫(serological pipet)의 2종류가 있다. 모르피펫(그림 1-7 a)은 피펫의 원통 부분에만 눈금이 있는 것이며, 혈청용 피펫(그림 1-7 b)은 피펫의 뾰족한 선단까지 눈금이 있는 피펫을 혈청학용이다.

3) 마이크로람다피펫 (microlambda pipets) : 아주 작은 부피를 측정하는데 사용되며, 0.001~2 mL의 여러 종류가 있다. 1 λ(lambda)은 1 μL를 말한다.

4) 오스트왈드-폴린피펫(Ostwald-Folin pipets) : 점도가 높은 용액(예: 혈액, 혈청)에 적당한 피펫. 형태는 홀피펫과 비슷해 보이지만 팽대부가 피펫의 선단 쪽에 있는 것이 다르다.

5) 파스퇴르피펫(Pasteur Pipets) : 눈금이 없으며 끝이 가늘고 길며, 1~20 mL 정도를 대략적으로 계량할 수 있다.

- **피펫 사용법**

피펫은 보통 사용할 용액으로 피펫내부를 2~3회 잘 씻은 후 피펫의 끝을 수직으로 시료용액에 담그고 위쪽 유리관에서 공기를 빨아서 액체를 채운다. 이때 입을 사용하는 것보다 고무로 만든 흡입밸브(필러)를 사용하도록 한다. 특히 휘발성 및 유독한 액체는 반드시 흡입밸브를 사용한다.

액체를 표선까지 맞춘 다음에 피펫 끝은 기벽에 문질러 방울을 떼어버리고 다른 용기에 옮겨 천천히 위의 유리관에 공기가 들어가도록 하여 액체가 자연적으로 흘러나오도록 한다. 액체가 모두 나온 다음에는 10을 세는 정도의 시간이 지난 다음 끝을 기벽에 문질러서 액체방울을 떼고 들어낸다. 이 때 피펫 끝에 남아 있는 소량의 액체는 불어내지 않고 그대로 두는 것이 보통이다. 메스피펫의 경우는 끝에 남아 있는 방울을 불어내어서는 안된다. 피펫을 만들 때 이것을 감안하였기 때문이다.

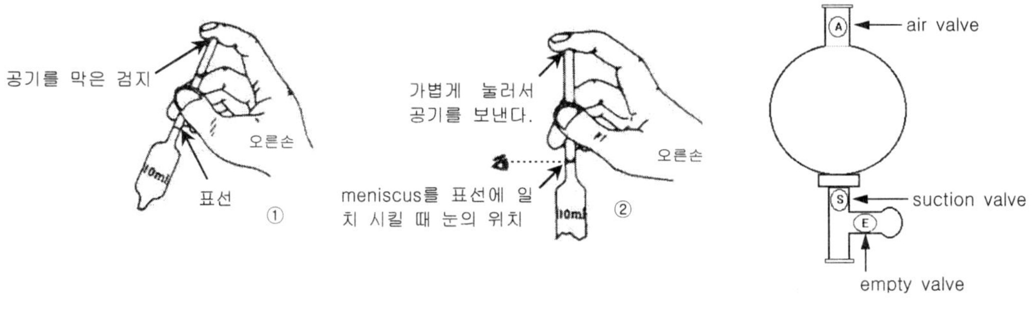

[그림 1-8] 피펫의 사용법

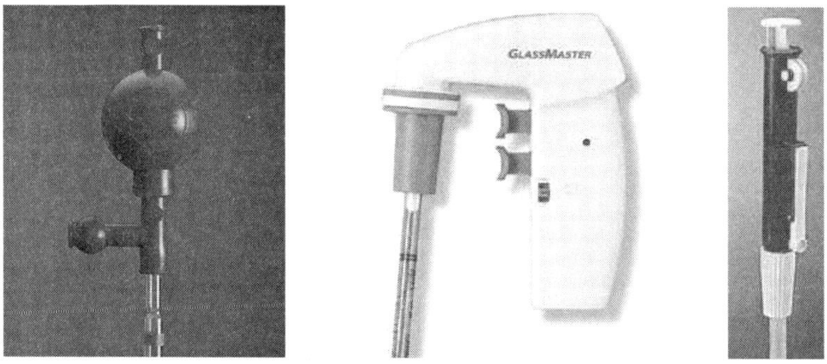

[그림 1-9] 피펫 필러(pipet filler)

• **피펫 필러 사용법**

1) 먼저 피펫을 피펫필러에 끼운다.

2) A 부분을 누르고 다른 손으로 필러 둥근 부분을 누르면 필러안의 공기가 빠져 진공이 생긴다.

3) 피펫 끝을 취하고자 하는 용액에 담그고 필러중간의 S부분을 눌러 일정량의 용액을 취한다. 이때 용액이 필러 안으로 들어가지 않도록 주의한다.

4) 필러 아래쪽 E부분을 눌러 필요한 양을 유출시킨다.

• **마이크로피펫(micropipet)**

1~1,000 μL 범위의 고정된 부피 또는 여러 부피를 일회용 플라스틱 팁(tip)을 사용하여 옮길 수 있다.

정확도는 1~2%이고 정밀도는 0.5%에 달한다. 정확도는 옮겨진 부피와 원하는 부피가 어느 정도 잘 일치하는가 하는 문제이고 정밀도는 반복해서 여러 번 옮겨질 때의 재현성과 관계가 있다.

[그림 1-10] 마이크로피펫의 구조 및 사용법

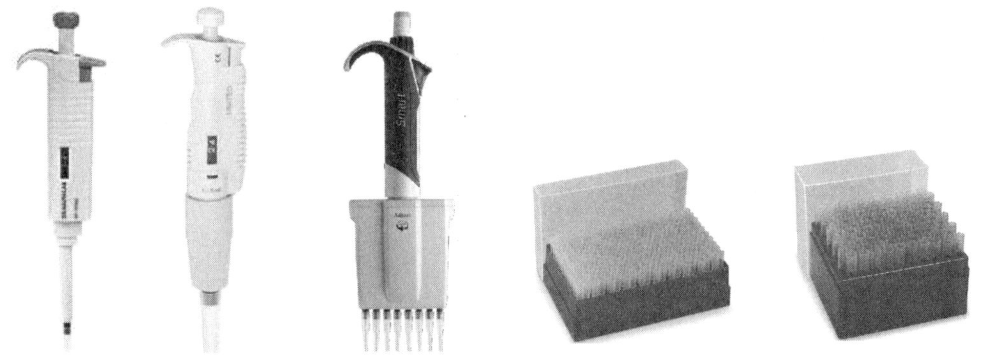

[그림 1-11] 마이크로피펫(micropipet, autopipet)과 팁(tip)

3) 용량플라스크(volumetric flask 또는 mess flask)

용량플라스크(메스플라스크)는 표준용액을 조제하거나 시료용액을 일정배율로 희석할 때 사용되는 기구이다.

메스플라스크는 가늘고 긴 목 부위에 눈금을 넣은 플라스크로써 입구에 마개가 있다. 대부분 특정의 용량을 표시하는 각선이 목의 중앙에 있고 E 또는 A의 기호가 표시되어 있다. E는 그 표선까지 넣었을 때에 용액이 그 용기의 소정의 용량이 된다는 표시이고, A는 표선까지 넣은 액을 다른 용기에 옮겼을 때에 액량이 소정의 양이 된다는 표시이다. E, A 2개의 눈금이 붙어 있는 것도 있으며, 이 경우는 위선이 A, 밑의 선은 E이다.

한편 플라스크에는 "TC 20℃"라고 표시되어 있는데 이것은 20℃에서 표시된 부피를 담도록(to contain) 눈금이 새겨져 있다는 것을 의미한다. 온도는 액체와 유리가 둘 다 가열되면 팽창하기 때문에 중요하다.

피펫의 경우에는 표시된 부피를 옮기도록 TD(to deliver)의 눈금이 새겨 있다.

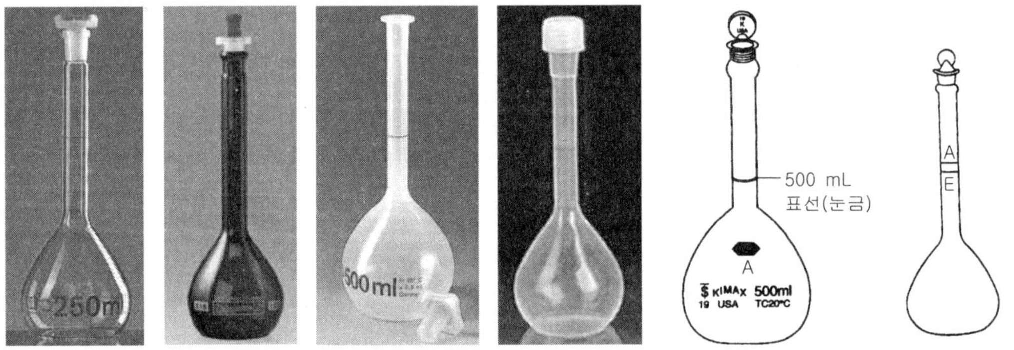

유리 유리(갈색) 플라스틱(PP) 테프론

[그림 1-12] 메스플라스크의 종류

메스플라스크에는 무색과 갈색이 있으며 유리마개나 폴리에틸렌마개가 부착되어 있다. 갈색 메스플라스크는 질산은($AgNO_3$)과 같이 햇빛에 반응성이 있는 물질의 용액을 만들 때 사용한다.

• **용량플라스크사용법**

메스플라스크를 사용하여 일정농도와 일정부피의 용액을 만드는 경우, 고체를 녹일 때와 용액을 희석할 때로 구분된다. 용액을 희석할 때는 적당량을 피펫과 같은 정확한 용기를 사용하여 플라스크에 넣고 용매(일반적으로 증류수)를 플라스크의 2/3 정도 채운다.

단, 강산이나 강염기의 경우는 먼저 용매를 1/3가량 넣은 후 희석할 용액을 넣는다. 이때 용액을 잘 혼합한 후 계속해서 용매를 가하여 메니스커스의 밑선 까지 채운다. 그리고 플라스크의 마개를 막고 다음과 같이 용액을 섞는다. 마개를 손바닥이나 엄지손가락으로 잘 받치고 플라스크를 거꾸로 흔들어 5~10초간 잘 섞는다. 다시 플라스크를 세워 플라스크 목에서 용액이 흘러내리게 한다. 이와 같은 조작을 수회 반복한다.

고체를 녹여 용액을 만들 때는 고체를 녹일 때 가열의 필요성 여부에 따라 다르다. 만일 가열의 필요성이 없으면 고체의 일정량을 달아 깔때기나 유산지를 사용하여 손실이 없도록 플라스크에 넣고 병목에 붙어 있는 가루를 여러 번 용매로 씻어 내린 후 용액을 희석할 때와 같은 방법으로 표선까지 용매를 채워 용액을 만든다.

고체를 가열하여 녹여야 할 경우는 저울로 달은 고체를 적당한 크기의 비커에 넣고 소량의 용매를 가하고 가열하여 고체를 완전히 녹인 후 이것을 플라스크에 옮긴다. 옮길 때는 비커 벽을 수회 씻어 넣어 용액의 손실이 없도록 하고, 용액을 희석할 때와 같은 방법으로 표선까지 용매를 채워 용액을 만든다.

4) 메스실린더(mess cylinder)

뷰렛, 피펫, 메스플라스크와는 달리 액량을 정확히 측정하고자 할 때는 사용할 수 없다.

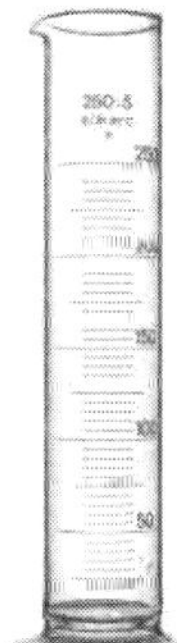
눈금이 한쪽에 붙은 메스실린더

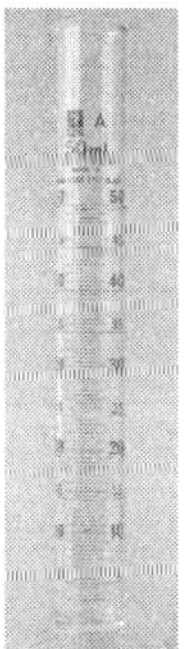
눈금이 양쪽에 붙은 메스실린더

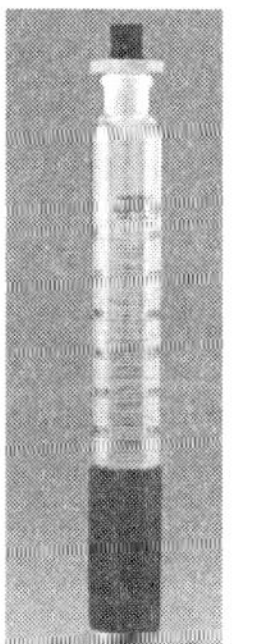
공전메스실린더

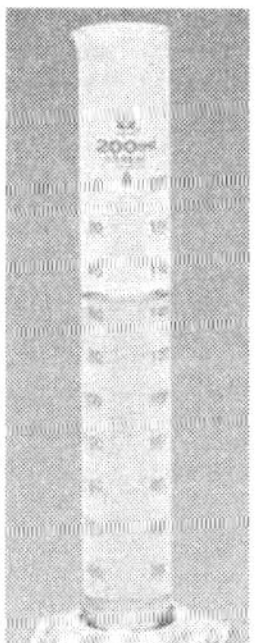
플라스틱 메스실린더

[그림 1-13] 메스실린더

대략적인 액량을 취할 때 사용한다. 이 경우도 메니스커스의 아래 부분을 읽는다. 용량이 커질수록 정확도가 감소하기 때문에 필요한 체적을 측정할 수 있는 최소의 메스실린더를 사용하도록 한다.

5) 부피측정용 기구의 공차

부피 측정용 기구는 모두 공인기관의 검정을 받아 합격한 것에 "검"자의 표시가 되어 있는 것을 사용하여야 한다. 그러나 이러한 부피측정용 기구에도 허용된 일정의 공차가 있다.

표 1-3에서와 같이, 부피측정기구의 용량이 커질수록 공차가 커지게 되기 때문에 큰 용량의 부피측정기구로 소량의 부피를 측정해서는 안된다.

또한 부피측정용 기구는 온도, 습도, 기압에 따라서도 약간 변화하므로 가열해서는 안된다.

[표 1-3] 부피측정용 기구의 공차(20℃)

피펫		용량플라스크		뷰렛		메스실린더
용량(mL)	공차(mL)	용량(mL)	공차(mL)	용량(mL)	공차(mL)	
50 이하	0.05	1,000 이하	0.6	100	0.1	
25 이하	0.03	500 이하	0.3	50	0.05	용량
20 이하	0.02	250 이하	0.15	25	0.04	100 mL에
10 이하	0.02	100 이하	0.12	10	0.02	대하여
2 이하	0.01	50 이하	0.1	2	0.01	공차 1 mL
0.5 이하	0.005	25 이하	0.06			

3. 여과 기구

1) 깔때기(funnel)

깔때기는 60°로 열려 있는 원뿔형 끝에 유리관이 붙어 있는 것으로 여과지를 사용하여 여과하는 데 사용된다.

[그림 1-14] 깔때기의 종류

2) 여과지(filter paper)

여과지(filter paper)는 거름종이라고도 하며, 용액 속의 침전물이나 불순물을 여과할 때 사용한다.

여과지의 종류 : 여과지는 다공질 면섬유로 되어 있으며, 회분의 함량에 따라 정성용과 정량용으로 분류된다. 정량용 여과지는 연질과 경질로 나누어진다.

(1) 연질여과지 : 외관이 부드럽고 비교적 구멍이 커서 여과속도는 빠르지만, 미립자의 여과가 안 되며, 산이나 알칼리에도 약하다.

(2) 경질여과지 : 외관이 단단하고 구멍이 작기 때문에 여과속도는 느리지만 미립자의 여과에 적합하고 산, 알칼리에도 비교적 강하다.

[표 1-4] 여과지의 종류 및 특성

	용 도	종 류		특 성
		동양(東洋) (일본)	Whatman (영국)	
정성용	일반 정성용	No. 1	No. 1	일반여과용. 여과속도 빠름. 미립자 여과에 부적합.
	표준 정성용	No. 2	No. 2	No.1보다 치밀. 여과속도 빠름. 미립자 여과에 부적합. 공업여과용 표준품으로 감압여과에 많이 이용.
	배양기용	No. 101		No. 1보다 약간 치밀. 여과지표면의 요철(凹凸)로 점조액, 교질액여과에 적당.
	반경질성용	No. 131		No. 2보다 미립자 여과에 적당. 여과지가 단단하여 감압, 가압여과에 적당.
정량용	간이정량용	No. 3	No. 30	섬유를 염산 처리하여 증류수로 세정한 것. 여과지가 두껍고 여과속도가 빠름. 회분함량이 비교적 많음. 간단한 학생실험, 공업용
	경질여과용	No. 4		화학작용으로 표면을 강화한 여과지. 여과지가 강하여 가압에 견디며, 내산, 내알칼리성. 미립자 여과에도 적당.
	신속여과용	No. 5A	No. 41	회분함량이 적고 여과속도가 가장 빠름.
	일반정량용	No. 5B	No. 40	여과속도, 침전 유지, 회분량 등이 중간정도의 여과지. 가장 광범위하게 사용되는 일반 정량용.
	황산바륨용	No. 5C	No. 42	황산바륨($BaSO_4$)과 같이 매우 작은 입자에 적당 .
	표준정량용	No. 6	No. 44	No. 5보다 여과지가 얇고, 회분함량이 극히 적다. 여과성은 No. 5B보다 좋다. 일반 표준 정량용
	최고급 정량용	No. 7		다른 여과지보다 얇지만 여과지층이 가장 균일. 섬유의 순도가 우수하여 정밀 분석실험에 적당.
	경질여과	No. 8	No. 50	단단한 재질로 흡인여과에 적당.

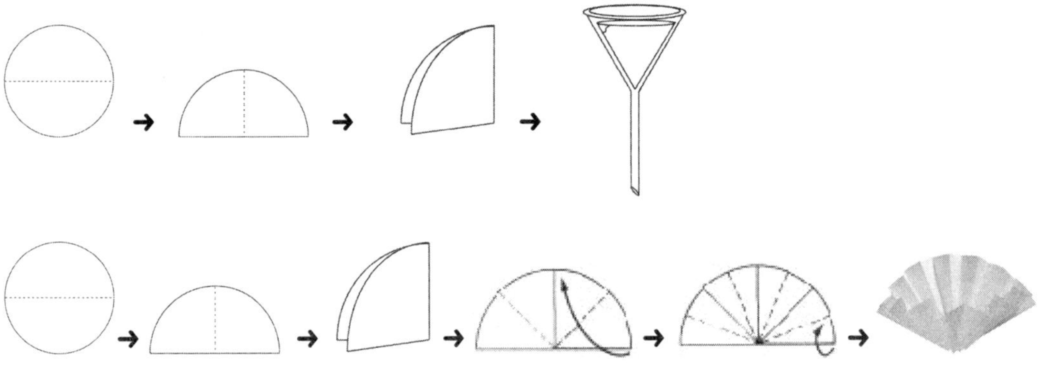

[그림 1-15] 여과지 접는 법

3) 유리여과기(glass filter)

유리여과기(glass filter)는 경질유리로 관 모양을 만든 후 유리로 만든 다공질의 여과판을 붙여 만든 여과기이다. 흡인병(吸引甁)이나 진공펌프를 이용한 감압여과에 사용된다.

또 유리여과기는 여과지를 사용할 수 없는 고온, 강산, 강알칼리용액에도 견딜 수 있고, 강한 흡인력으로 신속하게 여과할 수 있다.

유리 여과기의 다공질판에서 여과된 여과물은 가열, 회화(500℃)시킬 수 있으며, 여과물을 그대로 강산 등으로 재용해시킬 수 있는 장점이 있다. 그러나 500℃ 이상의 고온에서는 여과관이 녹기 때문에 주의해야 한다.

유리여과기의 종류 : 유리여과기에는 Gooch(도가니)형, 깔때기형, 부흐너원형 및 아린(Alihn)씨형 유리여과기가 있다.

Gooch(도가니)형은 침전, 여과 및 칭량 등을 할 수 있어 조섬유를 정량하는데 이용되며, 부흐너원형은 침전을 걸러 다시 녹이는데 이용한다. 아린씨관형은 당이나 칼슘을 정량할 때 소량의 침전을 여과하고 녹이는데 이용된다.

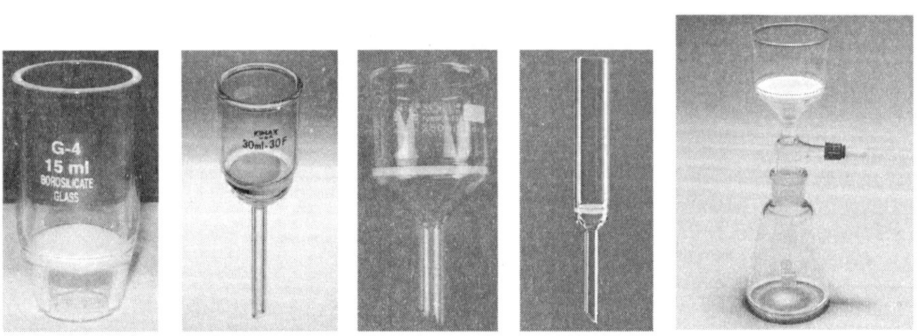

Gooch(도가니)형 깔때기형 부흐너원형 아린씨관형

[그림 1-16] 유리여과기(glass filter)의 종류

한편 유리여과기에는 1G4, 3G4, 17G4 등의 기호가 쓰여 있는데 맨 앞의 숫자는 용량(숫자가 클수록 용량이 크다)을, G는 유리의 품질, 맨 끝 숫자는 여과판의 구멍의 크기(1이 가장 크고 4가 가장 작다)를 나타낸다. 일반적으로 정량분석에는 1G4가 가장 많이 이용된다.

Glass filter의 number

x G y
x : 1, 2, 3, 4(유리여과기의 용량, 숫자가 클수록 용량이 커짐)
y : Pore size
G1(눈의 직경 100~200 μm), G2(40~50 μm), G3(20~30 μm), G4(5~10 μm)

4) 부흐너 깔때기(Buchner funnel)

유리여과기와 같이 흡인병에 연결하여 아스피레이터(aspirator) 또는 진공펌프를 이용하여 신속하게 여과시키는데 사용된다. 여과구멍이 크기 때문에 용도에 따라 적당한 여과지를 여과판에 놓고 여과한다.

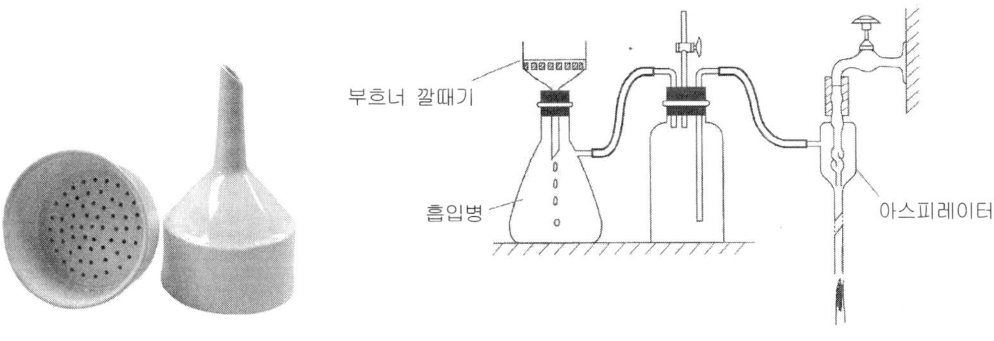

[그림 1-17] 부흐너 깔때기와 흡인여과장치

4. 건조 기구

1) 데시케이터(desiccator)

시료와 시약 또는 깨끗한 도가니나 칭량병을 외부의 먼지나 습기로부터 보호하기 위하여 두거나 회분과 수분을 정량할 때 가열, 건조한 것을 건조 상태로 유지하면서 냉각시키는 데 사용된다.

데시케이터(desiccator) 사용법 : 데시케이터 바닥에 건조제인 실리카겔을 넣고, 중간

부분의 구멍이 뚫는 원판(도자기)에 건조 또는 냉각할 시약이나 칭량병 등을 넣는다. 데시케이터 뚜껑에는 바셀린을 발라 공기가 새지 않도록 한다.

너무 뜨거운 물체(550℃에서 회화시킨 도가니 등)를 넣으면 내부가 진공상태로 되어 뚜껑이 열리지 않게 되므로 어느 정도 식힌 후 넣는 것이 좋다. 뜨거운 물체의 무게를 달 때는 데시케이터에서 30분 정도 냉각한 후 무게를 단다.

데시케이터를 열 때는 옆으로 밀어서 여는 것이 올바른 방법이다. 바셀린으로 밀폐시키는 것은 뚜껑을 직접 위로 잡아 당겨지는 것을 방지한다.

유리데시케이터 / 진공데시케이터 / 유리(갈색)데시케이터 / 플라스틱진공데시테이터

[그림 1-18] 데시케이터(Desiccator)

2) 건조제

데시케이터 안에 넣는 건조제는 가열용해 탈수한 염화칼슘을 이용했지만 현재는 취급하기 쉬운 실리카젤을 사용한다. 주요 건조제의 종류와 제습능력을 표 1-5에 나타내었다.

오산화인산(P_2O_5)이 가장 제습력이 강하지만, 점차 표면에 인산막이 생겨 효율이 떨어지는 단점이 있어 취급에 주의해야 한다.

[표 1-5] 건조제의 흡수능력(실온에서)

건 조 제	재생법	성질(흡습 후)	1 L 말린 공기 중 남은 H_2O(㎎)
P_2O_5	어렵다.	산 성	2.6×10^{-4}
BaO	어렵다.	염기성	6.5×10^{-4}
Al_2O_3	175℃	중 성	1×10^{-3}
$Mg(ClO_4)_2$	240℃	중 성	2×10^{-3}
CaO	500℃	염기성	3×10^{-3}
$CaSO_4$	275℃	중 성	5×10^{-3}
실리카젤	120℃	중 성	6×10^{-3}
KOH	어렵다.	염기성	1.4×10^{-2}
$CaCl_2$	어렵다.	중 성	1.4

실리카젤은 제습력은 약하지만 값이 싸고 사용이 편리하기 때문에 데시케이터의 건조제로 사용된다. 건조용 실리카젤에는 염화코발트($CoCl_2$)로 혼합하여 청색으로 착색한 것이 있는데, 수분이 없으면 청색을, 수분이 있으면 핑크색을 나타내어 실리카젤의 제습력 상태를 색으로 알 수 있도록 한 것이다. 착색한 실리카젤의 색이 조금이라도 소실되면 135℃ 전후에서 2~3시간 건조하여 재사용한다. 실리카젤은 유지 등이 흡착되면 제습력이 저하된다.

5. 증류 기구

1) 냉각기(condensor)

냉각기는 보통 가열할 때 휘발되기 쉬운 용매의 증기를 냉각하여 응축하거나, 비등점이 다른 2개 용매가 혼합되어 있을 때 이들을 비등점의 차이에 의해 분류하는 데 이용된다.

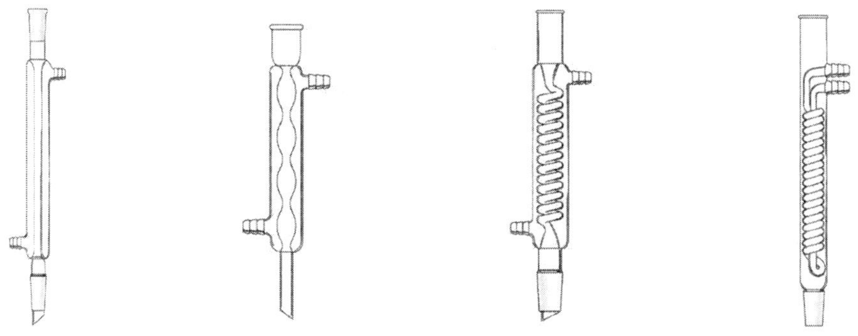

리비히 냉각기 (liebig condensor) | 알린냉각기 (allihn condensor) | 그라함냉각기 (graham condensor) | 딤로드냉각기 (dimmroth condensor)

[그림 1-19] 냉각기의 종류

냉각기의 종류에는 리비히냉각기(liebig condensor), 알린냉각기(allihn condensor), 딤로드냉각기(dimroth condensor), 그라함냉각기(graham condensor) 등이 있다.

리비히 냉각관은 주로 증류할 때 사용되며, 알린, 그라함, 딤로드 냉각기는 모두 냉각기 내면의 냉각면적을 넓혀 냉각효과를 증대시킨 냉각기이다. 이중에서 가장 냉각 면적이 넓은 딤로드 냉각기는 끓는점이 낮은 유기용매를 증류하여 회수하는데 적당하다.

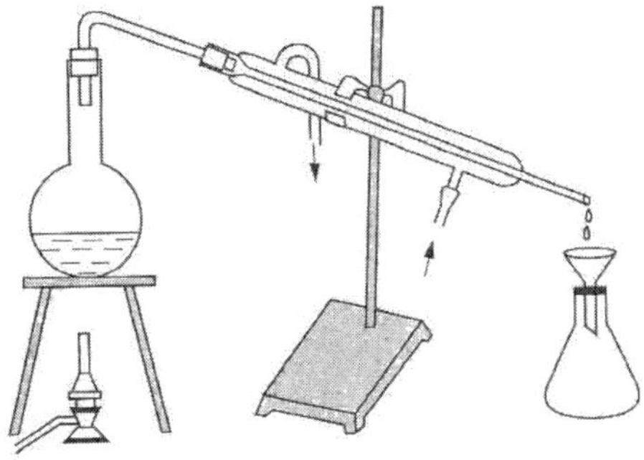

[그림 1-20] 냉각관을 이용한 증류장치

6. 그 밖의 분석 기구

1) 시험관(test tube)

보통 간단한 반응을 보는 데 사용된다. 시험관에 내용물을 넣고 흔들거나 가열할 때는 시험관의 위쪽을 잡거나 시험관집게를 사용하며 손끝을 움직여 회전운동과 왕복운동을 동시에 한다. 가열할 때는 시험관을 경사지게 하여 서서히 온도를 올린다. 가열하는 동안 시험관 입구가 사람이 있는 쪽을 향하지 않도록 주의한다.

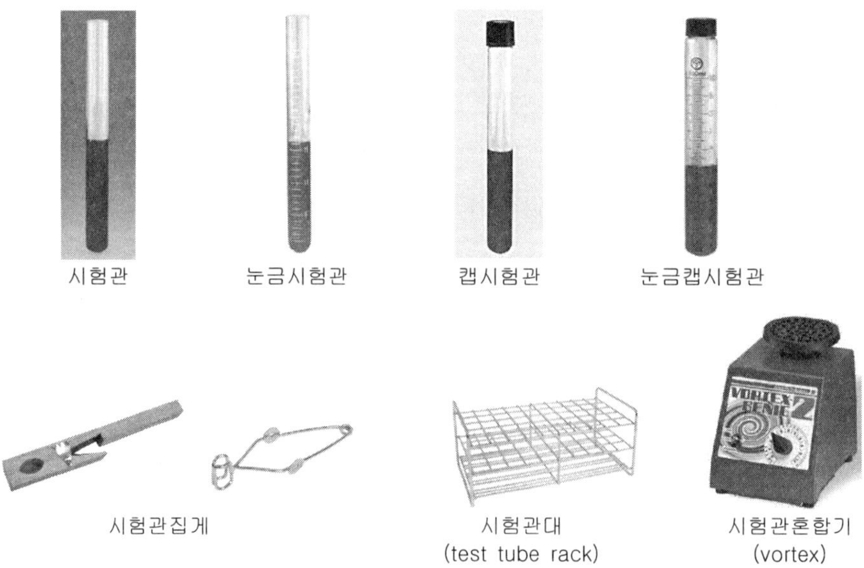

[그림 1-21] 시험관 및 관련기구

2) 비커(beaker)

비커는 실험기구 중 가장 많이 사용되는 기구로 모양에 따라 비커(beaker), 톨비커(toll beaker), 코니칼비커(conical beaker) 등으로 구별된다.

비커는 유리가 얇아 깨지기 쉬우므로 가열할 때는 석면이 붙은 쇠그물 위에 놓고 서서히 가열한다.

비커 (beaker) | 톨비커 (tall beaker) | 코니칼비커 (conical beaker) | 플라스틱비커 (plastic beakor)

[그림 1-22] 비커의 종류

3) 플라스크(flask)

플라스크에는 용도에 따라 각기 모양이 다르다. 평바닥 플라스크(flat bottom flask)는

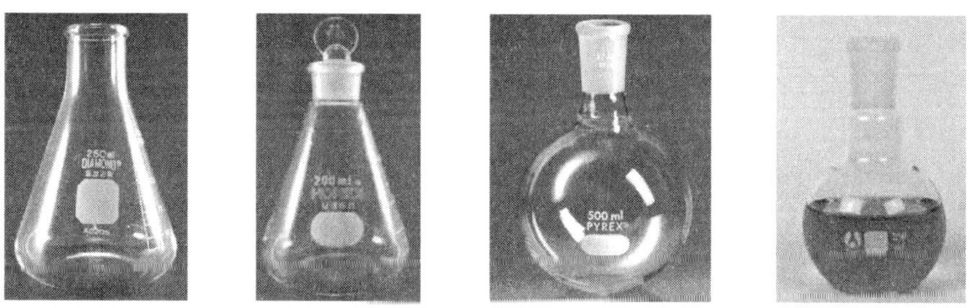

삼각플라스크 | 공전삼각플라스크 | 둥근바닥플라스크 | 평바닥플라스크

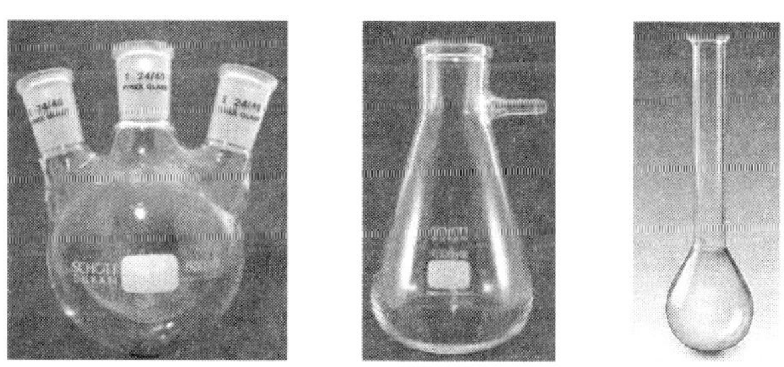

증류용 3구플라스크 | 여과용플라스크 | 킬달플라스크

[그림 1-23] 플라스크의 종류

액체를 넣거나 가열할 때 압력이 그다지 높지 않는 반응을 일으킬 때 사용되며, 둥근바닥 플라스크(round bottom flask)는 잘 쓰러지는 불편이 있으나 열과 압력에 강하다.

삼각플라스크는 바닥에 놓았을 때 안정하여 적정할 때나 침전물 또는 결정이 생기도록 할 때 사용된다. 이밖에 흡인 여과할 때의 여과용 플라스크와 식품분석시료를 분해할 때 사용하는 킬달플라스크(Kjeldahl flask)가 있다.

4) 막자사발(mortar)과 막자(pestle)

막자사발과 막자는 실험실에서 쓰는 시약이나 시료를 마쇄하거나 가루로 만들 때 사용된다. 재질은 유리나 철로 만든 것도 있으나, 사기로 만든 것이 가장 많이 사용된다. 막자사발은 유발이라고도 한다.

[그림 1-24] 막자사발과 막자의 종류

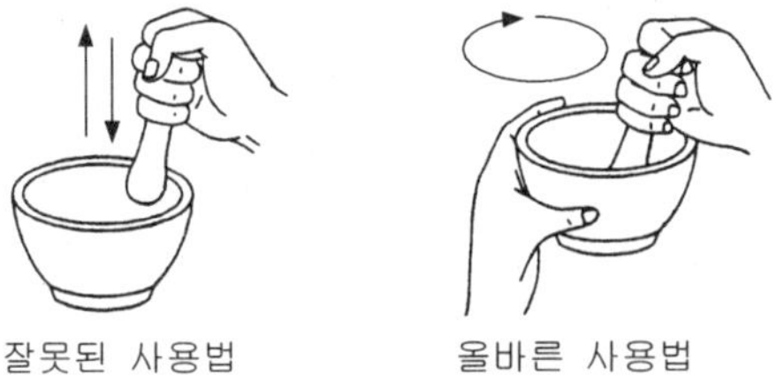

[그림 1-25] 도자기형 막자사발과 사용법

5) 칭량병

고체 또는 액체 시료의 수분함량을 정량하는데 이용되며, 재질은 유리, 석영, 알루미늄 등이 있다.

[그림 1-26] 칭량병과 증발접시

6) 도가니

도가니는 내열온도가 1,400℃이기 때문에, 550℃의 고온에서 행하는 회분정량에 사용된다. 그러나 불화수소산, 강알칼리 용융에서 침식되는 단점이 있다. 따라서 강알칼리용융에는 백금도가니가 사용된다. 백금의 내열온도는 1,700℃이며, 1,000℃ 이상에서 조금씩 휘발하나 900℃ 이하에서는 전혀 휘발하지 않는다.

순금은 다른 금속과 합금을 만들기 쉽고, 무르기 때문에 이리듐(Ir, iridium)이나 로듐(Rh, Rhodium)과 혼합하여 만든 합금을 사용한다. 또 고온에서는 철과 접촉하면 합금이 생기므로 백금도가니 집게는 끝을 백금으로 입힌 철제집게를 사용해야 한다.

이외에도 강알칼리 용융용으로 니켈 도가니가 사용되기도 한다(내열온도 800℃).

사기 도가니 니켈도가니 백금도가니 도가니집게

[그림 1-27] 도가니의 종류

7) 분액깔때기(separating funnel)

서로 섞이기 어려운 종류의 용매를 넣고 잘 흔들거나 또는 어떤 용액 중의 용질을 다른 용매로 추출하여 그 용액과 용매의 두 가지 층을 분리하는 데 사용된다.

일반분액깔때기

플라스틱분액깔때기
(재질 : PP)

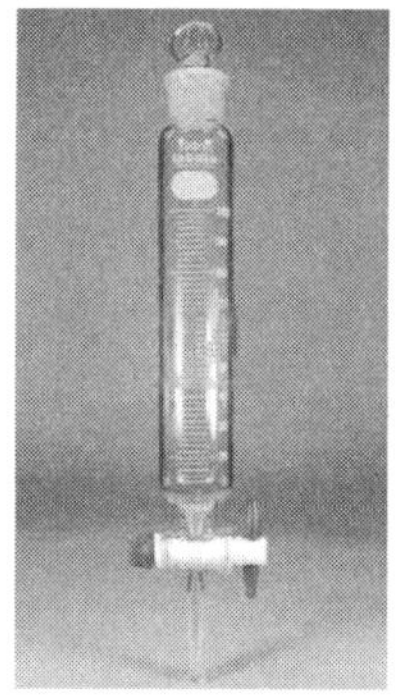

원통분액깔때기

대형분액깔때기
(Round type)

[그림 1-28] 분액 깔때기

시약스픈(spoon)

유산지

[그림 1-29] 그 외의 실험기구들(1)

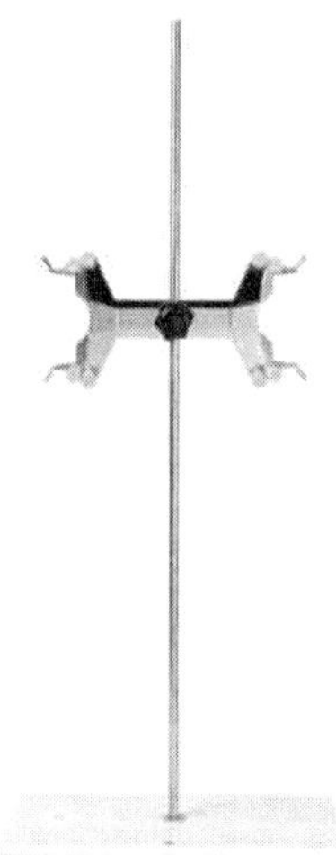

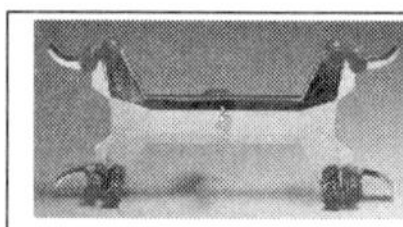

뷰렛클램프(clamp)

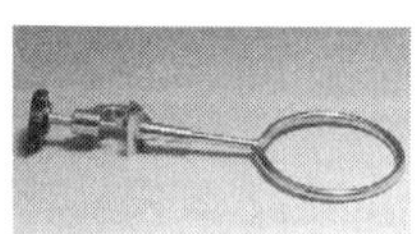

링 클램프

클램프 홀더

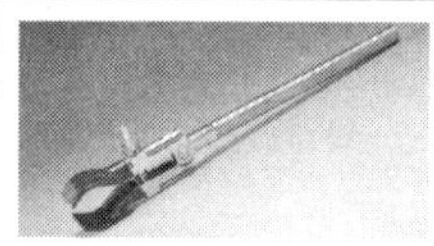

클램프(clamp, 2P)

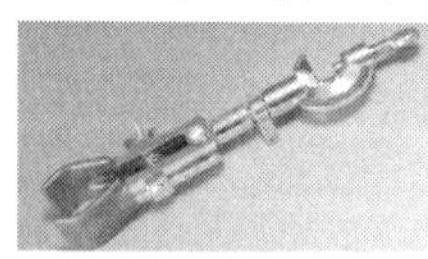

클램프(2P, 홀더연결)

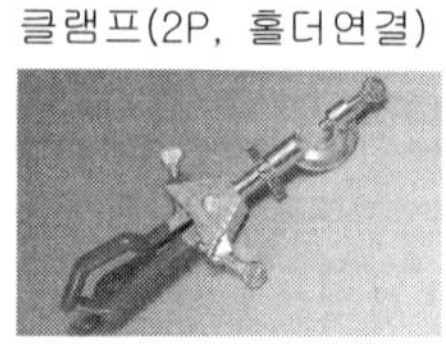

클램프(3P)

[그림 1-30] 그 외의 실험기구들(2)

화학저울

분주기(dispenser)

항온수조(water bath)

자석 교반기
(magnetic stirrer)

가열 맨틀
(heating mantle)

회전감압농축기
(rotary vacuum evaporator)

[그림 1-31] 그 외의 실험기구들(3)

7. 온도측정 기구

온도계는 열에 의해 물질의 부피가 팽창 또는 수축하는 성질을 이용한 것으로 실험실에서는 주로 다른 물질에 비해 온도에 의한 수축과 팽창이 큰 알코올 온도계와 수은온도계를 많이 사용한다.

[표 1-6] 알코올 온도계와 수은 온도계의 특징

종 류	특 성
알코올 온도계 (alcohol thermometer)	- 에틸알코올의 열팽창을 이용한 액체온도계 - 붉게 물들인 알코올을 사용 - 저온(-78~78℃)을 측정하는 데 적합
수은 온도계 (mercury thermometer)	- 수은의 열팽창률을 이용해서 만든 온도계 - 38~356℃까지 광범위한온도 측정 가능 - 상온 부근의 측정에서 0.02℃ 정도의 정확성이 있어 체온계로 널리 사용

1) 섭씨온도, 화씨온도, 절대온도

• 섭씨온도(Celsius temperature, ℃)

물이 얼기 시작하는 점과 끓기 시작하는 점의 사이를 100등분하여 나타내는 온도

• 화씨온도(Farenheit temperature, °F)

물의 어는점과 끓는점 사이를 180등분하여 나타내는 온도(32~212°F)

°F = 9/5(또는 1.8)(℃) + 32

예

1) 섭씨 25도는 화씨 몇 도?

1.8 × 25 + 32 = 77°F

2) 화씨 80도는 섭씨 몇 도?

80°F = 1.8 × ℃ + 32 = 26.7℃

• 절대온도(Absolute temperature) : K(Kelvin)

1848년 영국 물리학자 W.T. 켈빈에 의해 고안되었으므로 켈빈온도라고도 한다. 샤를의 법칙에 의하면 일정 압력하에서 일정한 양의 기체를 가열하면 온도 1℃ 상승할 때마다 기체의 부피는 1/273.15 씩 증가한다. 따라서 0℃에서의 기체의 부피를 V_0로 하면 t℃에서의 부피는 $V = V_0[1+(t/273)]$로 나타낼 수 있다. 기체의 열팽창에 기초를 두고 결정한 온도, 절대온도와 섭씨온도와의 사이에는, 절대온도(K) = 섭씨온도(℃)+273.15 의 관계가 있다.

예를 들어 27℃를 절대온도로 나타내면 300.15K가 된다.

[표 1-7] 섭씨, 화씨 및 절대온도와의 관계

	화씨온도	섭씨온도	절대온도
물이 끓는 점	212°F	100℃	373.15°K
물이 어는 점	32°F	0℃	273.15°K
	-40°F	-40℃	233.15°K

예

1) 97.7°F를 ℃와 K온도로 바꾸시오.

97.7°F = 1.8 × ℃ + 32 = 36.5℃

K = 36.5 + 273.15 = 309.65

8. 분석기구의 세척

유리용기 특히, 부피를 재는 용기는 항상 깨끗이 씻어 사용해야 오차를 줄일 수 있다. 유리용기는 우선 수돗물이나 따뜻한 물로 수회 씻은 후 적당한 클리닝 용액(cleaning solution)으로 씻는다.

유리용기를 씻는 일반적인 클리닝 용액은 다음의 3가지이다.

① 2% 정도의 따뜻한 비눗물이나 중성합성세제

② 중크롬산염을 진한황산에 녹인 산화성 용액 : 보통 20 g의 중크롬산나트륨($Na_2Cr_2O_7$)을 15 mL의 물에 녹이고 여기에 400 mL의 진한 황산을 가하여 만든다.

③ 0.004M 정도의 EDTA용액

비눗물은 가장 일반적인 유리용기 세척액이며 필요에 따라 브러쉬를 사용하여 씻는다. 비눗물로 잘 세척되지 않을 때에는 산화성 클리닝 용액인 중크롬산염-황산용액으로 세척한다. 이용액은 가장 효과적인 세척액으로 지방질을 산화시켜 파괴하는 작용을 한다.

유리용기는 알칼리에 부식하지만 산에는 잘 견디기 때문에 이 용액에 용기를 10~20분 정도 담가 두었다가 씻는다. 이 용액은 부식성이 강하기 때문에 옷이나 피부 접촉에 유의한다. 또 이 용액은 염화물과 닿으면 $Cr_2O_2Cl_2$이 생성되어 독성이 나타나므로 유리용기를 미리 물로 충분히 씻은 후 용액에 넣는다. 오래 사용하면 산화제인 $Cr_2O_7^{2-}$이 환원되어 푸른색의 Cr^{3+}로 변하여 산화력이 떨어지고 수분을 흡수하여 묽어지므로 효과가 떨어진다.

EDTA용액은 금속이온으로 오염된 용기를 씻을 때 사용된다. 이때도 10~15분간 용기에 담가두었다가 씻도록 한다. 용기를 클리닝용액으로 씻은 후에는 반드시 수돗물로 충분히 씻어 기벽에 비누나 클리닝용액이 남지 않도록 하고 수돗물로 씻은 후에는 다시 증류수로 씻어야 한다. 유기물을 취급한 용기는 적당한 유기용매를 사용하여 씻을 수도 있다.

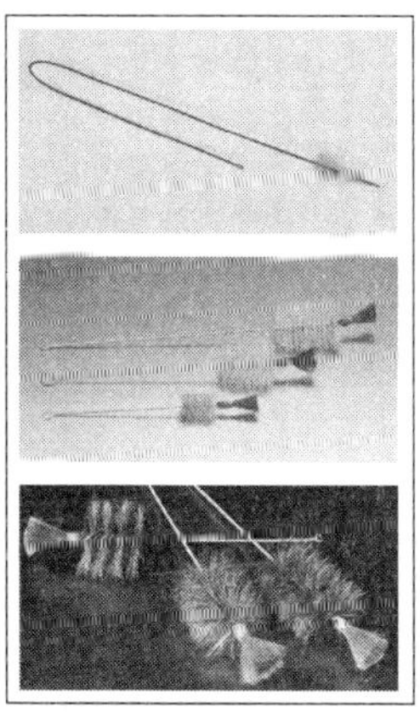
세척용 솔

피펫 세척기

초음파세척기(sonicator)

[그림 1-32] 세척 기구

1.2. 측정치 및 유효숫자

측정기기나 측정기구에 표시되어 있는 최소눈금의 1/10부근까지의 수치를 유효숫자(significant figure)라고 한다. 이 최소눈금의 1/10부근의 숫자는 추정치이고, 측정자에 따라 어느 정도의 차이가 있지만, 실험값으로서 의미가 있는 수치이다. 분석실험에서 분석용 저울과 뷰렛의 측정치는 중요하다.

분석용 저울의 경우 0.001 g의 1/10까지 측정할 수 있으므로 소수점 4자리까지가 유효숫자이다. 또 뷰렛의 경우, 0.1 mL의 눈금간격의 것을 이용할 때, 소수점 2자리까지 추정치로 읽을 수 있기 때문에 소수점 2자리까지의 숫자를 유효숫자라고 한다.

유효숫자를 고려할 때 0의 취급이 애매한 경우가 있다. 예를 들면, 15.02의 경우 유효숫자는 4개(1, 5, 0, 4)이다. 0.0015의 경우의 0은 유효숫자가 아니다. 이 경우의 유효숫자는 2개(1, 5)이다.

또 1.2와 1.20은 크게 다르다는 것도 주의해야 한다. 1.2의 경우 소수 첫째자리를 추정치로 있은 것이 되고, 유효숫자의 수는 2개이다. 1.20의 경우는 소수 2째를 추정치로 읽은 것으로 유효숫자는 3개이다.

1.21×10^4g (유효숫자 3)
1.210×10^4g (유효숫자 4)
1.2100×10^4g (유효숫자 5)

1. 유효숫자의 반올림

소수점이하의 불필요한 수를 버리는 통산적인 계산방법으로 5 보다 큰 경우 반올림하고, 5보다 작은 경우는 버린다. 예를 들어, 소수점 셋째자리에서 반올림하는 경우, 4.2651의 경우 4.27, 6.006 경우 6.01, 1.044의 경우는 1.04이다.

또 5인 경우는 5의 앞의 숫자가 홀수이면 반올림하고 짝수이면 버린다. 예를 들어 소수점 셋째자리를 반올림하는 경우, 3.755의 경우 5앞의 수가 홀수이므로 반올림하여 3.76, 3.765의 경우 5앞의 수가 짝수이므로 5를 버려 3.76이다.

2. 더하기, 빼기의 유효수치

덧셈과 뺄셈을 하는 경우는 소수점 이하의 수가 가장 적은 수를 기준으로 유효숫자를 결정한다. 예를 들면 15.6, 2.45, 0.152의 합은 15.6 + 2.4 + 0.2 = 18.2로 한다.

3. 곱하기, 나누기의 유효수치

곱셈, 나눗셈을 하는 경우는 유효숫자의 수가 가장 적은 수를 기준으로 유효숫자를 결정한다. 예를 들면 2.345 × 6.2 × 0.2353 × 3.41을 계산하는 경우, 6.2가 유효숫자 2개로 가장 작기 적기 때문에 2.3 × 6.2 × 0.24 × 3.4 = 11.63616이 되지만, 이것을 유효숫자 2개로 다시 정리하면 12가 된다.

한편, 곱셈, 나눗셈, 덧셈 등 여러 계산식이 혼합되어 있을 경우는 우선 곱셈, 나눗셈의 기준을 따른다. 예를 들면 (18.7 × 0.428) ÷ 4.2 + 12.042의 경우 우선 곱셈, 나눗셈의 4.2가 유효숫자 2로 가장 작기 때문에 (19 × 0.43) ÷ 4.2 = 1.905619...이지만 이것을 유효숫자 2개로 다시 정리하면 1.9가 된다. 여기에서 1.9 + 12.042의 경우 덧셈, 빼셈기준에 의해 1.9 + 12.0 = 13.9가 된다.

예

1) 다음의 각 숫자에는 몇 개의 유효숫자가 있는가?

① 4.003 ☞ 4개

② 6,023 × 10^{23} ☞ 4개

③ 5000 ☞ 4개

④ 0.0234 ☞ 3개

⑤ 2.000 ☞ 4개

2) 올바른 자릿수로 답하시오.

① 1.021 + 2.69 ☞ 1.02 + 2.69 = 3.71

② 3.021 + 8.99 ☞ 3.02 + 8.99 = 12.01

③ 12.7 - 1.83 ☞ 12.7 - 1.8 = 10.9

④ 6.345 × 2.2 ☞ 6.3 × 2.2 = 13.86 유효숫자 2이므로 14

⑤ 4.34 × 9.2 ☞ 4.3 × 9.2 = 39.56 유효숫자 2이므로 40 또는 4.0 × 10^1

⑥ (25.6 × 0.2884) ÷ 145.336

☞(25.6 × 0.288) ÷ 145 = 0.050846.... 유효숫자 3이므로 0.0508 또는 5.08 x 10^{-2}

1.3. 실험 보고서 작성법

① 실험의 내용, 목적에 따라 다르지만 대체로 서론(목적), 실험방법, 결과, 고찰의 순으로 정리한다.

② 실험을 정리하는 것은 실험하는 것만큼이나 중요하다.
③ 실험보고서의 작성에는 상당한 시간을 필요로 한다.
④ 사실을 명확히 쓰도록 한다.
⑤ 결과는 그날 중에 정리하여 둔다.

실험보고서는 실험 내용에 따라 다르지만 일반적인 예를 다음에 나타내었다.

실험 보고서 작성 예

1. 실험제목(Title) :
2. 실험보고서 제출자 :
3. 공동실험자명 :
4.실험 년, 월, 일(요일) :
5. 실험실의 환경, 날씨, 실온, 기타 필요한 사항이 있으면 기록한다.
6. 서론(목적) 및 원리 :
7. 실험방법
   a. 시료와 그 제조법
   b. 기구, 장치
   c. 시약
   d. 실험(조작)방법
8. 실험결과(필요한 경우, 표, 그래프를 이용한다.)
   1)
   2)
9. 실험결과에 대한 고찰
10. 참고문헌, 인용문헌(실제로 자신이 읽은 것을 기록할 것)
   1) 손종연, 복진흥, 竹田保之, 安藤功一 : 육두구의 생리활성에 관한 연구 한국식품조리학회지, 23(1), 33~40(2007)
   2) 김동훈 식품화학개론 수학사, 서울 pp 11~19(2000)
   3) Sun-Il Ahn, Bok-Jin Heuing, Jong-Youn Son. Antioxidantive activities and nitrite-scavenging ability of some phenolic compounds, Korean Journal of Food & Cookery Science, 23(1), 19-24(2007)

1.4. 시약의 규격 및 명명법

1. 시약의 규격

시약에는 사용목적이나 방법에 따라 여러 가지 순도가 필요하기 때문에 시약에 대한 규격이 정해져 있다. 우리나라에서는 한국공업규격(KS)에 의하여 시약의 등급을 특급시약, 일급시약, 특수시약의 3종으로 정하여 사용하고 있다.

특급시약(special grade reagent)은 일반적인 화학분석이나 정밀실험 등에 사용할 때 그대로 사용할 수 있는 정도의 순도를 가진 것을 말한다. 특급시약이라 해도 순도가 100%는 아니며, 가장 순수한 것은 아니다. 일급시약(first grade reagent)은 보통의 화학실험에 사용할 수 있는 순도의 것이며, 그 이하의 것을 공업약품이라고 한다. 화학분석에는 제조회사에서 품질을 보증하고 그 순도와 불순물의 함유량을 밝힌 분석용 시약을 사용하여야 한다.

2. 시약의 명명법

모든 화합물은 그들 고유의 이름을 가지는 것이 이상적이며, 이온화합물이나 비교적 작은 분자에 대해서 가능하다. 그러나 큰 분자나 다른 여러 가지 분자에 대해 이름을 붙이는 것은 훨씬 복잡하다. 화학명명법(chemical nomenclature)은 화합물의 이름을 짓는데 통용되는 규칙을 말한다.

1) 이성분 화합물(binary compounds)의 명명법

이성분 화합물(binary compound)은 두 개의 원소로 되어 있는 것을 말하며 이들 두 원소의 비율은 변할 수 있다. 일반적인 형태는 금속과 비금속이 결합한 이성분 화합물의 화학식과 이름이며, 여기에서 첨자는 존재하는 각 원소의 원자수를 말한다.

화학식과 영문명명법에서는 금속명이 앞에 오고 비금속명이 두번째 주어지며 모든 이성분 화합물에서 비금속원소의 이름 끝이 -ide로 바뀐다. 그러나 우리말 명명법에서는 음이온의 이름을 앞에 쓰고 그 어미로 -화를 붙인 후 그 다음 금속이름을 쓴다.

예) AgCl silver chloride(염화은)
Ag_2O silver oxide(산화은)

[표 1-8] 양이온, 음이온원자의 이름

양이온(cation)	이　름	음이온(anion)	이　름
H^+	수소이온(hydrogen)	H^-	수소화이온(hydride)
Li^+	리튬이온(lithium)	F^-	불소화이온(fluoride)
Na^+	나트륨이온(sodium)	Cl^-	염화이온(chloride)
K^+	칼륨이온(potassium)	Br^-	브롬화이온(bromide)
Cs^+	세슘이온(cesium)	I^-	요오드화이온(iodide)
Be^{2+}	베릴륨이온(beryllium)	O^{2-}	산화이온(oxide)
Mg^{2+}	마그네슘이온(magnesium)	S^{2-}	황화이온(sulfide)
Ca^{2+}	칼슘이온(calcium)	N_3^-	질소화이온(nitride)
Ba^{2+}	바륨이온(barium)	P^{3-}	인화이온(phosphate)
Al^{3+}	알루미늄이온(aluminium)		
Ag^+	은이온(silver)		

[표 1-9] 금속과 비금속이 결합한 이성분 화합물의 예

화합물	이　름	화합물	이　름
NaCl	염화나트륨(sodium chloride)	CaO	산화칼슘(calcium oxide)
KCl	염화칼륨(potassium chloride)	MgO	산화마그네슘(magnesium oxide)
CaS	황화칼슘(calcium sulfide)	KI	요오드화칼륨(potassium iodide)
$CaCl_2$	염화칼슘(calcium chloride)	CsBr	브롬화 세슘(cesium bromide)
$MgCl_2$	염화마그네슘(magnesium chloride)	Li_3N	질소화리튬(lithium nitride)
$AlCl_3$	염화알루미늄(aluminium chloride)	K_3P	인화칼륨(potassium phosphate)

화합물에 있는 원자의 상대적 수를 나타내는 다른 방법으로는 그것을 발명한 사람의 이름을 딴 Stock법이 있으며, 이 방법을 국제순수 및 응용화학연맹(International Union of Pure and Applied Chemistry ; IUPAC)에서 권장하고 있다. 이 방법은 산화수에 근거를 두고 있으며 일원자이온의 산화수는 그 이온의 전하수와 같다. 같은 원소가 여러 가지 전하의 양이온을 가진 화합물을 명명할 때 그 이온의 이름 바로 다음에 그것의 산화수를 괄호 안에 로마숫자로 나타낸다.

예) $FeCl_2$　Iron(II) chloride　염화철(II)
　　$FeCl_3$　Iron(III) chloride　염화철(III)

[표 1-10] 금속이온의 이름과 관용명

이온(ion)	이 름	관용명
Fe^{3+}	철(III)이온(iron(III))	제이철이온(ferric)
Fe^{2+}	철(II)이온(iron(II))	제일철이온(ferrous)
Cu^{2+}	구리(II)이온(copper(II))	제이구리이온(cupric)
Cu^{+}	구리(I)이온(copper(I))	제일구리이온(cuprous)
Co^{3+}	코발트(III)이온(cobalt(III))	제이코발트이온(cobaltic)
Co^{2+}	코발트(II)이온(cobalt(II))	제일코발트이온(cobaltous)
Sn^{4+}	주석(IV)이온(tin(IV))	제이주석이온(stannic)
Sn^{2+}	주석(II)이온(tin(II))	제일주석이온(stannous)
Pb^{4+}	납(IV)이온(lead(IV))	제이납이온(plumbic)
Pb^{2+}	납(II)이온(lead(II))	제일납이온(plumbous)
Hg^{2+}	은(II)이온(mercury(II))	제이수은이온(mercuric)
Hg^{+}	수은(I)이온(mercury(I))	제일수은이온(mercurous)

이와 같은 화합물의 이름으로도 관용명을 사용할 수도 있는데 이 방법은 시약병의 이름에서 종종 볼 수 있다. -ous라는 어미는 원소가 낮은 산화수를 가지고 있을 경우에 사용되며, 높은 산화수를 가진 경우에는 -ic라는 어미를 쓴다(산화수가 두 가지 존재하는 원소의 경우에는 산화수가 낮은 원소에 대하여 '제일', 산화수가 높은 것에는 '제이'라는 접두사를 붙여 명명한다).

예를 들면, $FeCl_2$의 경우는 제일염화철(Ferrous chloride), $FeCl_3$의 경우는 제이염화철(Ferric chloride)로 명명한다.

[표 1-11] 산화수가 두가지 존재하는 화합물의 예

화합물	이 름	관용명
FeO	산화철(II) (iron(II))	산화제일철(ferrous oxide)
Fe_2O_3	산화철(III) (iron(III))	산화제이철(ferric oxide)
Hg_2Cl_2	염화은(I) (mercury(I) oxide)	염화제일수은(mercurous chloride)
$HgCl_2$	염화은(II) (mercury(II) oxide)	염화제이수은(mercuric chloride)
HgO	산화수은(II) (mercury(II) oxide)	산화제이수은(mercuric oxide)
CuO	산화구리(II) (copper(II) oxide)	산화제이구리(cupric oxide)
CuCl	염화구리(I) (copper(I) chloride)	염화제일구리(cuprous chloride)
$CuSO_4$	황산구리(II) (copper(II) sulfate)	황산제이구리(cupric sulfate)
$Cu(OH)_2$	수산화구리(II) (copper(II) hydroxide)	수산화제이구리(cupric hydroxide)
$SnCl_4$	염화주석(IV) (tin(IV) chloride)	염화제이주석(stannic chloride)

비금속 원소가 합쳐져서 형성된 화합물은 다음과 같다. 보통 원자의 수를 나타내는 mono(일), di(이), tri(삼) 등과 같은 접두사를 비금속이름 앞에 붙인다.

[표 1-12] 영문명명법에서의 접두사

접두사(prefix)	수	접두사(prefix)	수
mono	1	penta	5
di	2	hexa	6
tri	3	hepta	7
tetra	4	octa	8

[표 1-13] 비금속원소에 합해져서 형성된 화합물의 예

화합물	이 름
CO	일산화탄소(carbon monoixde)
CO_2	이산화탄소(carbon dioxide)
NO	일산화(일)질소, 산화질소(nitrogen monoxide)
N_2O	일산화이질소(dinitrogen monoxide)
N_2O_3	삼산화이질소(dinitrogen trioxide)
N_2O_4	사산화이질소(dinitrogen tetroxide)
N_2O_5	오산화이질소(dinitrogen pentoxide)

2) 다원자 이온 화합물의 명명법

예를 들어 NH_4NO_3(질산암모늄, ammonium nitrite)의 경우 NH_4^+이온과 NO_3^-이온으로 구성되어 있으며, NH_4^+이온은 암모늄이온(ammonium), NO_3^-이온은 질산이온(nitrite)이다. 중요한 다원자이온의 이름은 표 1-14에서 나타내었다.

[표 1-14] 주요 다원자이온의 이름

이온(ion)	이 름	이온(ion)	이 름
NH_4^+	암모늄이온(ammonium)	OH^-	수산화이온(hydroxide)
NO_2^-	아질산이온(nitrite)	CO_3^{2-}	탄산이온(carbonate)
NO_3^-	질산이온(nitrate)	HCO_3^-	수소탄산이온(hydrogen carbonate)
SO_3^{2-}	아황산이온(sulfite)		(=bicarbonate)
SO_4^{2-}	황산이온(sulfate)	ClO_2^-	아염소산이온(chlorite)
CN^-	시안화이온(cyanide)	ClO_3^-	염소산이온(chlorate)
SCN^-	싸이오시안산(thiocyanate)	ClO_4^-	과염소산이온(perchlorate)
PO_4^{3-}	인산이온(phosphate)	ClO^-	하이포아염소산이온(hypochlorate)
$Cr_2O_7^{2-}$	중크롬산이온(dichromate)	MnO_4^-	과망간산이온(permanganate)
CrO_4^{2-}	크롬산이온(chromate)	O_2^{2-}	산화이온(peroxide)

[표 1-15] 다원자이온화합물의 예

화합물	이 름
KOH	수산화칼륨(potassium hydroxide)
NaOH	수산화나트륨(sodium hydroxide)
$Ca(OH)_2$	수산화칼슘(calcium hydroxide)
NH_4OH	수산화암모늄(ammonium hydroxide)
$Ba(OH)_2$	수산화바륨(barium hydroxide)
$CaCO_3$	탄산칼슘(calcium carbonate)
Na_2CO_3	탄산나트륨(sodium carbonate)
$NaHCO_3$	탄산수소나트륨(sodium hydrogen carbonate)=중탄산나트륨
$KHCO_3$	탄산수소칼륨(Potassium hydrogen carbonate)
$AgNO_3$	질산은(silver nitrate)
$NaNO_3$	질산나트륨(sodium nitrate)
KNO_3	질산칼륨(potassium nitrate)
NH_4NO_3	질산암모늄(ammonium nitrate)
$NaNO_2$	아질산나트륨(sodium nitrite)
KNO_2	아질산칼륨(potassium nitrite)
K_2CrO_4	크롬산칼륨(potassium chromate)
$K_2Cr_2O_7$	중크롬산칼륨(potassium dichromate)
$KMnO_4$	과망간산칼륨(Potassium permanganate)
Na_2SO_4	황산나트륨(sodium sulfate)
K_2SO_4	황산칼륨(potassium sulfate)
$MgSO_4$	황산마그네슘(magnesium sulfate)
$CuSO_4$	황산구리(cupric sulfate)
KCN	시안화칼륨(potassium cyanide)
KSCN	싸이오시안산칼륨(potassium thiocyanate)
K_2HPO_4	인산수소칼륨(potassium hydrogen phosphate)
KH_2PO_4	인산이수소칼륨(potassium dihydrogen phosphate)

3) 산의 명명법

수소를 포함하는 이성분화합물로써 수용액에서 산으로 작용하는 경우는 그 수용액은 끝에 -산을 붙여 명명한다. 또 영문법으로 끝에 -ic acid를 붙인다. 표 1-16에 산소를 포함하지 않는 경우와 산소를 포함하는 경우의 산으로 나누어 각각의 명명법을 나타내었다.

[표 1-16] 산의 명명법(-ic acid)

산소를 포함하지 않는 경우			산소를 포함하는 경우		
HF	불화수소산	hydrofluoric acid	HNO_3	질산	nitric acid
HCl	염(화수소)산	hydrochloric acid	HNO_2	아질산	nitrous acid
HBr	브롬화수소산	hydrobromic acid	H_2SO_4	황산	sulfuric acid
HI	요오드화수소산	hydroiodic acid	H_2SO_3	아황산	sulfurous acid
HCN	시안화수소산	hydrocyanic acid	H_3PO_4	인산	phosphoric acid
H_2S	황화수소산	hydrosulfuric acid	H_2CO_3	탄산	carbonic acid

1.5. 용액의 조제

용액, 용매, 용질 : 어떤 물질이 액체에 녹아 있는 것을 용액(solution)이라 하고, 녹이는 데 사용되는 물질을 용매(solvent), 녹는 물질을 용질(solute), 녹아들어가는 현상을 용해라고 한다. 즉, 용액은 용질과 용매의 혼합액이며, 용매가 물일 경우는 수용액이라고 한다.

1. 용액의 농도 및 조제법

식품 중의 성분분석실험을 할 때, 실험 목적에 따라 간단히 조제한 용액으로 충분한 경우도 있지만, 용량분석의 경우에는 정확한 농도의 용액을 조제해야만 한다.

용액의 농도는 용액에 대한 용질의 양을 의미한다. 용액의 종류를 농도로 표시하면, 백분율(%)농도, 몰(M)농도, 노르말(N)농도, 모랄(molar)농도, ppm(백만분율)농도 등이 있으며, 이중에서 백분율(%)농도와 노르말(N)농도가 가장 많이 사용된다.

1) 백분율(%) 농도

백분율농도에는 중량백분율농도, 용량백분율농도, 중용량백분율농도가 있다. 일반적으로 백분율이라고 하면 중량백분율(W/W%)을 말한다. 예를 들어 순도가 36%인 진한 염산은 염산 36 g이 물 65 g에 녹아 있는 것이다.

한편 유기용매를 혼합할 때는 용액 100 mL 중의 용질(액체)의 mL의 비율로 표시하는 경우도 있다. 이때는 용량 백분율농도(V/V%)라고 한다. 우유나 주스 등 액상 식품 중의 성분농도는 100 mL 중의 g수로 나타내는 경우도 있다. 이때는 중용량 백분율농도(W/V%)로 표시한다.

식품 중의 비타민이나 무기질 등의 성분(용질)의 함유량이 적은 경우는 mg%(식품 100 g 중의 성분의 mg수)나 μg%(식품 100 g 중의 성분의 μg수)도 이용된다. 또 용액 1 mL 중의 용질의 양(mg/mL)도 이용된다.

(1) 중량백분율농도(W/W%, 중량/중량%) : 용액 100 g 중에 포함된 용질의 g수
(2) 용량백분율농도(V/V%, 용량/용량%) : 용액 100 mL에 포함된 용질의 mL수
(3) 중용량백분율농도(W/V%, 중량/용량%) : 용액 100 mL 중에 포함된 용질의 g수
(4) mg백분율농도(mg%) : 용액 100 g(또는 mL)에 포함된 용질의 mg 수
(5) μg백분율농도(μg%) : 용액 100 g(또는 mL)에 포함된 용질의 μg 수

(1) % 용액의 제조

$$\text{농도}(\%) = \frac{\text{용질}}{\text{용액}(\text{용매} + \text{용질})} \times 100$$

예제 1. 10% 소금용액 제조하시오.
☞ 소금 10 g을 물 90 mL에 녹인다.

예제 2. 10% 알코올용액 제조
☞ 10 mL 알코올과 90 mL 물을 혼합한다.

예제 3. 소금물 120 g 속에 소금 40 g이 녹아 있으면 이 용액의 %농도는?

☞ $$\text{농도}(\%) = \frac{\text{용질}}{\text{용액}(\text{용매} + \text{용질})} \times 100$$

위의 식으로 부터 $\text{농도}(\%) = \frac{40}{120} \times 100 = 33.33\%$

(2) % 용액의 농도 변경

농도를 알고 있는 %용액으로 다른 농도의 %용액으로 희석하여야 하는 경우가 있다.

즉, a%용액을 b%용액(물의 경우는 b = 0)으로 희석하여 χ%용액을 만들려고 할 때는 다음 식을 이용한다.

a(농도가 큰 %용액) ↘ ↗ (χ − b) = A mL
χ
b(농도가 작은 %용액) ↗ ↘ (a − χ) = B mL
물이 경우 b = 0

예제 1. 물로 희석하여 소요 %농도로 만들 경우, 30% 황산을 물로 희석하여 6% 황산을 만들려고 한다. 이때 필요한 30% 황산과 물은 각각 몇 mL인가?

☞ 황산 30%　　　(6 - 0) = 6 mL

↘ ↗

6%

↗ ↘

물 0%　　　(30 - 6) = 24 mL

따라서 30% 황산 6 mL와 물 24 mL를 합하여 6% 황산용액을 만든다.

예제 2. 다른 농도의 %용액으로 소요 %농도를 제조하는 경우, 36% 염산과 10% 염산을 혼합하여 20% 염산을 만들려고 한다. 이때 필요한 36% 염산과 10% 염산은 각각 몇 mL인가?

☞ 염산 36%　　　(20 - 10) = 10 mL

↘ ↗

20%

↗ ↘

염산 10%　　　(36 - 20) = 16 mL

따라서 36% 염산 10 mL와 10% 염산 16 mL를 합하여 20% 염산용액을 만든다.

2) ppm 농도와 ppb 농도

미량성분의 표시에는 mg%나 μg%농도 이외에 ppm(parts of million)이나 ppb(parts of billion)으로 나타내는 경우가 있다.

(1) ppm 농도 : 용액 1 L 중에 포함된 용질의 mg수

(2) ppb 농도 : 용액 1 L 중에 포함된 용질의 μg수

＊ $1\ g = 10^3\ mg = 10^6\ \mu g = 10^9\ ng$

3) 몰농도(M, molarity)

식품을 구성하는 성분 등의 물질은 원소가 일정 비율로 결합한 분자형태로 존재한다. 분자나 원자가 6×10^{23}개가 모인 질량을 분자량이나 원자량이라고 한다. 이것에 그램을 붙인 질량을 1몰(mole, 기호 mol)이라고 표시한다.

용액 1 L 중에 용해되어 있는 용질의 몰수(mol/L)를 몰농도(molarity)라고 하며, M으로 나타낸다. 예를 들어 포도당 분자량은 180이기 때문에 1몰은 180 g이다. 용액 1 L에 18 g의 포도당이 녹아있는 용액은 0.1M이 된다.

(1) 몰농도(M, molarity)의 조제

$$1M = \frac{\text{용질 1 g 분자량}}{\text{용액 1,000 mL}} \times \frac{100}{\text{순도}}$$

1 g분자량 : 물질의 분자량에 g을 붙인 것

예제 1. 시약이 고체인 경우, 1M NaOH용액을 제조하시오.

☞ $$1M = \frac{\text{용질 1 g 분자량}}{\text{용액 1,000 mL}} \times \frac{100}{\text{순도}} = \frac{40.0}{\text{물 1,000 mL}} \times \frac{100}{93}$$

따라서 NaOH 43.01g을 물에 녹여 1,000 mL로 한다.

예제 2. 시약이 액체인 경우, 1M 염산용액을 제조하시오. 단 염산의 분자량은 36.46, 비중은 1.18, 순도는 36%이다.

☞ $$1M = \frac{\text{용질 1 g 분자량}}{\text{용액 1,000 mL}} \times \frac{100}{\text{순도}} = \frac{36.46}{\text{물 1,000 mL}} \times \frac{100}{36}$$

따라서 101.27 g을 물에 녹여 1,000 mL로 한다.

그러나 액체 시약의 경우, 무게를 달기가 어려우므로 중량 g을 mL인 부피로 고쳐 필요한 양을 구한다.

$$\text{부피} = \frac{\text{질량}}{\text{비중}}$$ 의 식으로 부터, $$\text{부피} = \frac{101.27}{1.18} = 85.52\ mL$$

따라서 염산 85.82 mL를 물에 녹여 1 L로 한다.

4) 노르말농도(N, normality)의 조제

노르말농도는 화학분석에서 가장 많이 이용되며, 이것을 정확하게 만드는 것은 매우 중요하다. 노르말농도를 구하려면 우선 용질의 당량을 계산하여야 한다.

$$1N = \frac{\text{용질 1 g 당량}}{\text{용액 1,000 mL}} \times \frac{100}{\text{순도}}$$

(1) 당량의 계산 방법

당량이란 : 당량이란 산염기반응의 경우에는 1몰의 수소이온(H^+) 또는 수산화이온(OH^-)과 반응할 수 있는 물질의 양을 말한다. 즉 수소이온이나 수산화이온 1몰과 반응하는 양은 1당량이라고 하고, 2몰과 반응하는 양을 2당량이라고 한다.

• **산 또는 알칼리의 당량**

$$\text{산(또는 알칼리)의 당량} = \frac{\text{산(또는 알칼리)의 1 g 분자량}}{\text{산의 H이온의 수(또는 알칼리의 OH이온의 수)}}$$

산인 염산(HCl)의 경우, H이온이 1개이므로 1 g 당량, 황산(H_2SO_4)의 경우 H이온이 2개이므로 2 g 당량, 수산($H_2C_2O_4$)의 경우, H이온이 2개이므로 2 g 당량이 된다. 또한 알칼리인 NaOH나 KOH의 경우, OH이온이 1개이므로 1 g 당량이 된다.

• **염의 당량**

$$\text{염의 당량} = \frac{\text{1 g 분자량}}{\text{원자가}}$$

Na_2CO_3의 경우 Na^+이온이 2개이므로 2 g 당량, $AgNO_3$의 경우 Ag^+이온이 1개이므로 1 g 당량이 된다.

[표 1-17] 일부 산, 염기의 분자량과 몰수

화합물	분자식	분자량	1몰	당량수
수산화나트륨	NaOH	40.00	40.00	1
수산화칼륨	KOH	56.11	56.11	1
황산	H_2SO_4	98.08	98.08	2
염산	HCl	36.46	36.46	1
초산	CH_3COOH	60.05	60.05	1
소금	NaCl	58.44	58.44	1

• **산화제, 환원제의 당량**

$$\text{산화제, 환원제의 당량} = \frac{\text{1 g 분자량}}{\text{방출 또는 받아들이는 전자가}}$$

과망간산칼륨($KMnO_4$)이 전자를 방출시 산성용액에서는 5개의 전자를 방출하므로 5g 당량, 알칼리성 용액에서는 3개의 전자를 방출하므로 3 g 당량이 된다.

예제 1. 0.1N HCl용액을 제조하시오. 단 HCl의 분자량은 36.46, 비중은 1.18, 순도는 36%이다.

☞ ① 우선 0.1M HCl용액의 농도를 구한다.

1M HCl용액은 염산 85.82 mL를 물에 녹여 1,000 mL로 하면 된다.

따라서 0.1M HCl 용액은 HCl 8.582 mL를 물에 녹여 1,000 mL로 한다.

② HCl의 당량으로 나누어 준다.

HCl은 1 g 당량이므로 8.583/1 = 8.583

따라서 0.1N HCl용액은 HCl 8.583 mL를 물에 녹여 1,000 mL로 한다.

예제 2. 0.1N H_2SO_4용액을 제조하시오. 단 H_2SO_4의 분자량은 98.08, 비중은 1.84, 순도는 95%이다.

☞ ① 우선 0.1M H_2SO_4용액의 농도를 구한다.

$$1M = \frac{\text{용질 1 g 분자량}}{\text{용액 1,000 mL}} \times \frac{100}{\text{순도}} = \frac{98.08}{\text{물 1,000 mL}} \times \frac{100}{95}$$

따라서 103.32 g을 물에 녹어 1,000 mL로 한다.

$$\text{부피} = \frac{\text{질량}}{\text{비중}} \text{ 의 식으로 부터, } \text{부피} = \frac{103.32}{1.84} = 56.15 \text{ mL}$$

따라서 1M H_2SO_4용액은 황산 56.15 mL를 물에 녹여 1,000 mL로 한다.

0.1M H_2SO_4용액은 5.615 mL를 물에 녹여 1,000 mL로 한다.

② H_2SO_4의 당량으로 나누어 준다.

H_2SO_4은 2 g 당량이므로 5.615/2 = 2.81

따라서 0.1N H_2SO_4용액은 H_2SO_4 2.81 mL를 물에 녹여 1,000 mL로 한다.

5) 노르말농도의 변경

노르말농도나 몰농도의 경우에는 기존농도 N_0, 부피 V_0을 물로 희석하여 농도 N, 부피 V로 변경할 때는 다음 식을 이용한다.

$$N_0 \times V_0 = N \times V$$

예제 1. 2N NaOH용액 300 mL를 조제하는데 5 N NaOH 용액 몇 mL가 필요한가?

☞ $N_0 \times V_0 = N \times V$ $\quad\quad$ $2 \times 300 = 5 \times V$

V = 120 mL

따라서 10N NaOH용액 120 mL에 물 180 mL를 가하면 2N NaOH용액 300 mL가 된다.

예제 2. 0.5N NaOH용액을 물로 희석하여 0.3N NaOH용액 500 mL을 제조하려면 0.5N NaOH용액과 물이 각각 몇 mL 필요한가?

☞ $N_0 \times V_0 = N \times V$ $0.5 \times V = 0.3 \times 500$
$V = 300$ mL
따라서 0.5N NaOH용액 300 mL에 물 200 mL를 가하면 0.3N NaOH용액 500 mL가 된다.

6) M농도, N농도, %농도, ppm농도의 상호 전환

예제 1. 0.1N 초산(CH_3COOH, 분자량 = 60)용액은 몇 %용액에 해당하는가?

☞ 0.1N 초산용액 = 6 g/1,000 mL = 0.6 g/100 mL
따라서 0.1N 초산용액은 0.6% 초산용액이 된다.

예제 2. 1N 초산(CH_3COOH, 분자량 = 60) 용액은 몇 ppm 농도에 해당하는가?

☞ 1N 초산용액 = 60 g/1,000 mL = 60,000 mg/1,000 mL
따라서 1N 초산용액은 60,000 ppm의 농도이다.

예제 3. 5% NaOH용액은 몇 N인가?

예제 4. 100 ppm 농도의 용액은 몇 mg/mL, 몇 % 인가?

- **몰 농도 M_1인 용액 V_1L와 농도가 M_2인 용액 V_2L을 섞었을 때 혼합용액의 M농도는?**

$$M_1V_1 + M_2V_2 = M(V_1 + V_2)$$

예제 1. 2M 설탕용액 0.4 L와 1M 설탕용액 1.2 L를 혼합한 설탕용액의 M농도는?

☞ $2 \times 0.4 + 1 \times 1.2 = M \times (0.4 + 1.2)$, $M = 1.25$
따라서 혼합용액의 몰 농도는 1.25M이다.

예제 2. 3N-HCl 60 mL에 5N-HCl 40 mL를 혼합한 혼합액의 N농도는?

☞ $N_1V_1 + N_2V_2 = N(V_1 + V_2)$
$(3 \times 60) + (5 \times 40) = N$
$380 = N \times 100$ 따라서 380/100 = 3.8N이다.

제 2 장

부피분석의 기초실험

2.1. 중화적정법
2.2. 산화환원적정법
2.3. 침전적정법
2.4. 킬레이트적정법

부피분석(volumetric analysis)이란 : 부피분석은 용량분석, 적정분석이라고도 하며, 중량분석(무게분석)과 함께 널리 사용되는 분석방법이다.

기본원리 : 미리 정확한 농도의 표준용액을 조제하고 이것을 정량하고자 하는 성분이 들어 있는 시료용액에 적하하여(이것을 적정이라고 한다), 반응의 당량점에 도달했을 때의 표준용액의 소비량으로부터 시료 중의 정량하고자하는 성분을 계산하여 알아내는 방법이다.

예로 들면, 농도를 모르는 식초(초산 함유)를 삼각 플라스크에 일정량 취하고, 여기에 이미 농도를 알고 있는 알칼리용액(NaOH용액)을 가한다. 이 때 중화점에 도달하면 사용된 알칼리의 양으로부터 식초 중의 초산함량을 구할 수가 있다.

따라서 농도를 모르는 산의 함량을 알기 위해서는 알칼리를 표준용액으로, 농도를 모르는 알칼리의 함량을 알기 위해서는 산을 표준용액으로 사용하면 된다.

직접적정과 역적정 : 시료 용액을 표준용액으로 직접 적정하여 측정하는 방법을 직접적정이라고 하며, 시료용액에 일정한 과잉량의 표준용액을 가하여, 시료용액과 반응하고 남은 표준용액을 별도의 다른 표준용액으로 적정하는 방법을 역적정이라 한다. 반응 종말점은 대부분 지시약에 의해 얻어진다.

1. 표준용액의 표정과 역가

표준용액(standard solution) : 적정분석에서 사용되는 정확한 농도의 시약을 말하며, 표준액이라고도 한다. 옥살산과 같이 일정량의 용액에 녹이는 것만으로 표준용액이 얻어지는 경우도 있지만, 수산화나트륨과 같이 지장 중에 공기 중의 수분을 흡수하여 정확한 농도의 용액을 제조할 수 없는 경우도 있다. 이 경우는 그 농도를 다른 표준용액에 의하여 간접적으로 정한다.

표정 : 조제한 표준용액의 실제 정확한 농도를 결정하는 조작을 표정이라고 하며, 표정에 사용되는 순수한 물질을 표준물질(standard substance)하고 한다.

역가(factor, **농도계수**) : 표준용액이 얼마나 정확하게 조제되었는지 확인하여 수정해주는 값을 역가라고 하고 한다.

즉, 실제의 노르말농도를 원했던 소정의 노르말농도로 나누어 준 값을 역가(facor, F)라고 한다.

$$\text{역가}(F) = \frac{\text{실제의 노르말농도}(N)}{\text{소정의 노르말농도}(N_0)}$$

역가(F)가 1보다 크다는 것은 실제의 노르말농도가 소정의 노르말농도보다 진하다는 의미이며, 1보다 작다는 것은 소정의 노르말농도보다 묽다는 의미이다.

일반적으로 노르말농도 N_0 인 용액의 V_0 mL와 노르말농도 N인 용액의 V mL이 서로 당량일 때 다음 식이 성립한다.

$$N_0 \times V_0 = N \times V$$

이것은 실제로 표준용액 제조시 온도나 용기의 오차저울이나 기타 조작상 오차 약품의 순도의 차이 등에 의해 발생된 오차를 보정해준다.

2. 표정방법

1) 1차 표준용액에 의한 표정

1차 표준물질은 순도가 높아 용액을 제조할 때 예상 농도와 거의 동일한 농도의 용액을 제조할 수 있는 물질을 말하며, 이러한 1차 표준용액으로 역가를 측정하는 표정하는 방법이다.

예를 들어 0.1N NaOH용액을 제조할 때, NaOH는 흡습성이 강하여 무게 측정 시 공기 중의 수분을 흡수하여 무게오차가 발생한다. 따라서 NaOH용액의 농도는 정확하지 않다.

따라서 화학적으로 안정하고 순수한 물질(1차 표준물질, 옥살산 등)을 이용하여 정확한 농도의 용액을 만들어 적정하면 조해성이나 공기와의 반응 등으로 인한 농도의 오차를 보정할 수 있다.

알칼리의 1차 표준물질로는 옥살산, 안식향산(benzoic acid) 등이 이용된다. 산의 1차 표준물질로는 탄산나트륨(Na_2CO_3), 탄산수소칼륨($KHCO_3$)이 주로 이용된다.

1차 표준물질의 조건으로는

(1) 정제, 건조가 쉽고 순도가 높을 것

(2) 공기 중의 산소에 의해 산화되지 않고, 수분이나 CO_2를 흡수하지 않아, 장기간 보관에도 변질되지 않을 것.

(3) 반응이 정량적으로 빠르게 진행될 것.

(4) 가능한 한 분자량이 커서 측량 오차가 적을 것 등 이다.

2) 2차 표준용액에 의한 표정

2차 표준물질에 의한 표정은 이미 역가를 알고 있는 2차 표준용액을 이용하여 간접적으로 역가를 구하는 방법이다. 정밀도는 1차 표준용액에 의한 표정보다 다소 떨어지지만 간편하여 실제로 분석에 많이 이용된다.

예제 1. 0.1N HCl용액(F=0.998) 20 mL를 중화하는데 0.1N NaOH용액 20.5 mL가 소요되었다면 0.1N NaOH용액의 역가는 얼마인가?

☞ 노르말농도 N_0인 2차 표준물질 V_0 mL(역가 F_0)와 표정하려는 노르말농도 N인 용액의 V mL(역가 F)가 서로 당량일 때 다음 식이 성립한다.

$N_0 \times F_0 \times V_0 = N \times F \times V$

따라서 용액의 N농도를 구할 수 있고 또한 역가(F)를 구할 수 있다.

$0.1\ N \times 0.998 \times 20 = 0.1 \times F \times 20.5$

$1.996 = F \times 2.05$

$\therefore F = 0.974$

2.1. 중화적정법

1. 중화적정 곡선과 지시약

산이란 수소이온(H^+)을 내는 것(proton 공여체), 염기란 수소이온을 받는 것(proton 수용체)이다.

$$산 = 염기 + H^+$$

산과 염기는 중화적정에 의해 염과 물을 생성하며, 이 반응을 이용하여 적정하는 방법을 중화적정법 또는 산염기적정법이라 한다. 중화적정법에는 산으로 염기를 적정하는 경우와 염기로 산을 적정하는 경우가 있다. 그러나 산염기적정에서는 반응의 종말을 눈으로 알 수 없다. 이 때문에 산염기적정에서는 반응의 종말점은지시약의 색 변화로 판단한다.

중화적정에 사용되는 지시약은 특정된 (H^+)범위에서 예민하게 변색하는 동시에 가역적이어야 한다. 일반적으로 지시약들은 pH에 따라 변색점이 각각 다르기 때문에 중화를 행하는 산 및 염기의 강도에 따라 적당한 지시약을 선택하여야 한다.

강산과 강염기 : 수용액에서 대부분 해리되어 수소이온을 많이 내는 산을 강산이라고 하며, 수용액에서 대부분 해리되어 수산화이온을 많이 내는 염기를 강염기라고 한다.

강산으로는 염산, 황산, 질산의 무기산이 있다. 또 유기산은 대부분 약산이지만, 옥살산은 강산이다. 반면 강염기로는 수산화나트륨(NaOH), 수산화칼륨(KOH), 수산화칼슘($Ca(OH)_2$), 석회 등이 있다.

약산과 약염기 : 수용액에서 일부만 해리되는 산을 약산이라 하며, 보통 해리상수가 0.001 이하의 산을 말한다. 반면 수용액에서 일부만 해리하는 염기를 약염기라고 한다. 대부분의 유기산(초산, 구연산, 사과산, 락트산, 주석산 인산, 붕산 등)은 약산이다.

약염기로는 탄산나트륨(Na_2CO_3) 수산화암모늄(NH_4OH), 수산화구리($Cu(OH)_2$), 암모니아수 등이 있다.

[표 2-1] 지시약의 종류 및 변색점

지시약명	산성색	염기성색	변색하는 pH범위	녹는 용매	이용하는 중화반응
methyl orange	적 색	황 색	3.1~4.4	물	강산과 약염기
methyl red	적 색	황 색	4.2~6.2	70% 알코올	강산과 약염기
Neutral red	적 색	황 색	6.8~8.0	물	강산과 강염기
Phenolphtalein	무 색	적 색	8.2~9.8	70% 알코올	약산과 강염기
thimolphtalein	무 색	청 색	9.3~10.5	90% 알코올	약산과 강염기
litmus	무 색	청 색	4.5~8.3	물	-

* 리트머스는 변색범위가 넓기 때문에 적정지시약으로 부적당

* 강산과 강염기의 중화반응의 경우에는 어떠한 지시약을 사용해도 좋다.

산염기적정에 사용되는 지시약 : 산염기의 강도에 따른 적당한 지시약의 선택은 중화적정곡선을 통해 할 수 있다. 중화적정 곡선이란 중화적정시 산(또는 염기)의 소비량(가로

축)에 의한 반응액의 pH 변화(세로축)을 표시한 곡선이다.

1) 강산과 강염기의 적정

염산(HCl)과 수산화나트륨(NaOH)의 산염기반응은 강산과 강염기의 반응으로 당량점의 pH 변화범위는 pH 4~10 정도이며, 당량점 부근에서는 아주 적은 양으로도 급격하게 pH가 변한다. 따라서 pH 4~10에서 변색하는 지시약은 모두 사용할 수 있다(예 : 페놀프탈레인, 메틸레드, 메틸오렌지). 페놀프탈레인은 pH 8.2에서 무색에서 적색으로 변색되기 시작하여 pH 9.8에서는 전부가 홍색이 된다. 메틸레드는 pH 4.2~6.2에서 적색에서 황색으로 변색된다. 메틸오렌지는 pH 3.1~4.4에서 적색에서 황색으로 변색된다.

일반적으로 0.1N HCl과 0.1N NaOH용액의 적정에는 페놀프탈레인을 지시약으로 사용한다.

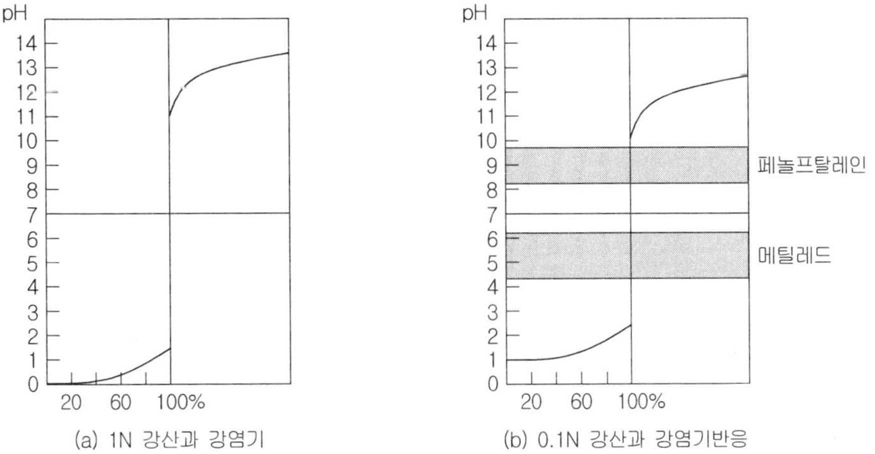

(a) 1N 강산과 강염기 (b) 0.1N 강산과 강염기반응

[그림 2-1] 1N 강산과 강염기반응 및 0.1N 강산과 강염기반응에서의 중화적정곡선

2) 약산과 강염기의 적정

락트산(lactic acid)과 수산화나트륨의 산염기반응은 약산과 강염기의 반응이며, 중화로 생기는 염이 가수분해되어 알칼리성을 나타내므로 변색범위는 pH 7 이상인 알칼리성 쪽이다. 따라서 보통 pH 7~10에서 변색하는 지시약을 사용한다(예 : 페놀프탈레인). 그러나 메틸오렌지는 사용할 수 없다(그림 2-2, a).

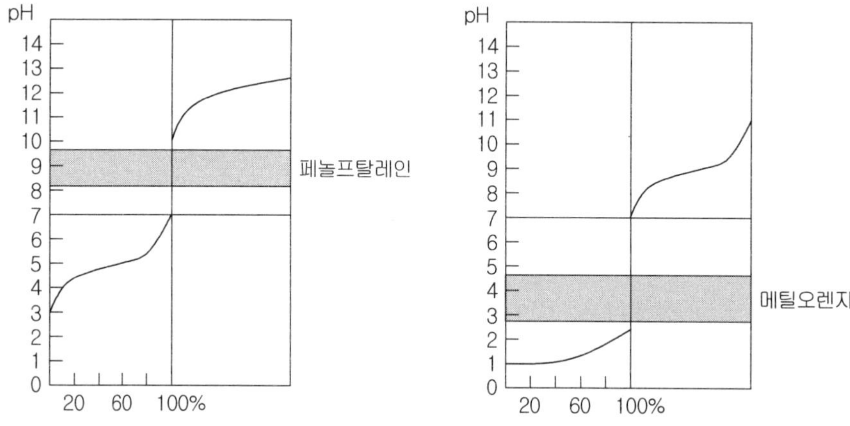

(a) 0.1N 약산과 강염기 (b) 0.1N 강산과 약염기

[그림 2-2] 0.1N 강산과 강염기반응 및 0.1N 강산과 약염기반응에서의 중화적정곡선

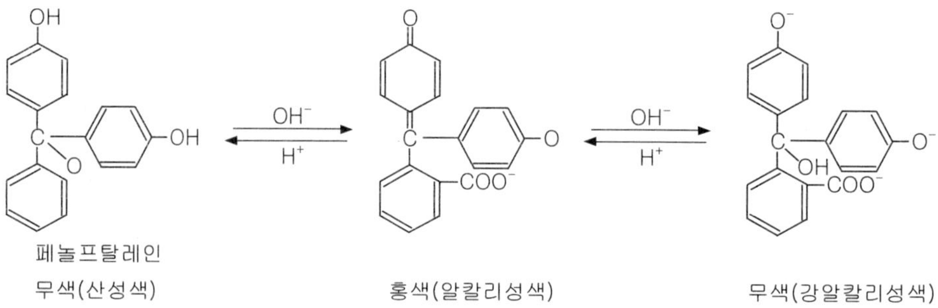

3) 강산과 약염기의 적정

염산과 탄산나트륨의 산염기반응은 강산과 강염기의 반응이며, 당량점의 pH 변화범위는 그다지 크지 않아 pH 4~7 정도이다(그림 2-2 b). 따라서 지시약은 변색범위가 산성 쪽의 지시약을 사용한다(예 : 메틸오렌지).

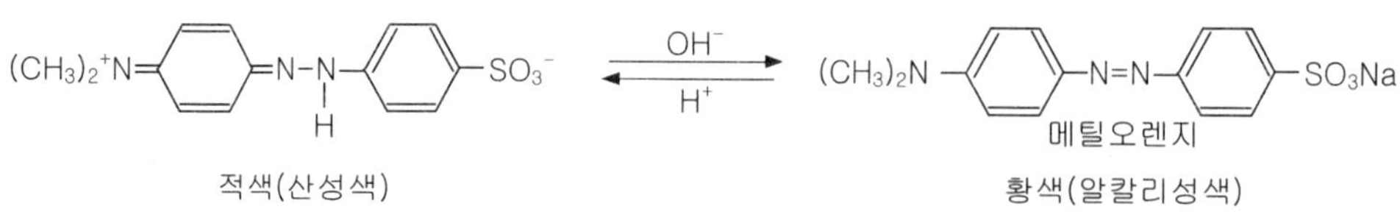

4) 약산과 약염기의 적정

약산과 약염기의 반응에서는 당량점이 거의 pH 7이다. 따라서 당량점에서의 pH 변화범위가 너무 좁아 적당한 지시약을 선택할 수 없다. 또한 강산과 강염기의 반응이라도 그 농

도가 너무 낮으면 당량점에서의 pH 변화범위가 너무 좁아 적당한 지시약을 선택할 수 없다. 따라서 강산과 강염기의 반응은 보통 0.01~1N 정도가 사용된다.

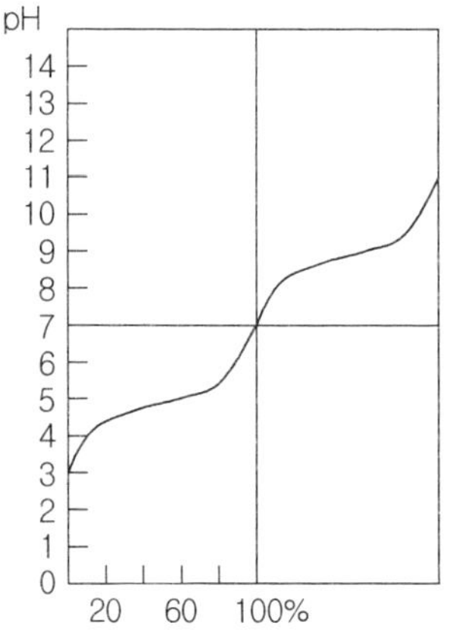

[그림 2-3] 0.1N 약산과 약염기 반응에 의한 중화적정곡선

[표 2-2] 산염기지시약의 선택

중화적정의 종류	변색 pH 범위	선택 지시약
강산·강알칼리 0.1N 정도	4.10~10.0	phenolphthalein, methyl orange, congo red, methyl red, neutral red
강산·약알칼리 0.1N 정도	4.5~9.5	phenolphthalein, neutral red
강산 · 약알칼리	3.0~7.0	methyl orange, congo red, methyl red
약산 · 강알칼리	7.0~11.0	phenolphthalein

혼합지시약(mixed indicator) : 2개의 지시약을 섞은 지시약을 말한다. 보통은 1개의 지시약을 사용하지만 pH 변화에 대한 색깔 변화가 선명하지 않을 때는 정확한 종말점을 찾기 위해 2개 지시약을 적당히 섞은 혼합지시약을 사용하다.

[표 2-3] 혼합지시약

혼합지시약		용량비	변 색			
methyl red methylene blue	0.2% 에탄올 0.1% 에탄올	1 1	pH 5.2 이하 적자색	5.4, 청록색	5.6, 녹청색	5.7 이상 녹색
neutral red methylene blue	0.1% 에탄올 0.1% 에탄올	1 1	pH 7.0 이하 자청색	7.0 자청색		7.0 이상 녹색
cresol red thymol blue	0.1% 물 0.1% 물	1 3	pH 8.2 이하 황색	8.2 담홍색		8.2 이상 자색

pH 시험지(만능 pH 시험지, pH paper) : pH 시험지는 여러 지시약을 여과지에 침투시켜 건조한 종이로, 간단히 pH를 측정하는데 이용된다. pH 시험지를 용액에 담그면 용액이 pH 시험지안의 지시약과 반응하여 색깔이 변한다. 이 시험지의 변색 정도를 부착되어 있는 표준 정색표와 비교하면 pH를 판단한다.

[그림 2-4] pH 시험지(pH paper)

예를 들어, pH 시험지의 색깔이 오렌지색으로 변하면 pH 4 정도임을 알 수 있다. 또 의 색깔이 풀색이라면 pH는 중성 부근이다.

pH 시험지의 오차 범위는 0.2~0.5 pH 정도로 정확도는 떨어지지만 간단하고 빠르게 측정할 수 있다는 장점이 있다.

pH 시험지의 색깔 변화는 용액에 담갔다가 바로 관찰하는 것이 좋으며, pH 시험지를 보관할 때는 빛이 없는 곳에 두는 것이 좋다.

실험 2-1. 0.1N NaOH용액 조제 및 표정

시 약

① 0.1N NaOH 용액 : NaOH 4.3 g을 증류수 1 L에 녹인다(NaOH : 분자량 40, 순도 93%).

② 0.1% 페놀프탈레인 지시약 : 페놀프탈레인 0.1 g을 70% 에탄올 100 mL에 녹인다.

③ 0.1N 옥살산(oxalic acid)용액 : 옥살산($H_2C_2O_4 \cdot 2H_2O$, 2당량, 분자량 126.08) 6.304 g을 증류수 1 L에 녹인다.

$$0.1N\ 옥살산용액의\ 역가(F) = \frac{옥살산\ 채취량}{옥살산\ 이론치} = \frac{옥살산\ 채취량}{6.304}$$

기 구

피펫, 뷰렛, 뷰렛스탠드, 깔때기, 삼각플라스크, 스포이드, 용량플라스크, 전자식 저울, 시약스픈

$$\begin{matrix} COOH \\ | \\ COOH \end{matrix} + 2NaOH \longrightarrow \begin{matrix} COONa \\ | \\ COONa \end{matrix} + 2H_2O$$

옥살산 → 옥살산나트륨염

0.1N NaOH 표준용액의 표정

0.1N NaOH용액을 뷰렛에 채운다.

↓

0.1N 옥살산용액 20 mL,
0.1% 페놀프탈레인 지시약 2~3방울을
삼각 플라스크에 넣음

↓

뷰렛의 0.1N NaOH용액을 적정 — 무색에서 미홍색으로 되는 점이 종말점

↓

0.1N NaOH용액의 역가 계산 — 같은 실험을 3번 이상 반복

$F \times V = F_0 \times V_0$의 식으로 부터

$$0.1N\ NaOH용액의\ 역가(F) = \frac{F_0 \times V_0}{V}$$

V : 소요된 0.1N NaOH용액의 mL수
F_0 : 옥살산용액의 factor
V_0 : 0.1N 옥살산용액의 채취량(mL)

↓

Labelling을 한다.

라벨에는 시약명, 규정농도, Factor, 제조자, 제조 년, 월, 일 등을 기입한다.

예) 0.1N NaOH(sodium hydroxide)용액
f = 1.008 용도 : 1차표준용액
2017년 3월 21일 손 종 연

결과 및 계산

측정항목	측정값	계 산
0.1N 옥살산용액의 채취량(mL)		
0.1N 옥살산용액의 factor		
적정에 소요된 0.1N NaOH용액의 mL수		

실험 2-2. 0.1N HCl(또는 H_2SO_4)용액의 조제 및 표정

시 약

① 0.1N HCl용액 : HCl 대략 8.6 mL를 증류수에 녹여 1 L로 한다.
② 0.1N H_2SO_4용액 : H_2SO_4 2.8 mL를 증류수에 녹여 1 L로 한다.
③ 0.1% 메틸오렌지지시약 : 메틸오렌지 0.1 g을 증류수 100 mL에 녹인다.
④ 0.1N 탄산나트륨(Na_2CO_3)용액 : 탄산나트륨(2당량, 분자량 ; 105.99) 5.2995 g을 증류수에 녹여 1 L로 한다.
(탄산나트륨은 500~650℃에서 40~50분 건조하여 데시케이터에 방냉 후 사용).

$$0.1N\ 탄산나트륨용액의\ 역가(F) = \frac{탄산나트륨\ 채취량}{탄산나트륨\ 이론치} = \frac{탄산나트륨채취량}{5.2995}$$

기 구

피펫, 뷰렛, 뷰렛스탠드, 살때기, 삼각플라스크, 스포이드, 용량플라스크, 전자식 저울, 시약스픈, 유산지

원 리

$$Na_2CO_3 + 2HCl \longrightarrow 2NaCl + H_2O + CO_2\uparrow$$

* CO_2는 물에 잘 녹고, 용액 중에서 H_2CO_3(약산)형태로 존재

0.1N HCl 표준용액의 표정

0.1N HCl용액을 뷰렛에 채움

↓

0.1N 탄산나트륨용액 20 mL,
메틸오렌지 지시약 2~3방울을
삼각 플라스크에 넣음

↓

뷰렛의 0.1 N HCl용액으로 적정

↓

주황색이 되면 2~3분 가열 후 냉각 — 반응에서 형성된 CO_2는 반응액에서 약산인 탄산형태로 존재하여 반응에 영향을 주므로 가열 제거

↓

노란색이 되면 0.1N HCl용액을
한 방울씩 가함 — 가열해도 미홍색이 될 때 까지

↓

0.1N HCl용액의 역가 계산 — 같은 실험을 3번 이상 반복한다.

$F \times V = F_0 \times V_0$의 식으로부터

$$0.1N\ HCl(또는\ H_2SO_4)용액의\ 역가(F) = \frac{F_0 \times V_0}{V}$$

V : 0.1N 염산(또는 황산)용액의 적정 mL수
F_0 : 0.1N 탄산나트륨용액의 역가
V_0 : 0.1N 탄산나트륨의 채취량(mL)

결과 및 계산

측정항목	측정값	계 산
0.1N 염산(또는 황산)용액의 적정 mL수		
0.1N 탄산나트륨용액의 역가		
0.1N 탄산나트륨의 채취량		

실험 2-3. 식품중의 유기산 정량

신맛은 수소이온이 관여하고 식품의 신맛물질은 대부분 유기산이다. 식품 중의 유기산의 함량은 규정 알칼리용액으로 측정한 mL 수로 나타내거나 또는 이것에 해당하는 유기산의 함량으로 표시한다.

식품에는 여러 유기산이 함유되어 있기 때문에 정밀한 분석이 필요 없는 경우는 전체 유기산의 함량을 그중에 가장 많이 함유되어 있는 유기산으로 표시한다. 예를 들면 식초에서는 초산, 청주에는 호박산, 유제품에는 젖산, 오렌지주스 중에는 구연산 등의 양으로 환산하여 표시한다. 또 전체 유기산을 수증기 증류하여 휘발성 산과 불휘발성 산으로 분리하여 정량하는 경우도 있다.

[표 2-4] 일부 식품에 함유되어 있는 유기산들

Organic acid	분자량	당량수	산이 많이 함유된 식품
구연산(Citric acid)	192.1	3	귤 류
주석산(Tartaric acid)	150.1	2	포 도
젖산(Lactic acid)	90.1	1	유산균 음료
초산(Acetic acid)	60.0	1	식 초

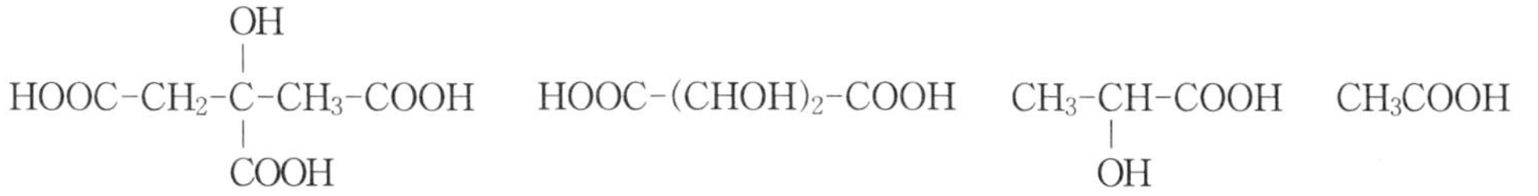

구연산 주석산 젖산 초산

시 약

0.1N NaOH용액, 0.1% 페놀프탈레인 지시약(실험 2-1 참조)

(1) 시판 식초중의 초산 함량 측정

원 리

$$CH_3COOH + NaOH \longrightarrow CH_3COONa + H_2O$$

초산 → 초산나트륨염

시료의 조제

시판 식초 10 mL를 피펫을 이용하여 100 mL 용량플라스크에 넣고 증류수로 채운다(이것을 20 mL 취해 시료액으로 사용하면 희석배수는 5가 된다).

조 작

0.1N NaOH용액을 뷰렛에 채운다.

↓

희석한 식초 20 mL, 0.1% 페놀프탈레인 지시약 2~3방울을 삼각플라스크에 취함

↓

0.1N NaOH용액으로 적정 (미홍색이 될 때까지)

↓

식초 중의 초산 함량 계산

$$초산함량(\%) = \frac{V \times f \times D \times 0.006}{S} \times 100$$

S : 시료량(g)
V : 0.1N NaOH용액의 소비량(mL)
f : 0.1N NaOH용액의 factor
D : 희석배수
0.006 : 0.1N NaOH용액 1 mL에 해당하는 초산의 양(g)

결과 및 계산

측정항목	측정값	계 산
시료량(g)		
0.1N NaOH용액의 소비량(mL)		
0.1N NaOH용액의 factor		
D : 희석배수		

(2) 오렌지주스 중의 구연산의 함량 측정

시료의 조제

주스 중에 과육이 들어 있으면 여과하여 사용한다.

조 작

0.1N NaOH용액을 뷰렛에 채운다.

↓

오렌지주스 10 mL, 증류수 40 mL,
0.1% 페놀프탈레인 지시약 2~3방울을
삼각플라스크에 취함

↓

0.1N NaOH용액으로 적정
(미홍색이 될 때까지)

↓

오렌지주스 중의 구연산 함량 계산

오렌지주스중의 구연산함량의 계산

$$\text{구연산함량(\%)} = \frac{V \times f \times 0.0064}{S} \times 100$$

S : 시료량(g)

V : 0.1N NaOH용액의 소비량(mL)

f : 0.1N NaOH용액의 factor

0.0064 : 0.1N NaOH용액 1 mL에 해당하는 구연산의 양(g)

결과 및 계산

측정항목	측정값	계 산
시료량(g)		
0.1N NaOH용액의 소비량(mL)		
0.1N NaOH용액의 factor		

실험 2-4. 우유의 산도(젖산함량) 측정

우유가 오래되면 산도(acidity)가 증가한다. 또 유산음료나 유산균 음료에서는 유산균을 이용하여 우유 중의 락토오스를 젖산(lactic acid)로 바꾼다. 산도와 젖산함량은 규정 알칼리용액(NaOH용액)으로 적정하여 시료 중의 젖산 함량(%)로 나타낸다.

우유의 산도를 측정하는 경우에는 우유의 중량이 필요하기 때문에 비중을 측정해 둔다.

시 료

우유(시판 우유), 유산음료, 요구르트 등

시 약

1) 1% 페놀프탈레인용액 : 페놀프탈레인 1 g을 95% 에탄올 99 mL에 녹인다.
2) 0.1N NaOH용액 : 역가를 측정해 둔다(실험 2-1 참조).

조 작

0.1N NaOH용액을 뷰렛에 채운다.

↓

시료 10 mL를 삼각 플라스크에 취함

↓

증류수 10 mL,
1% 페놀프탈레인용액 0.5 mL 가함

↓

0.1N NaOH용액으로 적정
(30초간 미홍색이 지속될 때 까지)

↓

산도(젖산, %)의 계산

$$산도(젖산,\ \%) = \frac{V \times f \times 0.0090}{S \times g} \times 100$$

S : 시료량(g)
V : 0.1N NaOH용액의 소비량(mL)
f : 0.1N NaOH용액의 factor
g : 우유의 비중
0.0090 : 0.1N NaOH용액 1 mL에 해당하는 젖산의 양(g)

결과 및 계산

측정항목	측정값	계 산
시료량(g)		
0.1N NaOH용액의 소비량(mL)		
0.1N NaOH용액의 factor		

비 고

1. 신선한 우유의 경우 산도 0.14~0.18%이고 변질유는 0.21% 이상 이다.
2. 우유의 비중의 측정에는 우유비중계 등이 이용된다.
   신선한 우유의 비중은 보통 1.028~1.034로 지방함량과 관계하며, 물의 혼합여부 판단 기준이 된다. 한편 탈지유의 비중은 1.032~1.038 정도이다.
3. 요구르트의 경우도 우유와 같이 산도를 구할 수 있다. 이 경우 시료 10 g, 증류수 40 mL, 페놀프탈레인지시약 0.5 mL를 가한 후 0.1N NaOH용액으로 적정한다(김치의 경우 시료 1 mL에 증류수 19 mL를 가한다).
   요구르트의 산도는 0.4~0.6% 정도이다.

2.2. 산화환원적정법

산화, 환원 : 산화란 대상으로 하는 물질이 전자를 잃는(산화수가 증가) 화학반응을 말한다. 물질에 산소가 결합하는 반응 또는 수소를 잃는 반응도 산화반응이다. 또 환원이란 물질이 전자를 받는(산화수가 감소) 반응을 말한다. 산소를 잃거나 수소가 결합하는 반응도 환원반응이다. 산화환원반응에 있어서 산화와 환원은 반드시 평행하게 진행된다.

산화환원적정법 : 산화제나 환원제에 의해 산화 또는 환원되는 반응을 이용한 적정법을 산화환원적정법이라고 하며, 부피분석법 중에서 가장 응용범위가 넓다. 표준용액으로 산화제 용액을 사용해서 시료 용액을 적정하는 것을 산화적정, 환원제 용액을 사용해서 적정하는 것을 환원적정이라고 한다.

많이 이용하는 것은 과망간산칼륨($KMnO_4$, potassium permanganate)과 요오드(I_2, iodine)을 이용한 산화적정이다. 요오드 산화적정은 비타민 C의 정량(제2장 참조), 지질의 과산화물가, 요오드가 측정 등에 이용되며, 과망간산칼륨은 칼슘정량에 이용되는 등 식품의 응용범위가 매우 높다.

1. 과망간산칼륨($KMnO_4$)을 이용한 산화환원적정

과망간산칼륨은 진한 보라색의 산화제이다. 강산 산성용액($pH \leq 1$)에서 이것은 Mn^{2+}로 환원한다.

$$MnO_4^- + 8H^+ + 5e \longleftrightarrow Mn^{2+} + 4H_2O$$

산성용액에서 MnO_4^-이온은 5개의 전자를 얻어 7가로 부터 2가로 환원되기 때문에 $KMnO_4$ 1몰은 5당량이다.

$$1\ g\ 당량(g/eq) = \frac{158.04}{5} = 31.606\ g$$

한편 중성 또는 알칼리용액에서는 갈색고체인 이산화망간(MnO_2)을 생성하면서 환원한다.

$$MnO_4^- + 4H^+ + 3e \longleftrightarrow MnO_2 + 2H_2O$$

알칼리성용액에서 MnO_4^-이온은 3개의 전자를 얻어 7가로 부터 4가로 환원되기 때문에 $KMnO_4$ 1몰은 3당량이다.

$$1\ g\ 당량(g/eq) = \frac{158.04}{3} = 51.677\ g$$

강알칼리용액(2M NaOH)에서 환원되면 초록색의 망간산(VI)이온으로 된다.

$$MnO_4^- + e \longleftrightarrow MnO_4^{2-}$$

- **산화제** : 산화작용을 하는 물질, 즉 전자를 받는 것
- **환원제** : 환원작용을 하는 물질, 즉 전자를 주는 것

2. 요오드(I_2)를 이용한 산화환원적정

요오드는 비교적 약한 산화제이며 환원성 물질을 산화하고 자신은 I^-으로 변한다.

요오드는 요오드화이온(I^-), 요오드(I_2), 삼요오드화이온(I_3^-), 염화요오드(ICl), 요오드산(IO_3^-), 과요오드산(IO_4^-) 등의 여러 가지 상태로 존재한다. 이중에서 요오드화이온과 삼요오드화이온이 매우 중요하다. 요오드분자는 물에 약간 녹지만, 요오드화이온과 착물을 생성하면 용해도는 크게 증가한다.

$$I_2 + I^- = I_3^- \qquad\qquad K = 7.1 \times 10^2$$

적정에 많이 사용되는 0.05M I_3^-용액은 물 1 L에 0.05M I_2와 0.12M KI를 함께 녹여 만든다. 요오드를 적정액으로 사용할 때는 항상 I_2에 과량의 I^-가 첨가된 용액을 사용한다.

요오드 산화-환원적정법은 요오드법(iodimetry)과 요오드화법(iodometry)이 있다.

요오드법은 삼요오드화이온(I_3^-)을 산화제로 사용하여 환원제 시료를 직접 적정하는 방법으로 직접요오드법이라고 한다. 요오드화법은 시료용액에 과량의 I^-이온을 가하여 정량적으로 I_3^-이온을 생성시켜 이것을 정량하는 방법으로서 간접요오드법이라고 한다.

직접요오드법에서 I_3^-의 농도가 진할수록 갈색이고 묽으면 노란색을 띤다. 색깔을 띠고 있는 다른 물질이 없는 용액에서는 I_3^-의 농도가 5×10^{-6}M일 때 색을 식별할 수 있다. 전분지시약을 사용하면 I_3^-의 농도가 2×10^{-7}M에서도 녹말-요오드의 진한 청색을 식별할 수 있기 때문에 검출한계가 10배 정도 향상된다.

또한 전분-요오드착물은 온도에 대단히 민감하다. 50℃에서의 색깔은 25℃에서의 세기보다 불과 1/10 정도이다. 또 유기용매는 녹말과 요오드의 친화력을 감소시켜 지시약의 효능을 크게 감소시킨다.

실험 2-5. 0.1N 과망간산칼륨($KMnO_4$)용액의 조제 및 표정

시 약

① 희석 황산 : 증류수와 진한 황산을 1 : 4의 비율로 혼합하여 제조한다.

② 0.1N $KMnO_4$용액 제조

$KMnO_4$(약 3.3 g)을 증류수 500 mL에 녹여 가열(1~2시간)	
↓	
냉각 후 1 L 용량플라스크에 넣어 증류수 1 L로 채우고 방치	(적어도 2일간 방치)
↓	
유리여과기(3G3)로 여과 (여과지를 사용해서는 안된다.)	가열에 의해 혼입되어 있는 유기물이 산화분해되어 $KMnO_4$은 MnO_2(산화망간)을 생성한다. 생성된 MnO_2을 여과한다.
↓	
갈색병에 보관	$KMnO_4$는 직사광선에 의해 분해되므로 갈색병에 보관

③ 0.1N 옥살산용액 : 옥살산 약 6.304 g을 증류수 1 L에 녹인다.

$$0.1N\ 옥살산용액의\ 역가(F) = \frac{옥살산\ 채취량}{옥살산\ 이론치} = \frac{옥살산\ 채취량}{6.304}$$

0.1N $KMnO_4$(과망간산칼륨)용액의 표정

원 리

$$2KMnO_4 + 3H_2SO_4 + 5H_2C_2O_4 \longrightarrow 2MnSO_4 + 10CO_2 + 8H_2O$$

과망간산칼륨은 보통 이산화망간(MnO_2) 등의 불순물을 함유하고 있어 그대로 표준용액을 만들 수 없기 때문에 과망간산칼륨용액을 비등 후 방치하여 이산화망간을 제거하여 이용한다. 또 보존 중에도 용액의 농도가 저하하기 때문에 사용직후에 표정해야 만 한다.

조 작

0.1N $KMnO_4$용액을 뷰렛에 채움	
↓	
0.1N 옥살산용액 10 mL을 삼각 플라스크에 가함, 공시험도 병행	공시험은 병행(0.1N 옥살산용액 대신 증류수 10 mL를 넣고 동일과정으로 행함
↓	
희석 황산 5 mL, 증류수 10 mL 가함	
↓	
수욕조에서 가열(70~80℃)	
↓	
뜨거운 상태에서 0.1N $KMnO_4$용액으로 적정	30초간 미홍색이 없어지지 않을 때까지 적정 (미홍색은 과잉의 $KMnO_4$에 의한 색)
↓	
0.1N $KMnO_4$용액의 역가 계산	3번 반복 실험한다.

$$0.1N\ KMnO_4\text{용액의 역가} = \frac{0.1N\ \text{옥살산용액의 역가} \times 0.1N\ \text{옥살산용액의 mL수}}{(0.1N\ KMnO_4\text{용액 적정 mL수} - B)}$$

B : 공시험에 소요된 0.1N $KMnO_4$용액의 mL수

비 고

1. $KMnO_4$의 산화력이 강하다는 것은 불안정하다는 것을 의미하기 때문에 역가는 항상 감소된다. 따라서 사용직전에 표정하여야 한다.
2. 과망간산칼륨용액은 1분간에 10 mL 이상 적하해서는 안된다. 적하속도가 너무 빠르면 MnO_2의 침전이 생겨 적정할 수 없게 된다. 또 과망간산칼륨용액의 온도가 60℃ 이하가 되지 않도록 한다.

2.3. 침전적정법

침전생성반응을 이용하여 어떤 물질을 정량하는 방법을 침전적정법(precipitating titration)이라한다. 적정의 종말점은 침전생성의 상태와 가해진 지시약의 반응으로 생성되는 착색침전으로 결정한다.

침전반응이 일어난다고 하여 침전법 적정이 항상 가능한 것은 아니며 다음과 같은 조건이 만족될 때 가능하다.

① 정량하고자 하는 물질에 적당한 침전제를 가할 때 일어나는 침전반응 속도가 빠를 것

② 침전반응은 일정한 화학양론에 따라 일어나며, 난용성 침전이 생길 것

③ 적정반응의 당량점을 용이하게 구할 수 있을 것

적정에 이용할 수 있을 만큼 바른 침전반응은 종류가 한정되어 있다. 침전반응을 이용한 적정은 양이온보다는 음이온의 정량에 이용되는 경우가 많다.

전형적인 침전적정법 중에서 은침전법이 가장 널리 사용되며, 질산은($AgNO_3$)의 표준용액을 사용하여 할로겐화이온을 적정하는 방법을 은침전법이라고 한다. 지시약으로서는 과잉의 적정시약과 반응하여 유색침전을 형성하는 물질을 사용한다(크롬산칼륨, 철명반).

은침전법은 사용하는 표준액에 따라 모르(Mohr)법, 볼하드(Volhard)법, 파이얀스(Fajans)법 등 세 가지로 분류된다. 이들 방법은 식품 중의 식염함량 측정에 이용된다.

1. 모르(Mohr)법

$AgNO_3$를 표준용액으로, 크롬산칼륨(K_2CrO_4)을 지시약으로 사용하여 식염의 함량을 측정하는 방법이다.

즉, 전처리한 검체용액을 비커에 넣고 크롬산칼륨(K_2CrO_4)시액 몇 방울을 가한 후 뷰렛 등으로 질산은($AgNO_3$) 표준용액을 적하하면 Cl^-은 전부 AgCl의 백색침전으로 되고 그 후 K_2CrO_4와 반응하여 크롬산은 Ag_2CrO_4의 적갈색 침전이 생기기 시작하여 완전히 적갈색으로 변하는데 소비되는 $AgNO_3$용액의 양으로 정량하는 방법이다.

원 리

식염(NaCl)을 함유한 시료액에 $AgNO_3$을 적하하면 우선적으로 식염중의 Cl^-과 반응하여 AgCl(염화은)의 백색침전을 생성한다.

$$\underset{\text{시료중의 식염}}{NaCl} + \underset{\text{뷰렛으로 적정}}{AgNO_3} \longrightarrow \underset{\text{(백색침전)}}{AgCl\downarrow} + NaNO_3$$

$AgNO_3$는 NaCl 모두와 반응한 후 지시약으로 첨가된 크롬산칼륨(K_2CrO_4)과 반응하여 Ag_2CrO_4(적갈색침전)을 생성한다. 이것을 종말점으로 염소이온을 정량하여 식염의 함량으로 환산한다.

$$\underset{\text{크롬산칼륨}}{K_2CrO_4} + AgNO_3 \longrightarrow \underset{\text{(적갈색침전)}}{Ag_2CrO_4 \downarrow} + 2KNO_3$$

$AgNO_3$의 NaCl 및 K_2CrO_4과의 반응성 : $AgNO_3$은 NaCl이나 K_2CrO_4과 모두 침전반응을 하지만, 반응성은 NaCl > K_2CrO_4이다.

즉, $AgNO_3$는 NaCl과 K_2CrO_4가 함께 존재하는 경우에는 먼저 NaCl과 반응하여 전부 백색침전을 생성한 후 K_2CrO_4과 반응하여 적갈색침전을 나타낸다. 이러한 원리로 K_2CrO_4을 은침전적정법의 지시약으로 사용한다.

그러나 눈으로 식별할 수 있을 정도의 붉은색의 Ag_2CrO_4침전이 생길 때 까지 AgCl를 가하면 +의 오차가 발생하게 된다. 이 때문에 바탕시험(blank test)을 실시해야 한다.

또한 이 적정은 pH 6.5~10.5의 범위가 오차가 크게 생기는 단점이 있다.

용액이 너무 산성이면 크롬산의 제2이온화상수가 작기 때문에 다음과 같은 반응이 일어나는데, 이는 크롬산이온의 농도가 감소하기 때문이다.

$$CrO_4^{2-} + H^+ = CrO_4^-$$

그러나 너무 염기성이면 Ag_2CrO_4침전이 생기기 전에 수산화은의 침전이 생긴다.

$$Ag^+ + OH^- = AgOH$$
$$2AgOH = Ag_2O + H_2O$$

따라서 모르법으로 식염을 정량할 때는 시료액을 미리 중화해 둘 필요가 있다.

시료액이 너무 산성이면 탄산수소나트륨($NaHCO_3$) 등으로 중화하고, 알칼리성이면 질산(HNO_3) 등으로 중화한다.

2. 볼하드(Volhard)법

KSCN(싸이오시안산칼륨)을 표준용액으로, 철명반(Fe^{3+})을 지시약으로 하여 식염의 함량을 측정하는 방법으로, 볼하드법으로 Cl^-를 정량하기 위해서는 역적정이 필요하다.

원 리

먼저 시료중의 식염을 과량의 질산은 표준용액을 가하여 AgCl로 침전시킨다.

$$NaCl + AgNO_3 \longrightarrow AgCl\downarrow + NaNO_3 + AgNO_3$$

시료 중의 식염 　 과량 　 반응 후 남은 양

시료중의 식염과 반응하고 남은 $AgNO_3$와 KSCN이 반응하여 AgSCN의 백색침전을 형성한다($AgNO_3$의 반응성 NaCl > KSCN)

$$AgNO_3 + KSCN \longrightarrow AgSCN\downarrow + KNO_3$$

반응 후 남은 양 　 백색침전

KSCN은 모든 $AgNO_3$와 반응한 후 철명반지시약(Fe^{3+})과 반응하여 $Fe(CNS)_3$(적갈색 침전을 생성한다.

$$KSCN + Fe^3 \longrightarrow Fe(SCN)_3\downarrow$$

철명반지시약 　 적갈색침전

* **철명반지시약** : $Fe(NH_4(SO_4)_2$, Ferric ammonium sulfate

종말점의 변화는 극히 예리하지 않다. 그러나 잘 저으면서 적정하면 AgSCN침전에 흡착되어 있던 은이온이 모두 용해되어 적정되어 좋은 결과를 얻을 수 있다.

3. 파이얀스(Fajans)법

$AgNO_3$를 표준용액으로, 음이온흡착지시약을 지시약으로 사용하여 식염의 함량을 측정하는 방법이다.

원 리

NaCl용액에 흡착지시약을 넣고 $AgNO_3$용액으로 적정하면 AgCl의 침전이 생성된다. 생성된 AgCl침전은 콜로이드질이기 때문에 침전입자는 표면흡착력이 세고 침전의 성분이온인 Ag^+나 Cl^- 이온을 잘 흡착한다. 당량점이전에는 용액 중에 Cl^-이온이 많기 때문에 Cl^- 이온이 흡착되고 당량점이후에는 여분으로 가해진 Ag^+이온이 흡착하게 되고, 급격히 흡착지시약을 흡착하여 적색이 된다.

많이 쓰이는 흡착지시약들은 음이온성 염료들로서 당량점직후에 생긴 양전하의 침전물에 흡착된다. 양전하에 흡착된 흡착지시약은 잘 알려져 있지 않은 인력에 의해 염료의 색깔이 변한다. 이런 종류의 지시약에는 플루오레세인(fluorescein, 적색), 다이요오드플루오레세인(diiodofluorescein, 적색), 에오신(eosin, 녹색), 테트라브롬페놀프탈레인에스터 등이 있다.

당량점이전 AgCl : 과량의 Cl^-(음전하)
당량점 AgCl : (중성)
당량점이후 AgCl : 과량의 Ag^+(양전하) : **Ag^+가 흡착 되어 색이 변함**

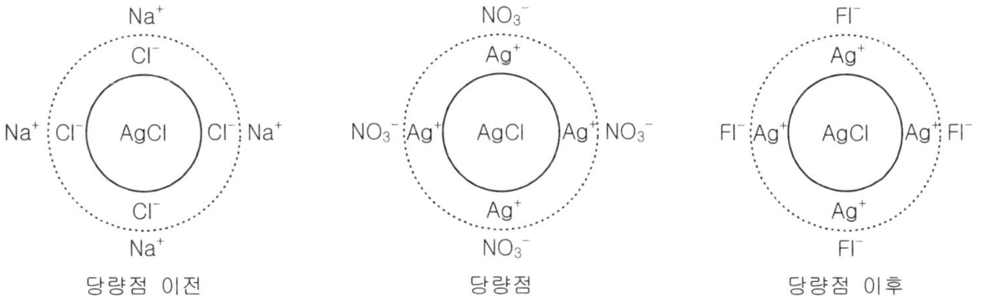

[그림 2-5] 흡착지시약의 원리

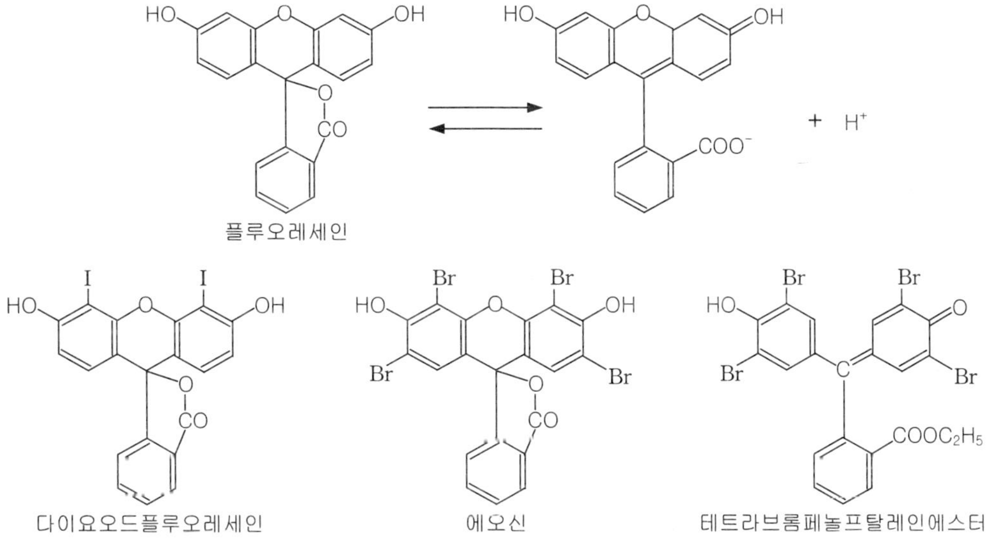

[그림 2-6] 일부 흡착지시약

실험 2-6. 모르법에 의한 식염 정량

일반적으로 짠맛을 나타내는 화합물은 무기염류이고, 이들이 수용액 중에서 용해하여 양이온, 음이온이 되었을 때 짠맛을 나타낸다. 그 중에서 음이온이 짠맛에 깊이 관계하며, 특히 할로겐이온이 강하다. 할로겐이온 중에서는 염소이온이 가장 강한 짠맛을 나타낸다.

양이온은 짠맛을 조장하는 이외의 맛을 부여한다. 짠맛을 강하게 나타내는 것은 염화나트륨(NaCl), 염화칼륨(KCl), 염화암모늄(NH_4Cl) 등이 있지만 일상생활에서 많이 접하는 것은 식염으로의 염화나트륨으로 대부분의 식품에 첨가되고 있다.

식염측정 방법 : 식품 중의 식염을 정량을 방법으로는 크게 2가지가 있다. 즉, ① 나트륨(Na^+)의 함량을 구하여 식염(NaCl)의 양으로 환산하는 방법과 ② 염소(Cl^-)이온의 함량을 구하여 식염을 환산하는 방법이다. 일반적으로 나트륨 함량은 나트륨 전극을 이용한 나트륨 농도계로 이용하여 측정하며, 염소(Cl^-)함량은 은침전법인 모르(Mohr)법, 볼하드(Volhard)법을 이용한다. 모르법은 볼하드법보다 간단하여 식품 중의 식염 함량 측정에 많이 사용된다.

이외에 나트륨을 정량하는 방법에는 ③ 염광분광광도계를 이용하는 방법이 있다.

그러나 모르(Mohr)법이나 나트륨 농도계로 식염을 정량할 때의 시료액을 중화해 둘 필요가 있다.

식품 중의 식염의 함량을 측정방법에는 Na 또는 Cl의 함량을 구하여 염화나트륨으로 환산하지만, 자연식품 중에서는 모두 NaCl의 형태로 존재하고 있지 않기 때문에($Na < Cl$) 나트륨 또는 염소함량을 구하여 환산하더라도 정확한 식염의 양이 되지 않는다. 그러나 많은 양의 식염이 첨가된 가공식품($Na \fallingdotseq Cl$)에서는 염소를 정량하여 식염의 양을 구하는 방법이 일반적으로 이용되고 있다. 한편, 오늘날에는 생리학적으로 중요한 것은 나트륨이기 때문에 나트륨을 정량하여 식염의 양을 추정하는 방법도 이용되고 있다.

시 약

① 0.02N $AgNO_3$(질산은)용액 : $AgNO_3$(분자량:169.89) 3.4 g을 증류수에 녹여 1 L로 한다($AgNO_3$용액은 갈색병에 보관한다.). 불안정하기 때문에 사용직전에 역가를 구한다.

② 0.02N NaCl용액 : NaCl(분자량:58.44) 약 1.1689 g을 증류수에 녹여 1 L로 한다. (NaCl은 약 600℃에서 1시간 건조하여 데시케이터에서 냉각 후 사용).

$$0.02\text{N NaCl의 역가} = \frac{\text{NaCl 칭량치}}{\text{NaCl 이론치}} = \frac{\text{NaCl 칭량치}}{1.1689}$$

③ 5% K_2CrO_4용액 : 크롬산칼륨(K_2CrO_4) 5 g을 증류수에 녹여 100 mL로 한다.

기 구

도가니, 시약스픈, 회화로, 데시케이터, 전자저울, 삼각플라스크, 여과지, 뷰렛

0.02N $AgNO_3$(질산은)용액의 표정

절차	비고
0.02N NaCl용액 10 mL를 삼각 플라스크에 취함	공시험도 함께 행함(0.02N NaCl용액 10 mL 대신 증류수 10 mL를 넣고, 동일방법으로 행함)
↓	
증류수 15 mL, 5% K_2CrO_4용액 1 mL를 가함	
↓	
0.02N $AgNO_3$용액으로 적정	황백색에서 적갈색으로 변함
↓	
15초간 흔들어도 직갈색이 안 없어질 때 까지 적정	보통 0.2%의 오차가 있기 때문에 공시험을 한다.
↓	
0.02N $AgNO_3$용액의 역가 계산	

$$0.02N\ AgNO_3\ 용액의\ 역가(F) = \frac{F_0 \times V_0}{(V - B)}$$

V : 0.02N $AgNO_3$용액의 적정 mL수
F_0 : 0.02N NaCl용액의 역가
V_0 : 0.02N NaCl용액의 채취량(mL)
B : 공시험에 소요된 0.02N $AgNO_3$용액의 적정 mL수

결과 및 계산

측정항목	측성값	계 산
0.02N $AgNO_3$용액의 적정 mL수		
0.02N NaCl용액의 역가		
0.02N NaCl용액의 채취량(mL)		
공시험에 소요된 0.02N $AgNO_3$ 용액의 적정 mL수		

시료의 조제

시료를 균질화하고 건식법과 습식법에 의해 회화 또는 분해하여 조제하는 방법이 있지만, 어류염장식품 이외의 식염첨가 식품에 대해서는 액체 시료의 경우는 그대로, 고체 시료의 경우에는 가능한 한 미세하게 마쇄한 후 열탕에서 용출한 것을 시료로 사용하는 것이 간편하다.

시료의 전처리

회화법에 의한 전처리

식염 약 1 g을 함유하는 양의 시료를 취함

↓

필요한 경우 수욕조상(또는 전기곤로)에서 증발 건조

↓

회화한 후 밧트(철쟁반)에서 예비방냉한 후 데시케이터에서 방냉

↓

방냉된 시료를 500 mL 용량플라스크에 옮기고, 증류수로 채운 후 여과지로 여과

열탕 용출에 의한 전처리

식염 약1 g을 함유하는 양의 시료를 취하고 증류수 50 mL를 가함

↓

15분간 수욕조에서 가열 후 냉각

↓

500 mL 용량 플라스크에 옮기고 증류수로 채운 후 여과지로 여과한다.

* **간장 시료의 경우** : 간장 5 mL를 그대로 500 mL용량 플라스크에 넣고 500 mL로 정용한다(만약에 여기에서 10 mL를 취하여 시료액으로 사용했다면 희석배수는 50이 된다).

조 작

희석한 시료액 10 mL를 삼각플라스크에 취함

공시험도 함께 행함(시료 대신에 증류수 10 mL를 넣고 동일한 방법으로 행함)

↓

증류수 15 mL, 5% K_2CrO_4지시약 1 mL를 가함

↓

0.02N $AgNO_3$용액으로 적정 (적갈색이 될 때까지)

↓

식염함량의 계산

$$식염함량(\%) = \frac{(b - B) \times 0.001168 \times F}{a} \times D \times 100$$

a : 시료량(g)
b : 0.02N $AgNO_3$의 적정 mL수
B : 공시험에 소요된 0.02N $AgNO_3$용액의 적정 mL수
F : 0.02N $AgNO_3$용액의 factor
D : 희석배수
0.001168 : 0.02N $AgNO_3$ 1 mL는 NaCl 0.001168 g에 해당

예) 만약에 희석배수가 50인 경우 계산식은 다음과 같다

$$식염함량(\%) = \frac{(b - B)}{a} \times F \times 5.85$$

결과 및 계산

측정항목	측정값	계 산
시료량(g)		
공시험에 소요된 0.02N 질산은 용액의 소비량(mL)		
본시험에 소요된 0.02N 질산은 용액의 소비량(mL)		
0.02N 질산은용액의 역가		

계산결과는 소수점 둘째자리에서 반올림하여 첫째자리까지 나타낸다.

비 고

① 시료는 중성부근에서 측정한다(pH 6.5~10.5 이외에는 오차가 큼).
② 유기산, 인산의 존재 시 반응을 방해한다.
③ 아미노산, 단백질 존재 시 종말점 측정이 곤란하다. 즉 어류염장 식품과 같이 단백질이 많은 식품은 건식법에 의해 회화하여 조제해야 한다.
④ Cl 이외 Br, I도 반응에 관여하지만 식염첨가식품의 경우는 큰 문제는 없다.

식품공전법에 의한 식염 정량

식염을 약 1 g을 함유하는 양의 검체를 취하여 필요한 경우, 수욕상에서 증발 건조 후 회화시켜 이를 물에 녹이고 다시 물을 가하여 500 mL로 한 후 여과하여 여액 10 mL에 10% 크롬산칼륨 시약 2~3방을 가하고 0.02N 질산은용액으로 적정한다.

$$\text{식염} = \frac{b}{a} \times f \times 5.85$$

a : 검체 채취량(g, mL)
b : 적정에 소비된 0.02N 질산은용액의 양(mL)
f : 0.02N 질산은용액의 역가

일부 조미료 중의 식염함량(%)

식 품	함 량	식 품	함 량
간 장	16~20	천일염(굵은소금)	82
저염간장	12	제재염(꽃소금)	88 이상
된 장	10~15	정제염	99 이상
고추장	8	맛소금	90
청국장	15.3	멸치다시다	39.6
쌈 장	8.4	쇠고기다시다	66.7
		젓 갈	7~8

실험 2-7. 볼하드법에 의한 식염 정량

시 약

① 0.05N $AgNO_3$용액 : 질산은($AgNO_3$) 8.5 g을 증류수에 녹여 1 L로 한다.

② 희식 질산 : 증류수와 질산(HNO_3)을 1 : 4 비율로 혼합한다.

③ 포화 $KMnO_4$(과망간산칼륨)용액 : 과포화용액을 만들어 상등액만 사용한다.

④ 설탕 또는 옥살산

⑤ 요소(Urea)

⑥ 나이트로벤젠(Nitrobenzene) 또는 아세톤(acetone)

⑦ 5% 철명반 지시약 : Ferric ammonium sulfate($FaNH_4(SO_4)_2$ 5 g을 10% 질산(Nitric acid)에 녹인다.

⑧ 0.05N KSCN(Potassium thiocyanate, M.W. = 97.18)용액 : 싸이오시안산칼륨(KSCN) 4.859 g을 증류수에 녹여 1 L로 한다.

$$0.05N\ KCNS용액의\ 역가(F) = \frac{KSCN\ 칭량치}{KSCN\ 이론치} = \frac{KSCN\ 칭량치}{4.85\ g}$$

(KSCN 대신에 ammonium thiocyanate을 사용해도 된다.)

시료의 조제

모르법 참조

조 작

조작	비고
시료 30 mL을 250 mL 삼각플라스크에 취함	공시험도 함께함(시료대신 증류수 30 mL를 넣고 동일한 방법으로 행함)
↓	
증류수 30 mL를 넣은 후 warming	
↓	
0.05N $AgNO_3$용액 25 mL, 희식질산 10 mL 가한 후 80℃로 냉각	질산 : 시료 중의 염을 산화, 분해하여 이온화한다(산성화).
↓	
포화 $KMnO_4$용액 1방울 넣고 핑크색이 없어질 때까지 가열	포화 $KMnO_4$용액 : 질산에 의한 산성화를 중화
↓	

다시 포화 $KMnO_4$용액 0.5 mL를 가하고 가열	5분 이내 핑크색 없어지지 않을 때까지 포화 $KMnO_4$ 용액을 가함
↓	
$KMnO_4$ 색이 없어지지 않으면 소량의 설탕으로 탈색	Sucrose : 과량의 $KMnO_4$를 분해
↓	
30초간 냉각 후 0.1g 요소(urea) 가함	Urea : pH를 조절(알칼리성화)
↓	
10분간 흐르는 물에서 냉각	
↓	
Nitrobenzene 5 mL, ferric alum 지시약 2 mL를 가함	Nitrobenzene : 빛에서 AgCl이 검게 변하는 것을 방지
↓	
0.05N KSCN용액으로 적정	엷은 오렌지색이 15초 동안 사라지지 않을 때까지
↓	
식염함량의 계산	

$$식염함량(\%) = \frac{(V - B) \times 0.001168 \times F}{S} \times D \times 100$$

S : 시료량(g)

V : 0.05N KSCN용액의 적정 mL수

B : 공시험에 소요된 0.05N KSCN용액의 적정 mL수

F : 0.05N KSCN용액의 factor

D : 희석배수

0.002923 : 0.05N KSCN 1 mL는 NaCl 0.002923 mg에 해당

결과 및 계산

측정항목	측정값	계 산
시료량(g)		
0.05N KSCN용액의 적정 mL수		
공시험에 소요된 0.05N KSCN 용액의 적정 mL수		
0.05N KSCN용액의 factor		
희석배수		

2.4. 킬레이트적정법

킬레이트(Chelate) : 킬레이트란 복수의 배위자에 의한 금속이온과의 결합(배위결합), 또는 금속과의 결합으로 생긴 화합물(착염, 착화합물)을 말한다. 킬레이트라는 말은 집게로 물건을 잡는 상태와 비슷하다고 하여 그리스어 chela(게의 집게)에서 유래되었다. 천연의 킬레이트로는 헤모글로빈과 클로로필이 있다

킬레이트적정 : 금속이온과 킬레이트를 형성하는 시약(킬레이트시약)을 이용하여 금속을 정량하는 방법이다. 조작이 간단하여 응용범위가 넓기 때문에 ppm 단위의 금속이온의 정량에 널리 이용되고 있다.

1. 킬레이트제

EDTA는 분석화학에서 가장 널리 사용되는 대표적인 킬레이트시약이다. EDTA는 대부분의 금속이온과 1 : 1의 결합비로 킬레이트화합물을 생성한다. 이 결합비는 금속이온의 전하와 관계없이 일정하다.

킬레이트시약인 EDTA를 이용하여 음료수 중의 칼슘과 마그네슘이온을 정량하여 물의 경도를 구할 수 있다. 또 식품 중의 칼슘이나 마그네슘의 함량을 구할 수 있다.

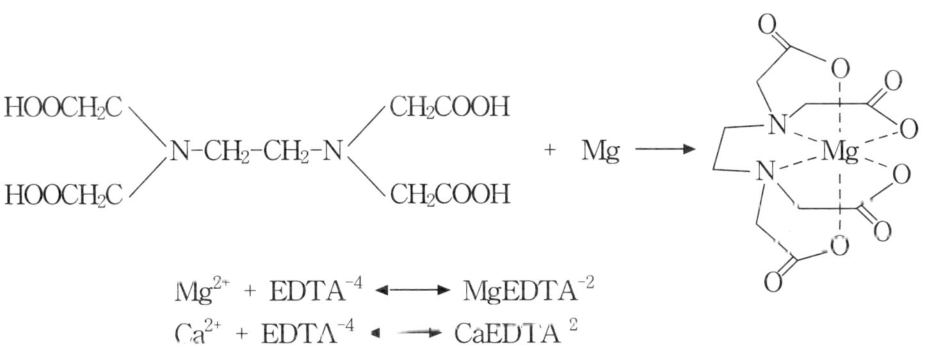

$$Mg^{2+} + EDTA^{-4} \longleftrightarrow MgEDTA^{-2}$$
$$Ca^{2+} + EDTA^{-4} \longleftrightarrow CaEDTA^{-2}$$
$$Fe^{3+} + EDTA^{-4} \longleftrightarrow FeEDTA^{-1}$$
$$Th^{4+} + EDTA^{-4} \longleftrightarrow ThEDTA$$

[그림 2-7] EDTA(ethylene diamine tetra acetate)의 구조

EDTA 킬레이트제와 pH : 적당한 pH를 선택하는 것에 의해 특정 금속이온을 선택적으로 정량할 수 있다. 예를 들어 EDTA의 경우 pH 10에서는 Ca^{2+}, Mg^{2+}과 반응하며. pH

12~13의 알칼리에서는 Mg^{2+}는 $Mg(OH)_2$로 되어 EDTA와 반응하기 어렵고, Ca^{2+}에만 반응한다.

따라서 pH 12~13의 강염기용액에서 $Mg(OH)_2$로 침전시킨 후 EDTA 표준용액으로 적정하면 Ca^{2+}이온만의 농도를 구할 수 있다. 또한 전체 금속이온(Ca^{2+} + Mg^{2+})의 농도에서 Ca^{2+}이온만의 농도를 빼주어 Mg^{2+}이온의 농도를 정량할 수 있다.

2. 금속지시약(metal ion indicator)

EDTA, 칼슘이온, 마그네슘이온 및 이들의 킬레이트화합물은 모두 수용액에서 무색을 나타내기 때문에 반응을 색으로 알 수가 없다. 이 때문에 실험에서는 반응의 종말점을 알기 위하여 금속지시약을 사용한다. 금속지시약은 금속과 결합되면 착색되는 화합물이다. EBT(eriochrome black T)는 가장 대표적인 금속지시약이다.

EBT 금속지시약 : EBT 금속지시약 자체는 청색을 띠나 금속(Mg)과 결합하면 빨간색의 킬레이트화합물을 형성한다. 단, EBT 금속지시약의 금속과의 결합력은 EDTA보다 약하다. 즉, EBT는 금속이온과 EBT-킬레이트화합물을 형성하지만, EDTA를 가하면 금속이 떨어져 나와 EBT 자신의 색으로 돌아온다.

EBT 금속지시약의 작용 기작 : 소량의 EBT(In, 청색)에 금속(Mg^{2+})을 가하면 EBT-금속킬레이트화합물(MgIn)이 생성되어 적색이 된다. 여기에 EDTA를 가하면 금속이온과 결합하여 EDTA-금속 킬레이트화합물을 형성하여 EBT-금속킬레이트화합물(MgIn)에 결합되어 있던 EBT가 유리되어 나와 청색(지시약 자체의 색)으로 변한다. 이때가 종말점이 된다.

In	+	Mg^{2+}	$\longrightarrow$	MgIn		
금속지시약 (파란색)		금속이온		금속지시약의 킬레이트화합물 (빨간색)		

MgIn	+	EDTA	$\longrightarrow$	MgEDTA	+	In
(빨간색)		(무색)		(무색)		(파란색)

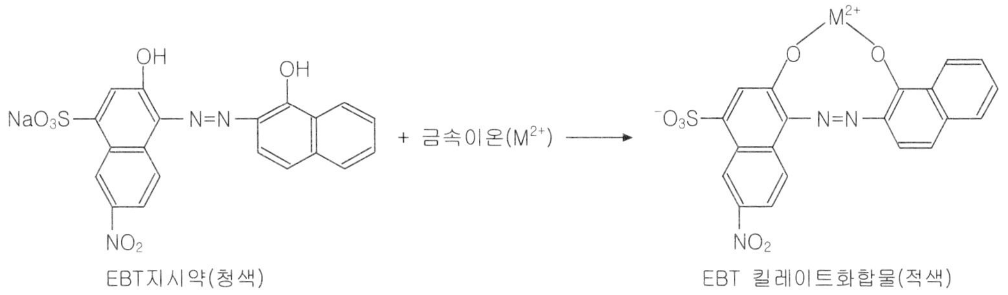

[그림 2-8] EBT 금속지시약 구조 및 착화합물 형성과 색깔 변화의 관계

EBT 금속지시약과 pH : EBT는 pH 6 이하에서 적색, pH 7~11에서는 청색, pH 12 이상에서는 주황색을 나타낸다. 그러나 금속이온이 결합하면 안정된 킬레이트화합물을 만들어 적색을 나타낸다. 이 때문에 지시약은 청색을 나타내는 pH 7~11사이에서 사용해야 하며, 이를 위하여 물의 경도 실험에서는 pH 10.0의 완충용액을 첨가한다.

[표 2-6] 대표적인 금속 지시약

종류	구조	적용 금속(pH)	변 색
EBT (Eriochrom black T)	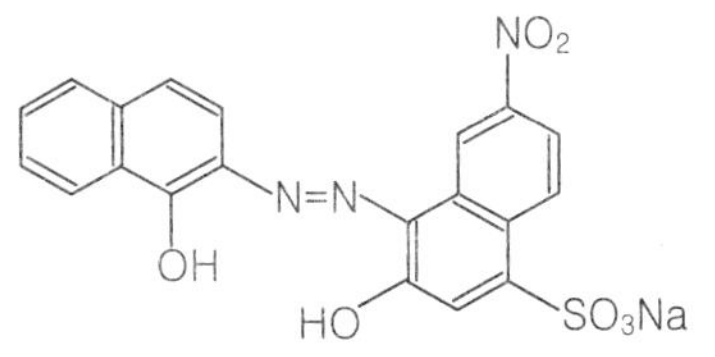	Ca, Mg, Ba, Sr (pH 7~11)	청색→적색
NN (2-hydroxy-1,2-hydroxy-4-sulfo-1-naphtholazo-3-naphthonic acid)	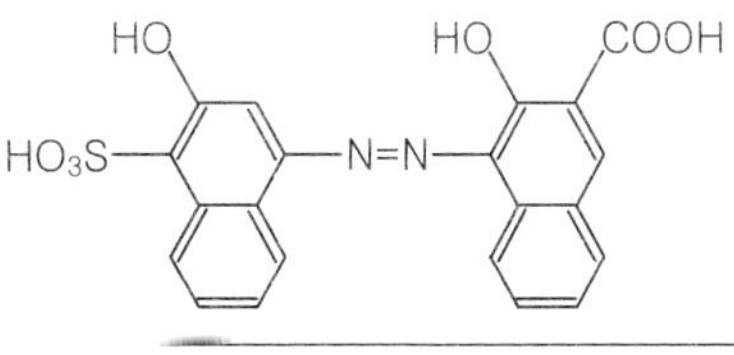	Ca (pH 12~13)	청색→적색
PAN [(1-(2-pyridylazo)-2 naphthol]	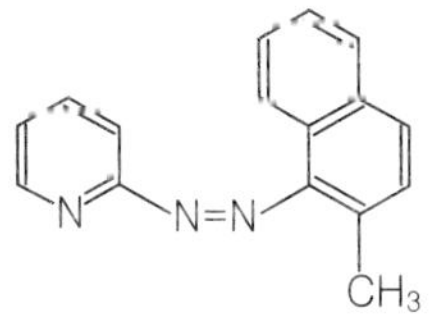	Zn, Cd(산성)	적자색→황색

블로킹 : 금속이온을 EDTA로 직정할 때 금속지시약은 금속이온을 내주어야 한다. 만약 금속지시약이 금속이온을 내주지 않으면 금속이온은 금속지시약을 블로킹(blocking)한다고 한다.

• 블로킹(blocking)

금속 이온이 EDTA보다 금속지시약과 더 안정한 킬레이트화합물을 형성하는 것

EBT는 Cu^{2+}, Ni^{2+}, Co^{2+}, Cr^{3+}, Fe^{2+}, Al^{3+} 등에 의해 블로킹된다. 따라서 이러한 금속이온을 EDTA로 직접 적정하는 데는 EBT지시약을 사용할 수 없다.

이와 같이 금속지시약이나 EDTA와 반응하는 것을 방지하는 시약을 블로킹방지제 또는 가리움제(masking agent)라고 한다. KCN(시안산칼륨), 트리에탄올아민 등은 대표적인 가리움제이다. 그러나 이들 가리움제는 적당한 조건을 만족해야만 한다(표 2-7).

[표 2-7] 대표적인 블로킹방지제

종 류	대상 금속	특 성
KCN (potassium cyanide)	Fe, Co, Ni, Cu, Zn, Ag, Cd, Hg	- 반드시 pH 7 이상에서 사용 - 맹독성이므로 주의
트리에탄올아민 (triethanolamine)	Al, Mn, Fe	- Ca와 Fe가 혼합된 시료에 사용 - pH 10 이상에서 사용

또한, 이러한 금속이온(예 Cu 등)을 EDTA로 직접적정하여 정량하는 데는 EBT지시약을 사용할 수 없다. 그러나 역적정에는 사용할 수 있다. 예를 들면 일정과량의 EDTA표준용액을 Cu^{2+}시료용액에 가한 다음 EBT지시약을 넣고 반응하고 남은 과량의 EDTA를 Mg^{2+}표준용액으로 역적정한다. 이때의 색의 변화는 푸른색이다. 한편 직접적정에는 완전히 변색하여 버리는 점이 종말점이고 역적정에서는 변색이 시작되는 점이 종말점이 된다는 사실에 주의해야 한다.

EDTA	+	Cu^{2+}	$\longrightarrow$	Cu-EDTA	+	EDTA
(과량)		금속이온				반응 후 남은 양

EDTA	+	EBT지시약	+	$MgCl_2$ 표준용액	$\longrightarrow$	Mg-EDTA	+	Mg-EBT지시약
반응 후 남은 양		(파란색)						(빨간색)

실험 2-8. 물의 경도 측정(직접적정법)

물의 경도

경도는 원래 비누와 반응하여 녹기 어려운 금속비누를 만드는 성분의 총량으로 말했지만, 현재는 자연수 중에 가장 많은 칼슘이온과 마그네슘이온의 양을 정량하여 이것을 탄산칼슘($CaCO_3$)의 양으로 나타내고 있다.

즉, 경도(Hardness)란 물에 존재하는 칼슘이온 및 마그네슘 이온 양을 이것에 대응하는 탄산칼슘($CaCO_3$)의 양(ppm)으로 환산하여 나타내는 것을 말한다.

물의 경도가 높으면 설사를 하거나 비누의 세정효과를 저하시키기도 한다. 반면 적당량의 경도는 물의 맛을 좋게 한다.

물의 총경도, 칼슘경도, 마그네슘경도 : 물의 경도는 총경도, 칼슘경도, 마그네슘경도로 분류하기도 한다. 총경도는 칼슘이온과 마그네슘이온에 의한 경도, 칼슘경도는 물중의 칼슘이온에 의한 경도를, 마그네슘 경도는 총경도에서 칼슘 경도를 뺀 것을 말한다.

물의 총경도 = 칼슘 경도 + 마그네슘 경도

물의 총경도, 영구경도, 일시경도 : 경도에는 총경도, 영구경도, 일시경도의 3가지가 있다.

① 총경도 : 물속에 녹아있는 칼슘이온과 마그네슘이온의 총량을 표시되는 경도.

② 영구경도 : 황산염($MgSO_4$ 등)이나 염화물($MgCl_2$ 등)과 같이 끓여도 석출되지 않는 칼슘이온과 마그네슘이온으로 표시되는 경도.

$$Ca(HCO_3)_2 \rightarrow CaCO_3 \downarrow + CO_2 + H_2O$$
$$Mg(HCO_3)_2 \rightarrow MgCO_3 \downarrow + CO_2 + H_2O$$

③ 일시경도 : 중탄산염과 같이 끓이면 석출되는 칼슘이온과 마그네슘이온으로 표시되는 경도.

물의 총경도 = 일시경도 + 영구경도

시 약

① 10% KCN(potassium cyanide)용액 : 시안화칼륨(KCN) 10 g을 증류수를 가하여 100 mL로 한다.

KCN은 물속에 있는 Cu, Fe, Al, Mn 등이 EDTA와 반응하지 못하게 한다.

② 완충용액(약 pH 10) : 염화암모늄(NH_4Cl) 7 g을 암모니아수 57 mL에 용해하고 증류수를 가하여 100 mL로 한다.

중성, 약알칼리에서 EDTA로 적정 시 pH가 감소하여 킬레이트 반응이 중지 또는 역행한다.

③ EBT(eriochrome black T)지시약 : EBT 0.5 g과 염산하이드록실아민($NH_2OH \cdot HCl$) 4.5 g을 메탄올에 녹여 100 mL로 한다. 95% 에탄올에 녹여도 상관없다.

염산하이드로실아민은 Cu^{2+}를 Cu^{+}로 환원시켜 EDTA와 반응하지 못하게 한다.

④ 0.01M EDTA용액(분자량 : 372.25) : 에틸렌디아민4초산2나트륨($Na_2H_2(C_{10}H_{12}O_8N_2 \cdot 2H_2O)$)을 80℃에서 5시간 건조하고, 데시케이터에서 방냉 후, 3.7225 g을 물에 가하여 1 L로 한다. 갈색병에 보존한다(1개월간 안정).

$$0.01\text{M EDTA용액의 역가(F)} = \frac{\text{EDTA 채취량}}{\text{EDTA 이론치}} = \frac{\text{EDTA 채취량}}{3.722}$$

⑤ 0.01M $MgCl_2$용액(분자량 203.30) : 염화마그네슘($MgCl_2 \cdot 6H_2O$) 2.033 g을 물에 녹여 1 L로 한다.

시료조제

탄산칼슘 10 mg 이하로 함유하도록 시료에 증류수를 넣어 100 mL로 한 것을 시험용액으로 한다(보통의 경우는 시료 그대로 사용하여도 무방하다).

조 작

시료 100 mL를 250 mL 삼각플라스크에 넣음	필요하면 여과
↓	
10% KCN용액 5~6방울, 0.01M $MgCl_2$용액 1 mL, 완충용액(pH 10) 2 mL를 가함	시료 중에 Mg^{2+}이온이 없고 Ca^{2+}이온만 존재하는 경우는 Ca^{2+}에 의한 변색을 보기 어렵기 때문에 MgCl를 첨가한다.
↓	
EBT지시약 수방울 가한 후 0.01M EDTA용액으로 적정	적자색에서 청색이 될 때 까지 적정
↓	
물의 경도 계산	

$$경도(mg/L) = \frac{V \times F - 1}{S} \times 1{,}000$$

S : 시료량(g)
V : 0.01M EDTA용액의 적정 mL수
F : 0.01M EDTA용액의 factor
1 : 첨가된 $MgCl_2$용액의 mL수
* 0.01M EDTA용액 1 mL는 탄산칼슘 1 mg에 해당

결과 및 계산

측정항목	측정값	계 산
시료량(g)		
0.01M EDTA용액의 적정 mL수		
0.01M EDTA용액의 factor		

영구경도 측정

① 시료 물 100 mL를 삼각플라스크에 취하여 증발하는 물을 보충하면서 30분간 가열한다.
② 이것을 여과하여 총경도 측정법과 동일하게 측정한다.

일시경도 측정

총경도와 영구경도를 측정하여 다음 식으로 계산하여 일시경도를 구한다.

$$일시경도(ppm) = 총경도 - 영구경도$$

비 고

1. Mg^{2+}가 함유되어 있지 않은 시료의 경우, 뚜렷한 종말점을 갖기위해 적성 플라스크에 Mg^{2+}을 넣는다. Ca^{2+}는 EBT지시약과 반응하여 뚜렷한 종말점을 나타내는 강한 킬레이트를 만들지 못하기 때문이다.
2. 수돗물의 경도기준은 300 mg/L 이하이며, 보통 60~80 mg/L이다.

경도($CaCO_3$ mg/ L)의 분류

연수(soft)	: 0~75 mg/L
적당한 경수(moderately hard)	: 75~150 mg/L
경수(hard)	: 150~300 mg/L
고경수(very hard)	: 300 mg/L 이상

실험 2-9. 물의 경도 측정(역적정법)

원 리

일정 과량의 EDTA 표준용액을 시료용액에 가한 다음 EBT 지시약을 넣고 Ca^{2+}, Mg^{2+} 이온과 반응하고 남은 EDTA를 $MgCl_2$ 표준용액으로 역적정한다.

EDTA (과량)	+	시료 중의 Ca^{2+}, Mg^{2+}이온	⟶	Ca-EDTA, Mg-EDTA	+	EDTA 반응 후 남은 양

EDTA 반응 후 남은 양	+	EBT지시약 (파란색)	+	$MgCl_2$ 표준용액	⟶	Mg-EDTA	+	Mg-EBT지시약 (빨간색)

시 약

① 완충용액(약 pH 10) : 염화암모늄 7 g을 암모니아수 57 mL에 용해하고 증류수를 가하여 100 mL로 한다.

② EBT(eriochrome black T)지시약 : EBT 0.5 g과 염산하이드로실아민($NH_2OH \cdot HCl$) 4.5 g을 메탄올에 녹여 100 mL로 한다. 95% 에탄올에 녹여도 상관없다.
염산하이드로실아민은 Cu^{2+}를 Cu^{+}로 환원시켜 EDTA와 반응하지 못하게 한다.

③ 0.01M EDTA용액(분자량 : 372.25)
에틸렌디아민4초산2나트륨($Na_2H_2(C_{10}H_{12}O_8N_2 \cdot 2H_2O)$)을 3.7225 g을 물에 용해하여 1 L로 한다. 역적정이므로 역가는 불필요.

④ 0.01M $MgCl_2$(염화마그네슘)용액 : 염화마그네슘($MgCl_2 \cdot 6H_2O$) 2.033 g을 물에 녹여 1 L로 한다.

$$0.01M\ MgCl_2\text{용액의 역가} = \frac{MgCl_2\ \text{채취량}}{MgCl_2\ \text{이론치}} = \frac{MgCl_2\ \text{채취량}}{2.033\ g}$$

조 작

시료 50 mL를 250 mL 삼각플라스크에 취함	공시험도 함께 병행함(시료 넣지 않고 동일방법으로 행함)

↓

0.01M EDTA용액 25 mL, 암모니아완충액 2.5 mL 가함

↓

EBT 지시약(적색)을 수 방울 가함 (청색으로 변함)	pH 10에서는 지시약의 색이 청색이다. 만약 적색의 경우는 청색이 될 때까지 완충액을 가한다.
↓	
0.01M $MgCl_2$용액으로 적정	적색으로 변색이 시작하는 점이 종말점
↓	
물의 경도 계산	

$$경도(mg/L) = \frac{(B-V) \times F}{S} \times 1,000$$

S : 시료량(g)
V : 0.01M $MgCl_2$용액의 적정 mL수
B : 공시험에 $MgCl_2$용액의 적정 mL수
F : 0.01M $MgCl_2$용액의 factor

결과 및 계산

측정항목	측정값	계 산
시료량(g)		
0.01M $MgCl_2$용액의 적정 mL수		
공시험에 $MgCl_2$용액의 적정 mL수		
0.01M $MgCl_2$용액의 factor		

비 고

1. 물의 경도 측정 시 Ca이온에 의한 변색은 보기 어렵기 때문에 Mg이온의 표준용액에 의해 역적정한다.
2. 킬레이트생성에는 반응 진행과 함께 pH가 변하거나, pH 변화에 의해 부반응을 일으킬 수 있기 때문에 완충용액으로 적정 중의 pH를 일정하게 유지한다.

제 3 장

식품성분의 정량분석

3.1. 시료의 채취 및 조제
3.2. 수분 정량
3.3. 조단백질 정량
3.4. 아미노산 정량
3.5. 조지방 정량
3.6. 탄수화물 정량
3.7. 조회분 정량
3.8. 무기성분의 분석
3.9. 비타민 C 정량
3.10. 알코올 정량
3.11. 식용유지의 화학적 측정법
3.12. 식품의 기능성
3.13. 식품의 칼로리(열량) 계산

3.1. 분석시료의 채취 및 조제

1. 분석시료의 채취

시료 중에 어떤 물질이 어느 정도 함유되어 있는가를 측정하는 것이 분석이고, 그 분석 과정으로서 다음 4가지를 들 수 있다.

① 시료의 채취, 조제 Sampling
② 목적성분을 분리, 측정하기 쉬운 상태로 하는 Separation
③ 측정 Measurement (determination)
④ 계산과 해석 Calculation and Interpretation

우선 먼저 목적에 가장 적합한 시료를 채취할 필요가 있다. 이것을 대충하면 다음 과정의 분리, 정량을 아무리 정확히 하여도 소용없게 된다. 분석을 행하는 데 있어서 시료의 채취가 가장 중요하다는 것을 잊어서는 안 된다.

시료 전체의 평균적 화학성분을 구할 것인가, 특정한 부분의 성분을 구할 것인가에 따라 채취, 조제법이 달라진다. 평균적인 성분을 구하는 경우에는 각 부분을 무작위로 채취하여 균일하게 되도록 섞어야 한다.

보통 식품분석에 이용되는 시료의 양은 1~10 g 정도 이다.

액체의 경우에는 쉽게 균일하게 할 수 있다. 고체의 경우는 사분법이나 교번시약 스픈법을 사용한다.

사분법(四分法)은 시료를 분쇄하여 원추형으로 만들고(그림 3-1, A) 평평한 원판상(圓板狀)으로 하여(그림 3-1, B), a, b, c, d로 4등분한다(그림 3-1, C). 여기에서 대각선으로 a, d 부분 또는 b, c 부분을 취하여 혼합하고, 다시 이와 같은 조작을 2~3회 반복하여 분석에 필요한 양까지 시료의 양을 줄여 나간다.

교번시약스픈법(교번 shovel법)은 적당한 크기의 용기나 스픈으로 순차적으로 시료를 취하여 일정횟수의 것만을 모으고, 이러한 조작을 계속 반복하여 시료의 양을 줄여 가는 방법이다.

한편 무나 생채와 같이 길거나 평평한 시료의 경우는 두께에 관계없이 일정한 간격으로 절단하여 취한다.

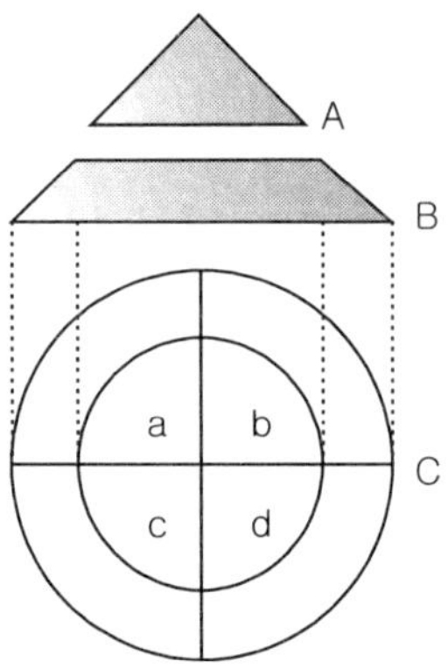

[그림 3-1] 사분법에 의한 시료의 채취

2. 분석시료의 조제

채취한 일부의 시료가 전 시료의 평균 조성을 대표하므로 시료를 균일하게 해야만 한다.

액상이나 분말 시료의 경우는 적당하게 혼합하면 균질하게 되지만 그 형상, 입도, 경도, 비중 등이 불균일한 고형식품은 먼저 분쇄나 마쇄를 하여야 한다.

분쇄를 하기 위해서는 막자사발이나 분쇄기, 균질기 등을 사용한다. 경우에 따라 가정용 믹서기를 사용하기도 한다. 보통 식품 시료의 경우는 20~40메쉬(mesh)로 분쇄하여 사용한다. 이 때 사용되는 체는 표준체 중 시료 조제용 체(sieve)는 보통 황동제(黃銅製)가 사용된다. 체의 크기는 보통 KSA 5101(표준체)에서 규정하고 있으나, 일반적으로 Tyler 회사의 메쉬(mesh) 단위를 사용한다(표 3-1).

메쉬 번호는 체의 1인치에 들어 있는 체눈(number of pores)의 수를 의미한다. 예를 들면 메쉬 No가 20이면 1인치에 20개의 체눈이 존재한다. 따라서 메쉬 번호가 클수록 체눈의 크기가 작아진다.

[표 3-1] 일부 Tyler 체의 메쉬(mesh)와 체눈의 크기

Tyler number(Tyler)	체눈의 수/인치	체눈의 크기(Size of pores)
16	16	0.991 mm
20	20	0.833
24	24	0.701
28	28	0.589
32	32	0.495
35	35	0.417
42	42	0.351

체(Sieve)

체진동기(Sieve shaker)

[그림 3-2] 체(sieve)와 체진동기(sieve shaker)

3. 분석시료의 전처리

시료의 채취가 끝나면 다음은 목적성분을 분리한다. 일반적으로 순수한 성분은 매우 정확하게 정량할 수 있지만, 공존물질이 존재하면 방해받기 쉬워 큰 오차를 주는 일이 많다. 따라서 목적성분을 가능한 한 단리(單離)할 필요가 있다. 이것을 전처리라고 한다. 이 조작은 매우 중요하고 이 방법을 적절히 했는가, 못 했는가에 따라 측정치의 정확도, 정밀도에 큰 영향을 받는다.

정확도(accuracy)와 정밀도(precision) : 정확도는 측정된 값이 실제 값과 얼마나 가까운지를 나타내는 기준이며, 정밀도는 여러 번 측정한 결과가 서로 얼마나 가까운지를 나타내는 기준으로, 재현성이라고도 한다.

3.2. 수분 정량

건조식품 등의 일부 식품을 제외하고는 대부분의 식품은 많은 수분(moisture)을 함유하고 있다. 수분이 많으면 신선식품과 같이 부패하기 쉽고, 수분이 적으면 저장성은 향상되지만, 조직이 단단해 진다. 따라서 식품 중의 수분은 저장성과 가공특성을 비롯하여 식품에 물성에도 중요한 역할을 한다. 즉, 부패, 숙성, 갈변 등의 요인이 된다.

[표 3-2] 주요 식품의 수분함량

식 품	수 분(%)	식 품	수 분(%)	식 품	수 분(%)
곡 류	13~15	두 부	88~90	우 유	89
두 류	13~16	된 장	48~50	채 소	90~96
빵	30~37	생 선	70~80	과 일	76~89
우 동	72	육 류	60~70		
밥	66	달 걀	75		

식품의 수분(moisture) 정량은 건조법(상압, 감압, 동결 등), 증류법, 적정법 및 전기전도도, 유전율에 의한 전기적 방법 등이 있지만, 이들 방법 중에 상압가열건조법이 가장 널리 이용되고 있다.

그러나 곡류는 전분과 수분의 결합이 강하기 때문에, 수분을 완전히 제거하기 위해서 고온(135℃)에서 건조한다. 된장이나 과실류는 저분자의 아미노산, 당, 유기산 등이 많이 함유되어 있어, 이들은 가열에 의해 분해되기 쉽기 때문에 70℃에서 감압 건조한다.

채소류의 경우는 주의를 요한다. 즉, 수분이 많기 때문에(90% 전후), 예를 들어 0.5%의 수분 측정오차는 건조물로 환산할 때 5%의 차를 의미하여, 다른 성분에 대한 영향이 커지기 때문에 정확도가 요구된다. 또 부위에 따른 성분의 차이가 크기 때문에 다량의 시료(100~200 g)를 60~70℃에서 상압 건조한다.

[표 3-3] 식품의 수분함량의 측정법

건조법	적용되는 식품
상압 105℃건조법	설탕, 버섯, 해조류, 식초, 드레싱, 마요네즈, 조미가공식품류
상압 135℃건조법	곡류
상압 100℃ 항온건조법	감자 및 전분제품
상압 60~70℃항온건조법	액상당류, 꿀
감압 90℃건조법	과실류
상압 70℃건조법	된장, 간장, 소스류, 토마토 가공품류
칼피셔 적정법	향신료류
톨루엔증류법	향신료류

실험 3-1. 상압가열건조법에 의한 수분 정량

원 리

상압가열건조법이란 시료를 물의 비점보다 약간 높은 105℃에서 상압건조시켜 그 감소되는 양을 수분량으로 하는 방법이다. 즉, 시료를 상압하에서 가열건조하면 수분이 휘발하기 때문에 그 때의 시료 중량의 감량 %를 구하여 수분 함량(%)을 구한다.

가열에 불안정한 성분이나 휘발성 성분을 많이 함유한 식품에서는 정확성이 떨어지는 결점이 있으나 측정원리가 간단하여 널리 이용되고 있다.

기 구

전기항온건조기, 칭량병 또는 알루미늄제 칭량접시, 도가니집게, 데시케이터, 전자저울

조 작

칭량병의 항량 측정

칭량병을 105℃에서 2시간 가열

↓

데시케이터에서 방냉(30분)

↓

칭량병을 칭량

↓

항량을 구한다.

(칭량병을 칭량 → 데시케이터에서 방냉: 칭량병의 건조전후 무게차가 0.3 mg 이하이면 항량에 도달한 것으로 한다.)

시료중의 수분함량 측정

항량을 구한 칭량병에 시료 칭량(3~5 g)

↓

건조기(105℃)에서 2시간 가열

↓

데시케이터에서 방냉(30분)

↓

칭량병을 칭량

↓

항량에 도달하면 수분함량 계산

(칭량병을 칭량 → 건조기에서 가열: 항량이 될 때까지 같은 조작을 반복 (단 2회 부터는 가열을 1시간 간격으로 한다))

$$수분(\%) = \frac{W_1 - W_2}{W_1 - W_0} \times 100$$

W_0 : 항량된 칭량접시의 무게(g)
W_1 : 칭량접시에 시료를 담은 무게(g)
W_2 : 건조 후 항량이 되었을 때의 칭량접시와 시료의 무게(g)

결과 및 계산

측정항목	측정값	계 산
항량된 칭량접시의 무게(g)		
칭량접시에 시료를 담은 무게(g)		
건조 후 항량이 되었을 때의 칭량접시와 시료의 무게(g)		

비 고

① 건조가 어려운 검체는 20메쉬 정제 해사(海砂) 20 g과 유리봉을 넣어 항량을 구하고 이에 검체를 넣어 잘 혼합 후 유리봉은 그대로 넣어 수분함량을 측정한다.
일반적으로 1회에 4시간(우유, 유제품은 3시간) 건조하여 수분량을 측정한다.

② 항량치 무게의 차이는 일반적인 시료의 경우 0.3 mg 이내, 유지류 3 mg 이내, 설탕 함량이 높은 시료는 2 mg 이내로 하는 것이 좋다.

실험 3-2. 비속법에 의한 수분 정량

원 리

감압건조법(98~100℃, 25 mmHg 이하)의 수치를 표준으로, 그 수분치와 동일한 수치를 얻을 수 있도록 상압하에서의 가열건조온도 및 시간을 실험적으로 구한 것이다. 110℃이상의 온도에서 단 한번 가열, 건조하여 단시간 내에 수분함량을 측정하기 위해 고안된 방법이다.

조 작

칭량병을 135±2℃에서 1시간 건조

↓

데시케이터에서 방냉(30분) 후 항량을 구함

↓

항량을 구한 칭량병에 시료(1~5 g)을 칭량

↓

135±2℃에서 2시간 건조

↓

데시케이터에서 방냉(30분)

↓

칭량병을 칭량

↓

수분함량을 계산 — 수분함량 계산은 상압가열건조법(실험 3-1)과 동일

[표 3-4] 비속법에 적용할 수 있는 식품 및 수분 정량 조건(상압건조)

식 품	시료량(g)	건조온도(℃)	건조시간(hr)	편차(max.%)
쌀, 보리	5	135	15~20	
곡립(파쇄)	2	135	3	0.21
곡분, 전분	2	135	1~2	0.20
빵, 생면	2	135	1	0.10
콩(파쇄)	4	135	2	0.20
밥, 면류	3	135	2	0.20
쌀과자	5	135	3	0.10
종실류(파쇄)	4	130	2	0.20
치 즈	3	130	1.5	0.20
콩가루, 탈지대두	2	130	1	
생육 및 그 가공품	5	125	2~4	
채소, 과실, 해조	2	105	2	

* 원칙으로 보조제의 첨가와 필름의 사용은 하지 않는다.

실험 3-3. 감압건조법에 의한 수분 정량

원 리

진공(감압)건조기에서 감압함으로써 100℃ 이하의 건조온도에서도 시료중의 수분을 제거시킬 수 있는 건조방법이다. 100℃ 이하(보통 70~100℃)에서 건조하므로 공기의 산화와 열분해를 막을 수 있고, 균일화시킨 시료에 대하여 정확도와 재현성을 갖는 우수한 분석법이다. 특히 100℃ 이상에서 분해되기 쉬운 당류함량이 과실류 등에 적당한 방법이다.

당분이나 지방이 많은 식품은 건조할 때 페이스트상으로 되어 표면에 피막을 형성하기 때문에 중심부분이 잘 건조되지 않는다. 이런 경우에는 미리 항량을 구한 유리판이나 플라스틱필름에 시료를 얇게 도포하여 비교적 저온에서 감압건조하는 것이 바람직하다.

적용시료 : 과실류

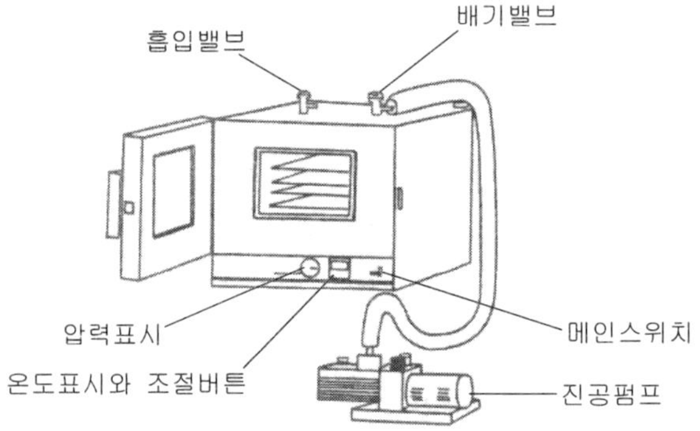

[그림 3-3] 감압건조기

[표 3-5] 감압건조법에 적용할 수 있는 식품 및 수분정량 조건

식 품	시료량 (g)	건조온도 (℃)	건조시간 (hr)	보조제의 필요성	필름법의 적용	편 차 (max.%)
물엿, 액당	1.5	감압 100	2~3		O	0.10
꿀	1.5	25~30 75	3		O	0.10
두 부	5	25~30 100	항량			0.20
서 류	10	V100* 70				
잼(1)	2	V100 70	2(2)항량**	O		
잼(2)	2	V 25 70	4		O	
종실류	4	V100 100	5(2)항량			
된 장	2	V 50 70	2(2)항량		O	0.30
채소, 과실, 해조	10	V100 70	5(2)항량	O		0.20

* V100은 100 mmHg의 감압

** 2(2)항량은 2시간 처리 후 칭량하고 2시간 더 처리하여 항량에 도달할 때 까지 계속한 것을 의미한다.

조 작

칭량병의 항량을 구함 — 100~110℃ 건조하여 항량을 구함

↓

항량을 구한 칭량병에 시료를 넣음(2~5 g)

↓

감압건조기에서 약 5시간 건조 — 일반적으로 98~100℃에서 건조

↓

데시케이터에서 방냉(30분)

↓

칭량병을 칭량

↓

다시 칭량병을 감압건조기에 넣고 1시간 건조 — 항량이 될 때까지 같은 조작을 반복

↓

항량이 된 후 시료 중 수분함량을 계산 — 수분함량 계산은 상압가열건조법(실험 3-1)과 동일

비 고

① 단, 국수, 식빵 등은 미리 건조하여 가루로 한 다음 실시한다. 연유, 생계란 등은 해사와 유리봉을 넣은 칭량병을 수욕상에서 미리 건조한 다음 실시한다.

② 유지류는 120~125℃에서 건조시간은 1시간으로 하여, 전후 2회의 칭량에 있어서 중량의 차가 3 mg 이하가 되었을 때 항량이 된 것으로 한다.

실험 3-4. 증류법에 의한 수분 정량

비교적 다량의 수분을 함유하고 있는 시료에 대하여 정확하고 빠르게 정량할 수 있는 방법이다.

대부분의 식품에 적용되나, 특히 휘발성 성분을 함유한 식품이나 비교적 많은 수분을 함유한 식품에 적당한 방법이다. 예를 들어, 어육, 된장, 아이스크림 등에 적용할 수 있다.

원 리

유기용매와 수분을 혼합, 증류하여 기화 후, 냉각, 회수하여 물의 양을 눈금으로 읽는 방법이다. 즉, 시료를 물과 혼합되지 않는 유기용매 중에서 가열하면 시료중의 물은 유기용매의 증기와 함께 증발하여, 상부에 있는 냉각기에서 냉각되어 물은 물방울이 되어 용적기(容積器)로 떨어진다. 용적기에서 뷰렛과 같이 0.1 mL 또는 0.05 mL까지 눈금이 있어 바로 용적을 읽어 시료중의 수분을 정량할 수 있다.

사용하는 용매에 따라 다르지만, 가장 널리 이용되는 것은 톨루엔(toluene)을 사용하는 증류법이다. 톨루엔은 비점 110.6℃, 비중 0.867로 물보다 비중이 작다. 또 반대로 물보다 비중이 큰 것(예를 들면 테트라클로로에틸렌, 비점 121℃, 비중 1.62)을 이용하는 가에 따라 장치의 구조가 약간 다르다.

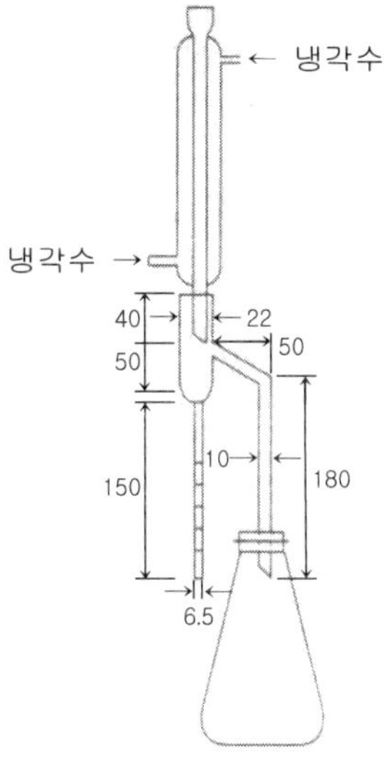

[그림 3-4] 증류식 수분측정 장치

즉 시료를 물과 혼합되지 않는 유기용매(물보다 비중이 작은 톨루엔 등)속에서 가열하여 시료 중의 물을 용매의 증기와 함께 증발시킨다. 이것을 냉각하여 눈금이 그어져 있는 미세한 관에 모은다. 물은 비중의 차이로 미세한 관의 하층에 분리되기 때문에, 그 용적을 측정하여 수분함량을 산출하는 것이다.

시 약

① 톨루엔(비점 : 110.6℃) : 무수황산나트륨으로 완전 탈수한 것을 사용한다.

조 작

조작	비고
시료를 플라스크에 취함	시료에 약 3 g의 수분을 함유하도록 한다.
↓	
플라스크에 1/2 정도 톨루엔을 넣고 가열	가열속도 : 1초에 용매 2~3방울 떨어지도록 온도조절
↓	
유출액이 2층으로 분리	물은 하층으로, 톨루엔은 위층으로 분리
↓	
수분증가가 감소하면 강하게 가열(약 10분)	가열속도 : 1초에 용매 4방울 떨어지도록 온도조절
↓	
가열 후 톨루엔으로 냉각기 안쪽에 묻은 수분을 씻어 내림	
↓	
그대로 방치하여 실온에서 눈금을 읽는다.	

$$\text{수분함량(\%)} = \frac{\text{물층의 눈금(mL)}}{\text{시료량(g)}} \times 100$$

비 고

① 톨루엔은 인화성이 크므로 직화 보다는 가열 맨틀을 사용하는 것이 좋다.
사전에 모래를 준비하고 화재에 대한 세심한 배려가 필요하다.

② 지나치게 가열하면 수증기가 환류냉각기 위쪽으로 날아간다.

실험 3-5. 적외선 가열건조법에 의한 수분 정량

"적외선 가열건조법" 이라 함은 적외선램프로 시료를 가열건조시킨 후 수분증발로 인한 시료무게의 감소량으로 수분함량(%)을 측정하는 방법을 말한다.

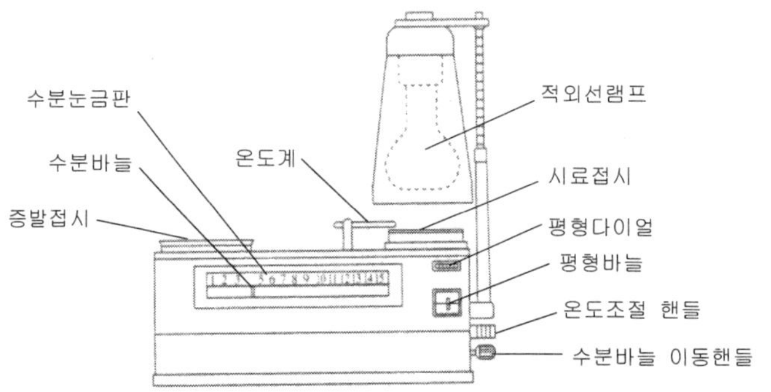

[그림 3-5] 적외선 수분측정기

조 작

적외선 건조기를 초기화한다.

↓

시료(5~10 g)를 건조기 접시에 취한다.

↓

시료에 적당한 시간을 부여 (일반적으로 약 30분)

↓

Display에 나온 수분함량(%)을 읽는다.

비 고

① 적외선 측정법을 사용 시 시료의 분해가 일어날 위험이 있다.

② 105℃ 상압건조법의 표준 수분정량법과 수치상의 오차가 큰 경우에는 사용할 수 없다. 따라서 적외선측정법은 표준 수분정량법에 의해 구한 수분함량을 참조하여 사용여부를 결정하여야 한다.

칼피셔방법(Karl-Fischer Method)

간접적인 수분측정방법의 하나로 칼피셔시약과 물의 화학반응을 이용한 적정법이다. 균일한 조성으로 메탄올을 함유한 용매에 용해할 수 있는 식품의 경우에 유효하다.

원 리

메탄올과 같은 유기용매 중에서 SO_2가 수분, 피리딘(pyridine)과 같은 염기의 존재 하에서 I_2를 환원시키는 성질을 이용하여 수분을 측정하는 방법이다. 즉, 피리딘과 메탄올의 존재하에서 수분이 요오드(I_2) 및 아황산가스와 정량적으로 반응하는 성질을 이용하여 수분 함량을 측정하는 방법이다.

$$SO_2 + \underset{\text{갈색}}{I_2} + 2H_2O \longrightarrow H_2SO_4 + \underset{\text{무색}}{2HI}$$

칼피셔시약 : $I_2 + SO_2 + 3C_5H_5N + CH_3OH$

암갈색(I_2 : SO_2 : pyridine = 1 : 1 : 3 in 메탄올)

물과의 반응 : $I_2 + SO_2 + 3C_5H_5N + CH_3OH + H_2O \longrightarrow 2(C_5H_5N^+H)I^- + C_5H_5N \cdot SO_3$

무색 또는 엷은 노랑

적용시료 : 식용유지와 같이 수분함량이 적은 시료에 적은 시료

3.3. 조단백질 정량

식품 중의 단백질은 물성과 간계하는 경우가 많다. 예를 들면 밀가루의 글루텐, 우유의 카세인, 어육과 육류의 마이오신 등이 대표적인 예이다. 또 단백질을 구성하고 있는 아미노산 중에서 글루탐산은 감칠맛을 갖고 있어 화학조미료로써 이용되고 있다. 또한 아미노산 중에는 체내에서 합성과 변환을 할 수 없는 식품으로부터 섭취해야만 하는 필수 아미노산이 있다.

단백질(protein) 정량법은 혈청단백질 등 물이나 적당한 용매에 가역성인 단백질의 경우에는 많은 방법이 있어 임상학적으로 이용되고 있다. 반면 식품의 경우 각종 식품단백질에 공통적으로 적용할 수 있는 방법을 제한되어 있다. 예로부터 질소(N)를 정량하여 단백질의 양으로 환산하는 킬탈 질소정량법이 이용되어져 왔다.

1883년 킬달(Kjeldahl)에 의해 창안된 이 질소 정량법은 개량되면서 현재의 단백질 정량법으로 가장 널리 이용되는 방법이다.

원 리

분해반응

시료에 진한 황산과 산화제(분해촉진제)를 가하여 가열하면, 단백질 중의 질소는 암모니아로 변하고, 암모니아는 분해액 중의 황산과 반응하여 황산암모늄이 된다.

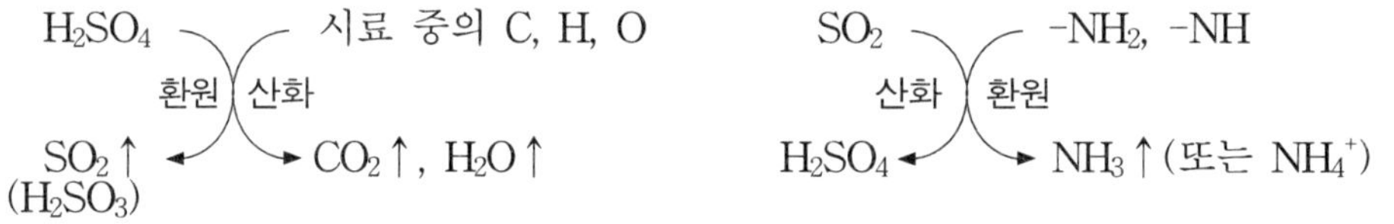

$$H_2SO_4 \longrightarrow H_2O + SO_3$$

$$SO_3 \longrightarrow SO_2 + 1/2O_2$$

$$\underset{\text{암모니아}}{2NH_3} + \underset{\text{황산}}{H_2SO_4} \longrightarrow \underset{\text{황산암모늄}}{(NH_4)_2SO_4}$$

증류반응

생성된 황산암모늄에 과잉의 NaOH를 가하여 알칼리성으로 하면 다시 암모니아가 유리된다.

$$\underset{\text{(황산암모늄)}}{(NH_4)_2SO_4} + 2NaOH \longrightarrow Na_2SO_4 + 2NH_4OH$$

$$2NH_4OH \xrightarrow[\text{가열}]{NaOH} 2NH_3\uparrow + 2H_2O$$: 암모니아 발생

중화반응

유리된 암모니아(NH_3)를 수증기로 증류하여 황산으로 포집한다.

$$2NH_3(\text{과잉량}) + H_2SO_4 \longrightarrow (NH_4)_2SO_4$$: 규정 황산용액에 흡수

적정반응

남은 황산을 알칼리(NaOH)로 역적정하여 질소량을 산출한다.

$$H_2SO_4(\text{남은 양}) + 2NaOH \longrightarrow Na_2SO_4 + 2H_2O$$: 남은 황산을 적정

실험 3-6. 킬달질소정량법에 의한 단백질 정량

시 약

① 진한 황산(98%, 비중 1.84)

② 분해촉진제 : K_2SO_4와 $CuSO_4$를 9 : 1의 비율로 혼합하여 막자시발로 분쇄한다.

> **K_2SO_4의 작용** : 황산의 비등점을 상승시켜 SO_3를 생성하여 유기물의 분해를 촉진
> 예) 25 mL의 황산에 1 g 첨가하면 3℃ 증가
> **$CuSO_4$의 작용** : 산화에 의해 아미노산으로부터 암모니아(NH_3)의 생성을 촉진
> $CuSO_4$를 대신 HgO를 사용하기도 한다(2~3배 촉진작용 빠르다).

③ 부런스위크(Brunswik)지시약(메틸레드·메틸렌블루지시약) : 0.1% 메틸레드용액(95% 에탄올)과 0.1% 메틸렌블루용액(95% 에탄올)을 1 : 1로 혼합한 것. 갈색병에 보존한다.

(산성에서 적자색, 변색점은 회색, 염기성에서는 녹색으로 변한다)

④ 30% NaOH용액 : NaOH 30 g을 물에 녹여 100 mL로 한다.

⑤ 0.05N NaOH용액 : 0.1N NaOH용액을 제조 후 역가를 구한 후 2배 희석하여 사용한다(실험 2-1 참조).

⑥ 0.05N H_2SO_4용액(역가를 구할 필요 없다.)

0.1N H_2SO_4용액을 제조한 후 2배 희석하여 사용한다.

조 작

시료의 분해

조작	비고
킬달분해플라스크에 시료(0.5~2 g)를 취함 (공시험도 병행 : 시료 넣지 않고 동일과정)	질소함량으로 10~25 mg, 단백질량으로 50~150 mg에 해당하는 양(예 : 단백질 함량이 10%이면 0.5~1.5 g 시료를 취함)
↓	
분해촉진제(2g), 진한 황산 20 mL가함	분해촉진제는 시료와 함께 유산지에 싸서 넣는다.
↓	
킬달분해플라스크를 분해장치에서 처음 5분간은 약하게 가열 후 2~3시간 강하게 가열	분해액이 투명한 담청색이 되면 20분 정도 더 가열
↓	
냉각 후 킬달분해플라스크에 물을 넣어 희석, 냉각	물은 첨가한 황산의 2~3배 정도를 서서히 첨가
↓	
100 mL 용량플라스크에 옮기고, 증류수를 넣어 100 mL로 채움	

시료의 분해 후 물을 첨가 이유

① 분해반응 중 형성된 황산암모늄의 안정화

② 증류반응 중 30% NaOH용액을 첨가할 때 분해 액의 급격한 비등을 방지

시료분해에 소요되는 황산의 양

① 시료분해 후 9 mL 이상의 황산이 남지 않으면 암모니아의 회수율이 저하된다. 황산을 부족하게 첨가하면 분해 후 냉각시키면 굳은 상태를 보인다. 이 경우 황산을 더 첨가한다.

- 탄수화물과 단백질 1 g당 각각 6 mL, 지방은 1.2 mL를 소비하므로 지방이 많은 식품의 경우 더 많은 황산을 필요로 한다.

예) 지방이 많고 단백질이 적은 시료는 에테르로 지방추출 후 여지와 함께 잔사를 분해한다.

- 소금은 황산과 직접 반응하므로 소금함량이 많은 시료의 경우는 소금함량 만큼 황산을 더 필요로 한다.

$$2NaCl + H_2SO_4 \longrightarrow Na_2SO_4 + HCl$$

예) 김치, 젓갈류 등을 분해할 때는 소금의 양 만큼 황산을 더 첨가한다.

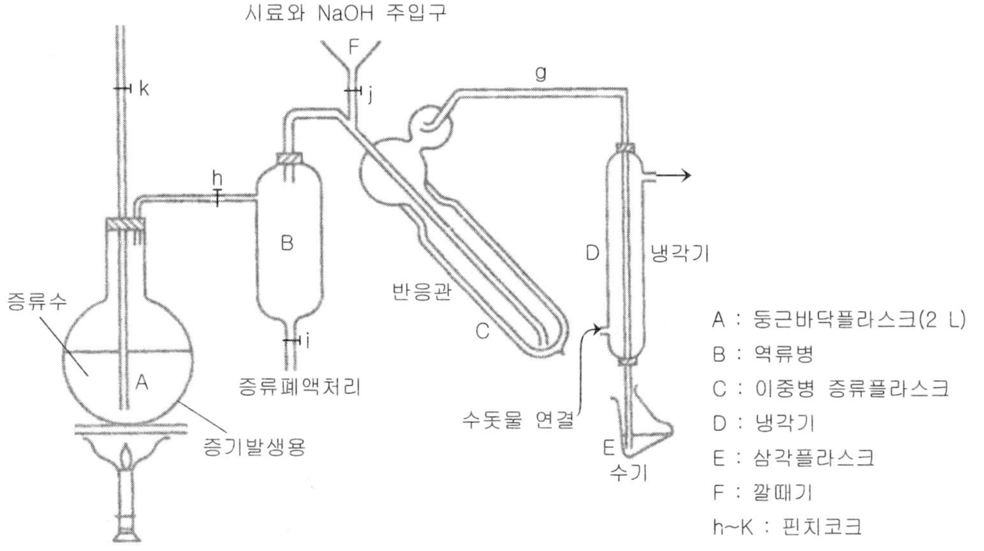

[그림 3-6] 킬달 질소증류장치

증류장치의 세척

냉각관(D)하단에 증류수를 담은 삼각플라스크를 놓는다.

↓

핀치코크 h를 열고, k, i, j를 닫는다.

↓

A를 가열하여 수증기를 발생시켜 장치내부를 세척

↓

k를 열고, h를 닫으면 E와 C안의 액은 감압에 의해 B로 역류된다.

↓

역류된 액은 I를 열어 버린다.

↓

위의 과정을 반복하여 한번더 세척한다.

증류 및 적정

250 mL 삼각플라스크(E)에 0.05N 황산용액 10 mL, 혼합지시약 2~3방울 가함	
↓	
이것을 냉각관(D) 하단에 둔다.	하단이 황산용액에 완전히 잠기도록 할 것
↓	
j를 열고 깔때기(F)에 분해 시료액 10 mL, 30% NaOH용액 25 mL을 서서히 가함	다 넣은 후 F를 소량의 물로 씻음
↓	
J, k를 닫고, h를 열은 후 A를 가열하여 수증기를 C로 보낸다.	
↓	
증기가 D에 도달한 것을 확인하고 나서 10~15분간 증류	
↓	
E를 D에서 빼고, D의 잠겼던 부분을 증류수로 씻어 E에 받는다.	
↓	
E에 혼합지시약을 넣고 0.05N NaOH용액으로 적정	종말점은 적자색에서 엷은 녹색이 되는 점

질소함량의 계산

$$\text{질소함량(\%)} = \frac{(V-V_0) \times 0.7003 \times F}{S(mg)} \times D \times 100$$

S : 시료량(mg)
V : 공시험에 사용된 0.05N NaOH용액의 mL수
V_0 : 본실험에 사용된 0.05N NaOH용액의 mL수
F : 0.05N NaOH용액의 factor
D : 희석배수
0.7003 : 0.05N NaOH용액 1 mL에 상당하는 질소량(mg)

조단백질 함량 (%) = 질소 함량(%) × 질소계수

결과 및 계산

측정항목	측정값	계 산
시료량(mg)		
질소계수		
공시험에 사용된 0.05N NaOH 용액의 mL수		
본시험에 사용된 0.05N NaOH 용액의 mL수		
0.05N NaOH용액의 factor		
희석배수		

질소함량에 다음 표 3-7에 의한 질소계수를 곱하여 조단백질의 함량으로 한다.
예를 들어 시판 밀가루의 경우는 5.83의 질소계수를 곱한다.

예제 1) 다음의 실험결과를 이용하여 시판 밀가루의 조단백질의 함량을 구하시오.
밀가루 시료 1.012 g을 취하여 분해한 후 분해액을 증류수로 희석하여 100 mL로 하였다. 이중 10 mL를 취하여 증류한 후 0.05N 황산 10 mL를 넣은 수기에 포집하여 0.05N NaOH용액(f = 1.03)으로 적정하여 7.25 mL를 소비하였다. 공시험의 소비량은 10.25 mL이었다. 결과는 소수점 둘째자리에서 반올림하여 첫째자리로 나타내시오.

질소계수 : 단백질을 구성하고 있는 아미노산 중에는 평균 16%의 질소가 함유되어 있다. 질소는 탄수화물, 지방에는 함유되어 있지 않는 단백질 특유의 구성원소이다. 식품 중의 단백질을 정량하는 경우, 질소를 정량하여 그 수치에 100/16, 즉 6.25(질소계수)를 곱하여 단백질의 함량을 구한다.

그러나 질소는 단백질 특유의 구성원소이지만 반대로 질소를 함유하고 있는 것은 모두 단백질은 아니다. 예를 들면, 식품에 존재하는 암모니아화합물, 핵산, 크레아틴(creatine), 퓨린(purine)염기 등은 모두 질소를 함유하고 있지만 단백질이 아니다. 단백질을 정량하는 경우 이들을 총칭하여 단백질의 형태를 하지 않는 화합물이라는 의미로 비단백태질소라고 한다. 이러한 이유로 식품중의 전질소를 정량하여 이것에 질소계수를 곱하여 산출한 단백질을 조단백질(crude protein)이라고 한다. 비단백질태 질소를 시료로부터 추출하고 단백질만의 질소함량을 정량하여 산출한 단백질을 순단백질(true protein)이라고 한다.

또한 단백질 중의 질소량은 단백질의 종류에 따라 다르기 때문에 모든 단백질에 대해 6.25를 곱하는 것은 부적당하다(표 3-6).

[표 3-6] 일부 아미노산의 질소계수

아미노산	질소함량		질소계수
글라이신(glycine)	$C_2H_5NO_2$(75)	14/75 × 100 = 18.6%	5.38
발린(valine)	$C_5H_{11}NO_2$(117.2)	14/117 × 100 = 12.0%	8.33
라이신(lysine)	$C_6H_{14}N_2O_2$(146,2)	28/146 × 100 = 19.2%	5.21

예를 들어, 곡류의 경우에는 질소계수가 5.70~5.95로서 6.25보다 적으며, 반대로 우유, 유제품의 경우에는 6.38 정도로 6.25보다 크다. 특정식품에 대한 적절한 질소계수는 그 식품 중의 우세 단백질을 기초로서 정하는 것이 타당하다.

FAO에서는 표 3-7에 나타난 식품에 대해 각각의 질소계수를 채택하고 있기 때문에 여기에 언급된 식품에 대해서는 해당되는 질소계수를 사용하고, 이 표에 없는 식품에 대해서는 종래의 6.25를 사용하여 계산한다.

[표 3-7] 조단백질을 산출하는 질소계수

식 품 명	질소계수
소맥분(중등질, 경질, 연질, 수득률 : 100~94%)	5.83
소맥분(중등질・수득률 : 93~83% 또는 그 이하)	5.70
쌀	5.95
보리, 호밀, 귀리	5.83
메밀	6.31
국수, 마카로니, 스파게티	5.70
낙화생	5.46
콩 및 콩제품	5.71
밤, 호도, 깨	5.30
호박, 수박 및 해바라기의 씨	5.40
우유, 유제품, 마아가린	6.38
위 이외의 모든 식품	6.25

비 고

① 채소류의 경우, 비단백질태 질소(질산염에서 유래)가 비교적 많기 때문에, 질소함량으로부터 단백질을 산출할 때는 그 양을 빼주어야 한다. 그러나 이런 경우, 당질의 함량이 과대하게 나오는 모순점이 있다. 따라서 비단백질태 질소함량을 빼지 않고, 살리실산(salicylic acid)첨가 마이크로개량 킬달법으로 측정한 총질소량에서 단백질의 함량을 산출한다.

② 차, 커피류는 단백질 및 아미노산 이외의 질소화합물(카페인, 아마이드류)을 함유하고 있기 때문에 별도로 그들의 함량을 총질소량에서 뺀 후, 질소계수 6.25를 곱하여 단백질함량을 산출한다.

실험 3-7. 개량법에 의한 조단백질 정량

원 리

킬달 질소정량법의 개량법으로 증류반응에 의해 유출되는 암모니아를 붕산용액에 흡수시켜 직접 염산용액으로 적정하는 방법이 널리 이용되고 있다. 분해반응과 증류반응은 킬달 질소정량법과 동일하며, 중화반응에서 황산표준용액 대신에 붕산(H_3BO_4)용액을 사용하여 암모니아를 흡수시킨다. 이 증류액을 혼합지시약을 사용하여 염산용액으로 적정하는 것이 다르다. 이 방법은 기존의 킬달 질소정량법보다 간편하고 정확하다.

중화반응

수증기로 증류하여 붕산에 포집한다.

$$\underset{\text{강일갈리}}{NH_3} + \underset{\text{붕산(약산성)}}{H_3BO_3} \longrightarrow \underset{\text{안정한 알칼리}}{(NH_4)H_2BO_3}$$

적정반응

붕산에 포집된 암모니아를 염산표준용액으로 적정한다.

$$(NH_4)H_2BO_3 + HCl \longrightarrow NH_4Cl + H_3BO_3$$

시 약

① 진한 황산

② 분해촉진제 : 산화제2수은(HgO)와 황산칼륨(K_2SO_4)를 1 : 8 비율로 혼합하여 사용한다. 황산구리($CuSO_4$)를 사용할 때보다 분해시간을 1/2~1/3 단축시킬 수 있다.

③ 혼합 지시약 : 0.1% Bromocresol green 에탄올용액과 0.1% methyl red 에탄올용액을 1 : 1로 혼합한 것. 95% 에탄올을 사용한다.

④ 40% NaOH용액 : NaOH 40 g을 물 60 mL에 녹여 100 mL로 한다.

⑤ 0.01N HCl용액(역가 구할 것, 실험 2-2참조)
0.1N 염산용액을 제조하여 역가를 구한 후, 10배 희석하여 사용한다.

⑥ 4% 붕산용액 : 붕산 4 g을 증류수에 녹여 100 mL로 한다.

조 작

시료의 분해 : 실험 3-6과 동일

증류장치의 세척 : 실험 3-6과 동일

증류 및 적정

100 mL 삼각플라스크(E)에 4% 붕산용액 5 mL, 혼합지시약 2~3방울 가함	
↓	
이것을 냉각관(D, 그림 4-5참조) 하단에 둔다.	하단이 붕산용액에 완전히 잠기도록 할 것
↓	
j를 열고 깔때기(F)에 분해시료액 10 mL, 40% NaOH용액 10 mL을 서서히 가함	다 넣은 후 F를 소량의 물로 씻음
↓	
J, k를 닫고, h를 열은 후 A를 가열하여 수증기를 C로 보낸다.	
↓	
증기가 D에 도달한 것을 확인하고 나서 10~15분간 증류	
↓	
E를 D에서 빼고, D의 잠겼던 부분을 증류수로 씻어 E에 받는다.	
↓	
0.01N HCl용액으로 적정 (공시험도 같은 방법을 행한다)	종말점 : 녹색에서 적자색이 되는 점

$$\text{질소함량(\%)} = \frac{(V-V_0) \times 0.14008 \times F}{S(mg)} \times D \times 100$$

S : 시료량(mg)
V : 본실험에 사용된 0.01N HCl용액의 mL수
V_0 : 공시험에 사용된 0.01N HCl용액의 mL수
F : 0.01N HCl용액의 factor
D : 희석배수
0.14008 : 0.01N HCl용액 1 mL에 상당하는 질소량(mg)

조단백질 함량(%) = 질소함량(%) × 질소계수

결과 및 계산

측정항목	측정값	계 산
시료량(mg)		
질소계수		
본실험에 사용된 0.01N HCl 용액의 mL수		
공시험에 사용된 0.01N HCl 용액의 mL수		
01N HCl용액의 factor		
희석배수		

3.4 아미노산 정량

식품 중에는 단백질을 구성하지 않은 유리상태의 아미노산이 존재한다. 유리아미노산은 본래 식품 중에 존재하는 것도 있지만 식품의 발효, 숙성 중에 형성되기도 하며, 이들이 식품의 맛에 크게 영향을 주기 때문에 식품의 기호적 가치, 숙성도, 소화율 등을 평가하기 위한 목적으로 식품 중의 유리아미노산을 정량한다. 특히, 아미노산(아미노태질소)함량은 단백질 분해물을 주성분으로 하는 식품(간장, 된장, 고추장, 막걸리, 청주 등)의 분석에 매우 중요한 의의가 있다.

아미노태질소의 정량법으로는 1) 포르몰(formol) 적정법, 2) 반스라이크(Van slyke)법, 3) 아미노산의 정색반응(닌하이드린반응)을 이용하는 방법 등이 있다.

1. 포르몰(formol) 적정법

아미노산의 일반 정량법으로 아미노산의 아미노기 또는 카복실기를 정량하는 방법과 아미노산의 정색반응을 이용하는 방법이 있다. 이 중에서 비교적 간단하여 많이 이용되는 방법이 포르몰 적정법이다.

원 리

아미노산은 아미노기($-NH_2$)와 카복실기(-COOH)를 한 분자 내에 갖는 양성화합물이다. 이 때문에 수용액 중에서 산이나 혹은 알칼리로 직접 적정할 수 없다. 그러나 중성용액(pH 6.8)에서 포르말린(formalin)용액과 반응시키면 아미노기와 축합하여 메틸렌(methylene) 화합물을 생성한다, 이와 같이 아미노기가 소실되고 카복실기만 남게 되면 보통의 유기산과 같이 알칼리용액(NaOH)로 적정할 수 있다.

아미노산 중 프롤린(proline) 및 하이드록시프롤린(hydroxyproline)의 이미노기(imino group)는 포름알데하이드와 친화성이 약하므로 낮은 값을, 타이로신(tyrosine)은 산성 OH기를 가지고 있으므로 높은 값을, 알지닌(arginine) 및 라이신(lysine)은 포르말린(formalin) 용액을 가했을 때 중성으로 작용하므로 이들 아미노산들이 시료액 중에 다량으로 함유되어 있을 때에는 정확한 값을 얻을 수 없다

$$\underset{\displaystyle NH_2}{\text{R-}\overset{}{\underset{|}{\text{CH}}}\text{-COOH}} \quad + \quad HCHO \longrightarrow \underset{\displaystyle N{=}CH_2}{\text{R-}\underset{|}{\text{CH}}\text{-COOH}} \quad + \quad H_2O$$

아미노산(중성)　　포름알데하이드　　methylene 화합물(산성)

$$\underset{\text{methylene 화합물}}{R\text{-}CH(NH_2)\text{-}COOH} + \underset{\text{알칼리 표준용액}}{NaOH} \longrightarrow R\text{-}CH(N{=}CH_2)\text{-}COOH + H_2O$$

2. 반스라이크(Van Slyke)법

원 리

아미노산에 아질산을 작용시키면 아미노산의 아미노기와 아질산이 반응하여 정량적으로 질소를 발생하므로 이 질소가스의 부피를 측정하여 아미노산의 함량을 구한다.

$$R\text{-}CH(NH_2)\text{-}COOH + HNO_2 \longrightarrow R\text{-}CH(OH)\text{-}COOH + N_2\uparrow + H_2O$$

이때 아질산 자체가 분해하여 산화질소(NO)를 발생하기 때문에 이것을 알칼리성 과망간산칼륨용액에 흡수시켜 제거하고 질소가스의 함량을 측정한다.

$$3HNO_2 \longrightarrow HNO_3 + H_2O + 2NO$$

3. 닌하이드린법(비색법)

원 리

닌하이드린(ninhydrin)은 아미노산과 반응하여 청자색의 색소를 형성한다. 이 색소는 루헤만 자색(Ruhemann's purple)이라고도 한다.

보통의 α-아미노산은 570 nm 부근에서 흡수최대를 나타내어 청자색을 나타내지만, 예외로서 프롤린(proline),은 황색, 옥시프롤린(oxyproline)은 적황색, 히스티딘(histidine)은 청색을 나타내기 때문에 검출감도가 낮다. α-아미노산에 공통적으로 반응하기 때문에 단백질, 펩타이드도 정색한다. 닌하이드린에 의한 발색은 pH 5.0 부근에서 가장 감도가 높다.

실험 3-8. 포르몰(formol) 적정법에 의한 아미노태질소 정량

시 약

① 0.1N NaOH용액 : 역가구함(실험 2-1 참조)

② 1% 페놀프탈레인용액 : 페놀프탈레인 1 g을 95% 에탄올 100 mL에 녹인다.

③ 중성 포르말린(formalin)용액 : 시판 포르말린(formaldehyde 30~40%)에 50 mL에 % 페놀프탈레인용액 1 mL를 가하고 0.1N NaOH용액으로 정확히 중화한다(종말점 미홍색). 이 시약은 사용할 때마다 중화하여 사용한다.

시료액의 조제

① 간장(액상)의 경우 시료 간장을 여과한 후 여액 1 mL를 50 mL 메스플라스크에 취하고 전량을 50 mL로 한다.

② 막걸리, 청주의 경우 여과하여 그대로 시료로 사용한다.

조 작

조작	비고
삼각플라스크에 시료 25 mL를 취함 공시험도 병행(시료 대신 증류수)	시료 중에 암모늄염, 인산, 탄산이 존재하면 오차가 크므로 미리 제거할 필요가 있다.
↓	
0.1N NaOH용액으로 중화(pH 8.3)	
↓	
중성포르말린용액 20 mL, 1% 페놀프탈레인 지시약 5~6방울을 가하고 잘 혼합	
↓	
0.1 N NaOH용액으로 적정 (종말점 : 미홍색)	페놀프탈레인을 이용하지 않는 경우 또는 착색된 시료의 경우는 pH 미터로 pH 8.3까지 적정한다.

$$\text{아미노태질소(\%)} = \frac{(V - B) \times F \times 0.0014}{S} \times D \times 100$$

S : 시료량(g)
V : 본실험의 NaOH용액 적정 mL수
B : 공시험의 NaOH용액 적정 mL수
F : 0.05N NaOH용액의 역가
D : 희석배수
0.0014 : 0.1N NaOH용액 1 mL에 해당하는 질소량(g)

3.5. 조지방 정량

지질은 유기용매(에테르, 클로로포름. 사염화탄소, 벤젠, 헥산, 석유에테르 등)에 녹는 성질을 갖고 있기 때문에 이러한 성질을 이용하여 식품 중의 지질함량을 정량할 수 있다. 그러나 유기용매에 따라 식품 중의 지방 추출율은 각각 다르게 나타난다(표 3-8).

일반적으로 식품 중의 지방을 정량하는 데는 에테르(ether, ethyl ether)를 이용한 속슬레(Soxhlet) 추출법이 이용된다.

[표 3-8] 추출용매에 따른 대두분말 중의 지방 추출률(%)

추 출용 매	지방추출률(%)
석유에테르(petroleum ether, 비점 : 35~55℃)	19.0
헥산(hexane, 비점 : 63~73℃)	20.0
벤젠(benzene)	21.1
벤젠 : 에탄올(1 : 1, V/V)	22.0
헥산 : 아세톤(4 : 1, V/V))	21.3
클로로포름(chloroform, $CHCl_3$)	21.3
클로로포름 : 메탄올 : 물(65 : 25 : 4, V/V/V)	24.0
에틸에테르(ethyl ether)	21.7

조지방(crude fat) : 에테르에 추출되는 물질로는 순수한 지질 이외에 레시틴, 콜레스테롤, 지용성색소(카로테노이드, 클로로필) 등도 포함된다. 따라서 에테르 추출방법에 의한 정량물을 일반적으로 조지방(crude fat) 또는 에테르 추출물(ether extract)이라고 한다.

식품성분표의 지질은 특수한 경우를 제외하고는 에테르 추출물의 총량을 조지방의 함량으로 나타낸다.

1. 지질 정량법

지질 정량법 중에서 가장 많이 이용되는 것이 속슬레 추출법이지만, 이 방법에서는 복합지질(인지질, 당지질 등)은 추출되지 않는다. 한편 식품 중의 지방질성분이 단백질이나 전분과 결합된 형태로 존재하면 에테르에 의한 지질의 추출이 어려워진다.

이러한 이유 때문에 식품 특성에 맞는 여러 지질추출법이 이용되고 있다.

1) 일반 식품에서 에테르추출법에 근거한 속슬레법을 사용한다.

액상식품에 속슬레법을 적용시키면 지질추출과정 중에 수분(당류, 유기산 등 수용성 물질 포함)이 에테르와 함께 흘러나와 오차를 유발시킬 수 있다. 많은 수분을 건조시키기 위해서는 건조보조제를 사용하거나 고온에서 장시간 건조해야 하지만, 고온에서의 장시간 가열은 지질의 산화로 인하여 오차를 초래할 수 있다.

2) 대두 및 대두제품, 달걀의 경우에는 에테르로 추출되지 않는 인지질이 많기 때문에 클로로포름-메탄올개량추출법으로 총지질을 추출한다.

3) 곡류, 서류, 전분의 함량이 많은 두류의 경우에는 전분조직과 강하게 결합된 지질이 많기 때문에 이런 경우에는 산분해법으로 추출한다. 산분해법은 시료를 산으로 일단 분해한 후 에테르로 추출하는 방법으로 기본적으로는 속슬레법과 거의 동일하다.

[표 3-9] 산 처리 후의 지방의 추출률의 변화

시　료	직접 용매추출(% 지방)	산분해 후 용매추출(% 지방)
국수류(4 종류)	2.10~3.91	3.77~4.84
세몰리나(semolina, 3 종류)	1.10~1.37	1.86~1.93
밀 가 루	1.20	1.73
건조 달걀	36.74	42.39

4) 우유나 유제품 중의 지방은 단단한 지방구막을 형성하고 있어 에테르로 잘 추출되지 않는다. 이러한 경우는 산 또는 알칼리로 지방구를 파괴한 후 추출한다.

[표 3-10] 식품의 지질의 측정법

지 질 추 출 법	적 용 되 는 식품
에테르추출법	지질함량이 많은 종실류, 수분이 적은 어패류, 수분이 많은 어패류(무수황산나트륨 혼합 후 추출), 육류, 조류, 차, 향신료
산가수분해법(AOAC 공정법)	곡류, 감자 및 전분류, 지질함량이 적은 종실류, 두류(전분의 함량이 많은 것, 대두는 제외), 버섯류, 조리가공식품
클로로포름-메탄올혼합액 추출개량법	수분이 많은 대두 및 대두제품(된장, 청국장 제외), 난류, 해조류(단 추출 후, 활성탄 칼럼으로 색소제거)
함수클로로포름-메탄올혼합액 추출법	수분이 적은 대두 및 대두제품, 달걀분말
뢰제・곳트리브법 (에테르-석유에테르혼합액추출법)	우유 및 유제품
에테르추출후, 활성탄칼럼으로 색소제거, 클로로포름-메탄올추출법	채소류, 과실류, 소스류 및 토마토가공품

* AOAC(association of Official Analytical Chemists)

1) 속슬레(Soxhlet) 추출법

지질정량법 중에서 가장 많이 이용되는 것이 속슬레(Soxhlet) 추출법이며, 속슬레 추출기를 사용하여 시료에 에테르를 통과시켜 녹아나오는 지방질을 추출, 정량하는 방법이다. 이 방법은 분말 또는 마쇄하기 쉬운 식품에 직접 이용된다. 특성상 분말화하기 어려운 식품은 전처리를 필요로 한다.

2) 뢰제・곳트리브법

주로 우유나 유제품의 지방질정량에 잘 이용되는 방법이다. 비교적 지방질 함량이 높은 액상 또는 유상의 식품에 이용된다. 시료에 암모니아를 가하여 지질과 결합되어 있는 단백질 용해하여 에테르와 석유에테르의 혼합액으로 추출한다.

한편 산에 의해 가수분해되어 액상이 되는 시료는 진한 염산으로 분해시킨 후, 뢰제곳트리브법과 동일하게 에테르, 석유에테르로 추출하여 지방질을 정량하는 것이 가능하다.

3) 뱁콕법과 게르버법

뱁콕(Babcock)법과 게르버(gerber)법은 우유 및 유제품의 지질함량측정의 비속법으로, 우유를 황산을 분해하여 유리되어 나오는 지방을 원심분리하여 측정하는 방법이다.

한편, 뱁콕변법은 뱁콕법을 개량한 것으로 시료의 지방분리를 위하여 황산대신 과염소산-초산혼합용액을 사용한다. 뱁콕법은 전분이나 향신료을 첨가한 육제품에는 황산을 가하면 탄화물이 생겨 물층과 지방층의 계면에 부유하여 지방층을 읽기 어려운 단점이 있다.

실험 3-9. 속슬레법에 의한 지방 정량

원 리

식품 중의 지질은 일반적으로 유기용매인 에테르에 추출되기 때문에 지질을 에테르로 추출하여 정량한다.

기 구

① 속슬레 지방 추출기
② 원통여지
③ 데시케이터, 도가니집게, 핀셋, 전기항온건조기, 전자저울

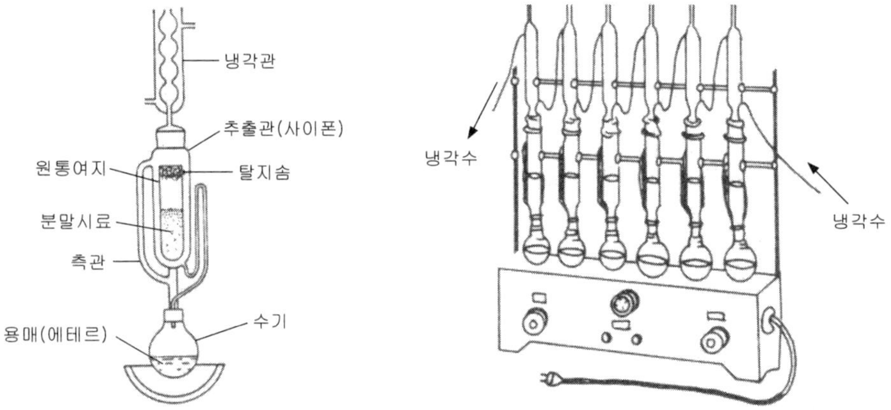

[그림 3-7] 속슬레(Soxhlet)추출장치

시 약

① 에테르(ethyl ether) : 비등점 34.6℃
② 탈지면

수기 플라스크의 항량

수기는 미리 건조하여 항량을 구해 둔다. 항량은 100~105℃ 건조기에 1시간 건조 후, 30분 방냉, 항량이 구해질 때 까지 반복한다. 전후의 차가 0.3 mg 이내의 수치를 항량으로 한다.

조 작

분쇄(또는 분말)시료 2~10 g을 원통여지에 넣음	시료는 원통여지 용적의 2/3 이상이 되지 않도록 한다(시료는 여과지에 싸서 원통여지에 넣는다).
↓	
시료를 넣은 원통여지를 비커에 세워 건조기에서 건조	고온에서의 장시간 건조는 피한다. 100~105℃에서 2~3시간 건조
↓	
건조한 원통여지를 데시케이터에서 방냉한 후 추출관에 넣음	원통여지 위를 탈지면으로 가볍게 막음
↓	
항량을 구한 수기에 에테르를 1/2 정도 넣고 추출관에 연결	
↓	
50~60℃전후에서 8~12시간 지방을 추출	식품공전 : 8시간 추출
↓	
원통여지 끼내고 다시 수기를 추출관에 연결	수기안의 에테르가 모두 추출관에 모여지면 수기를 분리
↓	
항온수조에서 수기 중의 에테르를 완전 증발제거	감압농축기를 사용하여 에테르를 증발 제거하여도 좋다.
↓	
수기를 건조(98~100℃, 1시간) 한 후, 데시케이터에서 1시간 방냉 후 칭량	

조지방 함량의 계산

$$\text{조지방함량(\%)} = \frac{W_1 - W_0}{S} \times 100$$

S : 시료량(g)

W_1 : 지방추출 후의 수기의 무게

W_0 : 항량된 수기의 무게

결과 및 계산

측정항목	측정값	계 산
시료량(g)		
지방추출 후의 수기의 무게		
항량된 수기의 무게		

비 고

1) 추출속도는 가열장치를 조절하여 70~80방울/min으로 조절한다.
2) 추출용매로 에테르를 사용할 때는 수분이 없고 과산화물이 존재하지 않는 것을 사용하며, 인화성에 주의한다.
3) 항량 조작이 너무 지나치면 지방질 산화에 의한 과산화물의 형성으로 무게 증가를 초래할 수 있다.
4) 지방질추출량에 대한 추출용매의 영향은 매우 크다(표 3-8).

실험 3-10. 뢰제 · 곳트리브법에 의한 지방 정량

이 방법은 주로 우유 및 유제품의 지질 정량에 널리 이용되고 있는 방법이다. 이 들 식품이외의 비교적 지질함량이 높은 액상(液狀)식품, 또는 두유와 같이 유상(乳狀)식품에도 적용된다. 또 물을 가하면 액상과 유상(乳狀)을 나타내는 식품에도 적용된다.

원 리

액상 또는 유상(乳狀) 시료를 마조니아(Majonnier)관에 넣고, 암모니아수를 가하여 지질과 결합되어 있는 단백질을 용해한다. 이어서 에테르와 석유에테르를 가하여 지질을 추출하고 용매를 증발시켜 지질의 중량을 계산한다.

기 구

① 마조니아(Majonnier)관 : 하부에 잘록한 부분 아래는 약 25 mL의 용량을 가진다. 상부는 100 mL 용량의 관으로 상단 측면에 가스를 빼는 구멍이 있는 마개가 있다. 아래의 구부러져 있는 부분에 물층, 상부에 에테르층으로 분리된다. 에테르층은 관을 기울이면 에테르가 유출된다.

② 300 mL 삼각플라스크 : 미리 항량을 구하여 둔다.

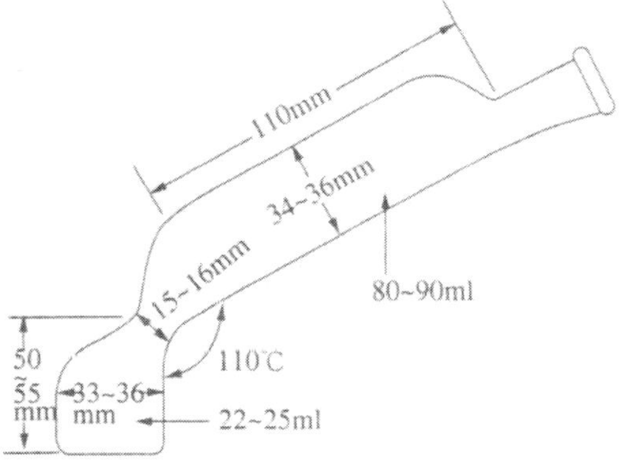

[그림 3-8] 마조니아(Majonnier)관

시 약

① 진한 암모니아수, 에탄올(95%), 에틸에테르(비등점 34.6℃)

② 석유에테르 : 비등점 60℃ 이하의 정제석유 증류분. 무수황산나트륨(120℃ 이상에서 2시간 가열한 것)을 넣고 탈수한다. 이어 분류관(分留管)을 이용하여 60℃ 이하의 유분(留分)만을 모아 사용한다.

③ 에틸에테르-석유에테르 혼합액(1 : 1) : 에틸에테르와 석유에테르를 1 : 1의 비율로 섞는다.

시료의 전처리

우유 또는 두유의 경우, 시료 1~10 g을 마조니아관에 넣고, 물을 가하여 전체량이 11 mL가 되게 한다. 그러나 분유, 연유, 크림, 버터, 치즈 등의 시료는 표 3 11의 전처리에 따라 행한다.

[표 3-11] 시료의 종류에 따른 전처리 방법

시 료	전 처 리
우유, 두유	시료 5 g을 취하여 마조니아관에 넣는다.
분 유	① 시료 1 g을 50 mL 비커에 취하여 온수 4 mL로 용해 후 마조니아관에 넣는다 ② 비커는 온수(40~50℃) 3 mL로 2번, 진한암모니아수 2 mL, 가한 후 2분 방치. 에탄올 10 mL의 순으로 씻어 마조니아관에 넣는다. 그때마다 마개를 하여 흔들어 섞는다.
연 유	시료 20 g을 물에 녹여 100 mL로 하고, 여기에서 10 mL 취하여 마조니아관에 넣는다.
크림, 아이스크림	크림은 0.5 g, 아이스크림은 4~5 g을 취하여 마조니아관에 넣고, 온수 5~6 mL 가하여 잘 혼합한다.
버 터	시료 1 g을 50 mL 비커에 취하여 8 mL 온수에 녹여 마조니아관에 넣는다. 비커를 암모니아수 1 mL, 에탄올 10 mL의 순서대로 씻어 마조니아관에 넣는다.
치 즈	시료 1 g을 비커에 취하고 증류수 9 mL, 암모니아수 1 mL를 넣고 유리봉으로 저어 카세인을 연화시킨다. 염산으로 중화한 후 다시 염산 10 mL를 넣는다. 정제 백사를 0.5 g가하고 시계접시로 덮어 조용히 5분간 끓여 냉각 후 마조니아관에 옮긴다.

조 작

위의 전 처리조작(표 3-11)에 의해 시료를 넣은 마조니아관에 진한 암모니아수 1.5~2 mL를 혼합하여 방치(2분 이상)
— 액이 산성일 경우는 2 mL의 진한 암모니아수를 넣는다.

↓

95% 에탄올 10 mL를 잘 혼합
— 이 경우 물층의 양이 25 mL보다 조금 작게 한다.

↓

에틸에테르 25 mL 넣고 뚜껑을 닫고 가볍게 흔들어 혼합
— **＊ 분유시료인 경우는 여기서 부터 시작**

↓

뚜껑을 열어 가스를 제거한 후 뚜껑을 닫고 30초간 격렬히 흔든 후 뚜껑을 열고 가스를 제거

↓

석유에테르 25 mL를 넣고, 30초간 격렬히 흔든 후, 뚜껑을 열고 가스를 제거하고 방치
— 상층(에테르층)과 하층(물층)으로 분리된다.

↓

상층(에테르층)이 투명해지면 상층을 항량을 구한 300 mL 삼각플라스크에 여과하면서 넣는다.
— 여과지로 여과

↓

마조니아관의 물층에 다시 에테르 15 mL, 석유에테르 15 mL를 넣고 30초간 격렬히 흔든 후 방치

↓

상등액이 투명해지면 상등액을
300 mL 삼각플라스크에 여과하여 합친다.

↓

다시 마조니아관의 수층에 에테르 15 mL,
석유에테르 15 mL를 넣고 30초간 격렬히 흔든 후 방치

↓

상등액이 투명헤지면 상등액을 300 mL
삼각플라스크에 여과하여 합친다.

↓

마조니아관의 뚜껑, 여과지 등을 소량의
에테르-석유에테르혼합액(1 : 1)으로 씻어
삼각플라스크에 합친다.

↓

수욕조상(75℃)에서 삼각플라스크안의
에테르를 증발, 제거

↓

건소기에서 삼각플라스크를 건조(100℃, 1시간)후,
방냉하여 항량을 구함

↓

삼각플라스크를 데시케이터에서 30분 방냉

↓

항량이 될 때까지 건조, 방냉, 칭량을 반복

↓

항량에 도달하면 조지방 함량 계산

$$조지방함량(\%) = \frac{W_1 - W_0}{S} \times 100$$

S : 시료량(g)

W_1 : 지방추출 후 건조시킨 삼각플라스크의 무게(g)

W_0 : 항량된 삼각플라스크의 무게(g)

결과 및 계산

측정항목	측정값	계 산
시료량(g)		
지방추출 후 건조시킨 삼각플라스크의 무게		
항량된 삼각플라스크의 무게		

실험 3-11. 게르버법에 의한 유지방 정량

원 리

우유의 에멀젼을 황산으로 파괴시켜 유리되어 나오는 지방을 원심분리하여 지방층의 용적을 측정하는 방법이다. 유지방은 우유성분 중에서 가장 단단하여 황산에 침투되기 어렵다. 황산은 유지방이외의 성분만을 용해하고, 동시에 발열작용에 의해 지방구막을 파괴시켜 지방을 유리시킨다.

또한 유청의 비중이 높아지기 때문에 지방의 분리가 용이해진다. 원리는 뱁콕(Babcock)법과 같으나 지방의 분해를 촉진하기 위하여 아이소아밀알코올을 이용한다.

이 방법은 생유, 멸균유, 혼합(보존)유 등에 적용되지만 초콜릿우유는 예외이다.

기 구

① 게르버(Gerber) 유지방계 : 우유용(1~8 mL), 크림용(1~50 mL)
용도에 따라 크림용, 탈지유용, 버터-밀크용, 분유용, 버터용 등이 있다.

② 우유용 피펫(11 mL 또는 10 mL), 홀피펫(1 mL)

③ 게르버 원심분리기

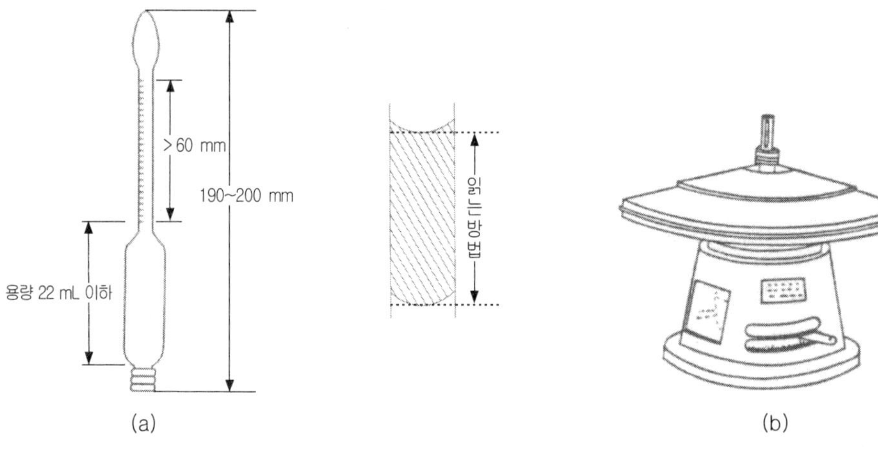

[그림 3-9] 게르버(gerber) 유지방계(a) 및 게르버 원심분리기(b)

시 약

① 황산 : 15℃에서 비중 1.820~1.825(90.05~91.00%)의 것. 너무 진하면 우유가 흑변하고, 지방 분리가 잘 안된다.

② 아이소아밀알코올(isoamyl alcohol) : 비중이 15℃에서 약 0.81이고 비점이 128~132℃의 것.

조 작

게르버 유지방계에 진한 황산 10 mL 가함	
↓	
아이소아밀알코올 1 mL 넣고, 재빨리 우유 11 mL 넣음	우유는 관벽을 따라 서서히 넣어 황산층과 섞이지 않게 함
↓	
고무마개를 막고 손으로 눌러 혼합	이때 열이 발생하므로 천 등으로 감싸는 것이 좋다.
↓	
우유가 용해되면 항온수조(65℃)에서 15분방치 후, 원심분리	원심분리 : 700~1,000 rpm/분으로 3~5분
↓	
항온수조(65℃)에서 수 분간 담가 일정온도가 된 후 눈금을 읽는다.	눈금은 그대루 유지방의 %로 나다난다.

분석 시 주의 사항

① 유지계 마개는 키를 이용하여 완전하게 닫도록 한다(빠질 수 있음).
② 시료 및 시약 주입 후 섞을 때는 빠른 반응으로 인해 열이 발생하므로 화상주의.
③ 섞을 때 유지계의 입구는 항상 몸 바깥방향으로 향하여 섞는다(빠질 수 있음).
④ 우유, 황산, 알코올을 넣은 후 색이 완전히 변할 때 까지 흔들어 섞어 주어야 한다.

실험 3-12. 밥콕법에 의한 유지방 정량

원 리

유지방은 비중이 0.93(15℃)으로 유성분 중에서 가장 낮고, 황산에 안전하다. 우유에 진한 황산을 가하면 단백질, 유당을 분해에 의한 에멀젼의 파괴로 유지방이 유리된다. 이를 원심분리하여 그 용량으로 지방함량을 알 수 있다. 시료의 채취, 측정 모두 용량법이기 때문에 시료 채취나 지방주(脂肪柱)의 온도를 정확히 측정해야 한다.

이 방법에서 전유(全乳)인 경우, 17.6 mL 피펫을 사용하고 있으나 AOAC 규격상 약 17.4 mL가 밥콕 유지계에 들어가므로 우유의 평균 비중을 1.032를 곱하면 1.74 × 1.032 = 18.0 g에 상당한다.

지방주(脂肪柱)의 눈금은 1%가 0.2 mL, 측정온도 60℃에서 유지방의 비중이 0.9이므로 0.2 mL의 지방은 0.18로서 1%에 해당한다.

시약 및 기구

황산, 밥콕(Babcock)유지계, 밥콕 원심분리기, 항온수조, 우유용 피펫

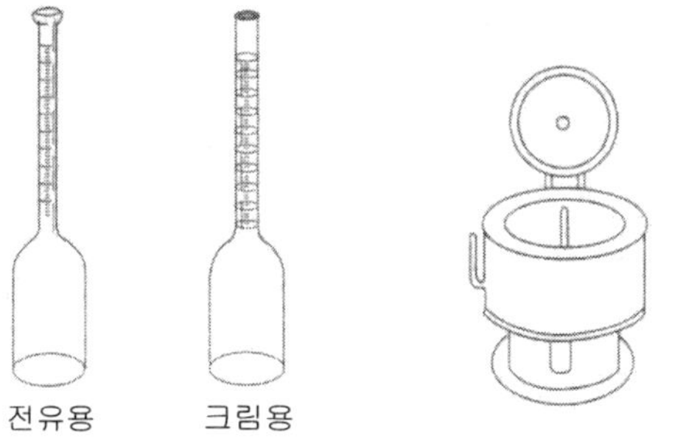

[그림 3-10] 밥콕(Backcock) 유지계(a) 및 밥콕(Backcock) 원심분리기(b)

조 작

시료 17.6 mL를 우유용 피펫으로 밥콕 유지계에 취함

↓

진한 황산 17.6 mL를 넣고 잘 혼합

↓

원심분리(700~1,000 rpm에서 5분간)

↓

60℃ 이상의 열탕에서 유지계의 목까지 잠기게 하여 2분간 원심분리

↓

다시 열탕에 넣어 지방층의 상단 부근까지 닿도록 해서 1분간 원심분리

↓

55~60℃ 항온수조에 5분간 넣어 일정 온도가 된 후 지방층을 읽는다. — 눈금은 그대로 유지방의 %로 나타난다.

비 고

이 방법으로 균질화 우유를 측정하면 지방분리가 잘 안되어 정확도가 떨어질 우려가 있어 다음의 방법을 적용하면 좋다.

즉, 비중 1.830~1.835의 황산 17.7 mL를 0.8 mL, 5.0 mL, 4.5 mL 씩 3회로 나누어 넣은 후, 매번 2분 이상 기계적으로 진탕시킨 후 15초간 원심분리 한다. 이 방법은 게르버(Gerber)보다 뢰제・곳트리브법에 가까운 수치가 나온다.

실험 3-13. 클로로포름-메탄올혼합액 추출법에 의한 지방 정량

기 구

균질기, 분액여두, 여과지, 250 mL 삼각플라스크, 메스실린더

시 약

① 메탄올

② 클로로포름

③ 클로로포름-메탄올 혼합액(2 : 1, V/V) : 클로로포름과 메탄올을 2 : 1비율로 혼합한다.

④ 물-메탄올혼합액(1 : 1, V/V) : 물과 메탄올을 1 : 1의 비율로 혼합한다.

⑤ 0.88% KCl용액 : KCl(potassium chloride) 0.88 g을 물에 녹여 100 mL로 한다.

조 작

시료 1 g을 100 mL 비커에 취한 후 메탄올 20 mL가한다.

↓

균질기(homogenizer)로 1분간 균질화한다.

↓

20 mL 클로로포름 가한 후 균질기로 2분간 더 균질화한다.

↓

혼합액을 여과지로 여과하여 메스실린더에 옮긴다.

↓

남은 잔사에 클로로포름-메탄올혼합액(2 : 1)
30 mL 가한 후 균질기로 3분간 균질화한다.

↓

여과하여 여과액을 메스실린더에 합친다.

↓

여과지 위의 잔사를 클로로포름 20 mL로
씻어 메스실린더에 합친다.

↓

잔사를 다시 메탄올 10 mL로 씻어 메스실린더에 합친다.

↓

0.88% KCl용액 25 mL가하고 잘 섞은 후 방치

↓

위층의 액을 제거하고,
다시 물-메탄올혼합액 15 mL 가한다.

↓ (반복하여 세척)

위층의 액을 제거

↓

항량을 구한 삼각플라스크(수기)에 아래층의 액을 담는다.

↓

용매를 제거한 후 수기를 105℃에서
건조하여 항량을 구한다.

조지방함량의 계산

$$\text{조지방함량(\%)} = \frac{W_1 - W_0}{S} \times 100$$

S : 시료량(g)

W_1 : 지방추출 후의 삼각플라스크의 무게

W_0 : 항량된 삼각플라스크의 무게

결과 및 계산

측정항목	측정값	계 산
시료량(g)		
지방추출 후의 삼각플라스크의 무게		
항량된 삼각플라스크의 무게		

비 고

① 클로로포름 메탄올혼합액 추출법의 추출수율은 95~99%이다.

② 인지질, 당지질이 추출되지만, 강글리오사이드(ganglioside) 등의 일부 당지질은 추출되지 않는다.

3.6. 탄수화물 정량

탄수화물(당질)의 정량법으로는 보통 벨트란(Bertrand)법, 소모기(Somogyi)법, 레인-에이논(Lane-Eynone)법 등이 있으며, 모두 환원당의 환원력을 이용하여 정량한다. 비환원당은 가수분해 등의 적당한 처리에 의해 환원당으로 바꾸어 정량한다(실험 3-18, 3-19 참조).

환원당이란? : 알칼리성용액 중에서 Cu^{2+}, Ag^{+}를 각각 산화구리(Cu_2O)와 금속은(Ag)으로 환원시키고, 자신은 카복실산으로 산화되는 당

그러나 당질은 종류가 많고 정확히 정량하는 방법이 없기 때문에, 일반성분으로서의 당질의 함량은 수분, 단백질, 지질, 회분, 조섬유의 함유량(%)을 100에서 뺀 값으로 구한다.

단 당질의 함량이 적은 어패류나 육류의 경우는 Anthrone-황산법으로 총당량을 측정하여 당질의 함량을 구한다.

실험 3-14. 벨트란(Bertrand)법에 의한 환원당 정량

원 리

당용액을 알칼리성에서 황산구리용액과 가열하면 환원당은 $Cu(OH)_2$을 환원시켜 적색의 아산화구리(Cu_2O)를 생성한다.

$$\underset{\text{환원당}}{R\ CH{=}O} + 2Cu(OH)_2 \longrightarrow \underset{\text{아산화구리}}{Cu_2O \downarrow} + 2H_2O + RCOOH$$

알칼리성에서의 황산구리 : $CuSO_4 \cdot 5H_2O + 2NaOH \longrightarrow Cu(OH)_2 + Na_2SO_4$ 황산구리($CuSO_4$)는 용액상에서 Cu^{2+}로 존재하며, 상당히 불안정하여 쉽게 산화하지만 알칼리염에 의해 안정하다.

이 침전을 황산제2철의 산성용액에 녹이면 아산화구리가 황산구리로 산화되고, 황산제2철(3가)은 황산제1철(2가)로 환원된다.

산화

$$\underset{\text{아산화구리}}{Cu_2O} + \underset{\text{황산제2철}}{Fe_2(SO_4)_3} + H_2SO_4 \longrightarrow \underset{\text{황산구리}}{2CuSO_4} + \underset{\text{황산제1철}}{2FeSO_4} + H_2O$$

환원

이 황산제1철을 과망간산칼륨($KMnO_4$)용액으로 적정하면, 당액에 의하여 침전된 구리의 양을 알 수 있다. 구리의 양이 계산되면 벨트란 당류 정량표로 부터 구리의 양에 비례하는 시료중의 환원당함량을 구할 수 있다.

$$\underset{\text{(녹색)}}{10FeSO_4} + \underset{\text{(적자색)}}{2KMnO_4} + 8H_2SO_4 \longrightarrow \underset{\text{(황적색)}}{5Fe_2(SO_4)_3} + 2KMnO_4 + K_2SO_4$$

$$10Fe^{++} + 2Mn^{+7} \longrightarrow 10Fe^{+++} + 2Mn^{++}$$

산화(-10)

환원(+10)

시 약

① 벨트란 A용액 : 황산구리($CuSO_4 \cdot 5H_2O$) 40 g을 물에 녹여 1 L로 한다.

② 벨트란 B용액 : Rochelle염 200 g, NaOH 150 g을 물에 녹여 1 L로 한다.

Rochell salt = potassium sodium tartarate($Na^{+-}OOC-CH(OH)-CH(OH)-COO^{-}K^{+}$) = 주석산칼륨나트륨

NaOH를 먼저 녹이고 그다음 발열을 이용하여 rochelle염을 녹이면 잘 녹는다.

③ 벨트란 C용액 : $Fe_2(SO_4)_3$ 50 g을 적당량의 물에 녹인 후 진한 황산 200 g(110 mL)을 서서히 가한 후 물을 가하여 1 L로 한다.

④ 벨트란 D용액 : 과망간산칼륨($KMnO_4$) 5 g을 물에 녹여 1 L로 한다(적어도 2일간 실온에서 방치한 후 유리여과기(glass filter)로 여과하여 갈색병에 보존).
벨트란 D용액의 역가를 구한다.

시료용액 조제

예) 우유의 경우 : 우유 중의 유당 정량에 영향을 미치는 단백질을 제거한 후 환원당정량법에 의해 측정한다.

우유의 비중을 측정

↓

우유 5 mL를 비커에 취하고
물 10 mL를 가함

↓

벨트란 A용액(황산구리용액) 4 mL,
0.5N NaOH 용액 2.5 mL 가하여 혼합

(이 때 황산구리는 수산화구리가 되고 용액은 산성을 나타냄)

↓

단백질을 침전시킨 액을 여과하여
100 mL 용량플라스크에 받는다.

↓

물로 비커 및 침전을 충분히 세척하고
세척액을 합친다. 물을 가하여
100 mL로 한다.

과망간산칼륨 용액 1 mL에 상당하는 구리(Cu)의 양

과망간산칼륨 용액 1 mL에 상당하는 구리의 양을 다음과 같이 구해 둔다.

옥살산암모늄 250 mg을
삼각 플라스크에 취함

↓

증류수 50~100 mL 가하여 녹임

↓

진한 황산 1~2 mL를 가하고
60~80℃에서 가열

↓

D용액(과망간산칼륨용액)으로 적정

$$5H_2C_2O_4 + 2KMnO_4 + 3H_2SO_4 \longrightarrow 10\ CO_2 + 2\ MnSO_4 + K_2SO_4 + 8\ H_2O$$

이 반응식과 앞의 반응식에서 옥살산 1분자는 2 Cu에 해당한다.
벨트란 D용액 1 mL에 해당하는 Cu 함량은 다음 식에 의해 계산한다.

$$\text{D용액 1 mL에 해당하는 Cu함량(mg)} = \frac{\text{옥살산나트륨의 중량(g)} \times 0.949}{\text{D용액의 적정치(mL)}}$$

단, $2 \times \frac{63.55(\text{Cu의 원자량})}{134(\text{옥살산나트륨의 분자량})} \fallingdotseq 0.949$

조 작

A용액, B용액을 20 mL씩 가하여 혼합	알칼리성 황산구리용액 생성
↓	
시료 20 mL를 감압용 삼각플라스크에 취함	20 mL 중에 함유되는 환원당 20~80 mg 함유
↓	
이 액을 철망위에서 강하게 가열	용액이 끓기 시작하면 불을 줄여 정확히 3분간 가열(상등액에 청색이 없으면 환원당이 많은 것으로 시료량을 줄임)
↓	
냉수로 냉각 후, 방치하여 적색침전물을 가라앉힌다.	적색침전물 : 아산화구리
↓	
상등액을 유리여과기(G3 또는 G4)로 흡인여과	적색침전이 공기와 닿지 않게 상등액만 조심해서 여과(강하게 흡인하면 침전이 여과기를 통과), 자연여과해도 좋다.
↓	
삼각플라스크에 더운 물(50 mL)을 넣고 흔들어 침전을 현탁시킴	
↓	
잠시 방치하여 침전되면 상등액만 다시 유리여과기로 흡인여과	이 조작을 3~4회 반복
↓	
유리여과기를 침전이 있는 플라스크로 바꿔 연결하고, C액 20 mL를 3~4회 나누어 넣는다.	플라스크 중의 침전물이 완전 용해한(완전히 안녹으면 C용액을 더 가함)
↓	
소량의 더운 물로 글라스필터를 수회 세척	
↓	
D용액으로 적정	미홍색이 30초 이상 소실되지 않을 때 까지 적정

시료용액 20 mL 중의 환원당 함량

시료용액 20 mL 중의 환원당 함량에 해당하는 Cu의 함량(mg)은 다음과 같다.

$$\text{Cu의 함량(mg)} = \text{D용액의 적정치} \times \text{D용액 1 mL에 해당하는 Cu의 함량}$$

예를 들면

Cu의 함량(mg), 즉, D용액의 적정치 × D용액 1 mL에 해당하는 Cu의 함량 = 35.2 mg이면 포도당의 경우, 벨트란 당류 정량표에 의해

당 함량(mg)	환원된 Cu의 함량(mg)
17	34.2
18	36.2

따라서

18 −17 = 1 　　 36.2 − 34.2 = 2

× 　　 35.2 − 34.2 = 1

× = 0.5

당(포도당) 함량은 17 + 0.5 = 17.5에서 시료용액 20 mL 중 17.5 mg이 된다.

환원당 함량(mg) 계산

이 침전된 구리 함량에 상당하는 환원당 함량(mg)은 벨트란 당류 정량표(부록 참조)에서 구한다.

$$\text{환원당(\%)} = a \times \frac{T}{20} \times \frac{100}{1000 \times \text{시료량(g)}}$$

T : 전시료의 용액량

a : 시료용액 20 mL 중의 환원당 함량(mg)

비 고

1. 벨트란법은 식품분석에 많이 사용되는 방법이며, 가열시간을 적게 하면 오차가 생길 수 있다.

실험 3-15. 소모기(Somogyi)법에 의한 환원당 정량

소모기(Somogyi)법은 미량정량법으로서 우수하고, 조작도 비교적 간단하여 높은 정확도를 얻고자 하는 생화학, 식품화학 등의 분야에서 널리 이용된다. 예를 들어 소화에 의해 생성된 환원당의 정량 등에 널리 이용된다.

벨트란(Bertrand)법과 달리 적정치가 당의 함량과 비례하기 때문에 정량표가 필요 없다. 측정 농도의 범위는 포도당으로 0.3~60 mg/100 mL의 환원당 용액에 적용된다.

원 리

주석산을 함유한 알칼리성 구리용액($Cu(OH)_2$)을 환원당과 함께 가열하면 아산화구리(Cu_2O)를 생성한다. 이 아산화구리는 산성(황산)하에서 요오드산칼륨(KIO_3)과 요오드화칼륨(KI)의 반응으로 생성된 일정 과잉의 요오드(I_2)를 I^-로 산화시킨다. 여기서 잔존하는 I_2를 싸이오황산나트륨($Na_2S_2O_3$) 표준액으로 적정한다. 공시험의 적정치와의 차를 구하여 환원당량에 상당하는 싸이오황산나트륨 표준액의 소비량을 알 수 있다. 동시에 미리 순수한 포도당 용액에 대한 검량 곡선을 작성하여 시료용액의 당 함량을 구한다.

위와 같은 요오드화법에 의한 반응식은 다음과 같다.

① 환원당과 소모기(Somogyi) 시약과 반응시키면 Cu_2O로 적색 침전한다.

$$\underset{\text{환원당}}{R\ CH{=}O} + 2Cu(OH)_2 \longrightarrow \underset{\text{아산화구리}}{Cu_2O} + 2\ H_2O + RCOOH$$

② Cu_2O는 소모기(somogyi) 시약 내에 존재하는 KIO_3와 KI이 산성조건하에서 형성된 I_2를 iodide이온(I^-)으로 산화시킨다.

$$KIO_3 + 5KI + 3H_2SO_4 \longrightarrow \underset{\text{(일정과잉량)}}{3\ I_2} + 3K_2SO_4 + 3H_2O$$

$$Cu_2O + \underset{\text{iodine spent}}{I_2} \longrightarrow 2Cu_2^{2+} + 2I^-$$

③ Cu_2O와 반응하고 남은 I_2를 싸이오황산나트륨($Na_2S_2O_3$)으로 적정

$$2Na_2S_2O_3 + I_2 \longrightarrow Na_2S_4O_6 + 2NaI$$

기 구

마개 있는 시험관(25 mm × 200 mm), 항온수조, 용량플라스크, 뷰렛, 뷰렛스탠드, 피펫, 전자식저울, 유산지, 증류수

시 약

① 소모기(Somogyi)시약

(1) Rochell salt(potassium sodium tartarate) 40 g, 인산수소이나트륨 28 g을 증류수 700 mL에 용해한다.

인산수소이나트륨(Na_2HPO_4, disodium hydrogen phosphate)

(2) 여기에 1N NaOH 100 mL, 10% 황산구리($CuSO_4$)용액 80 mL, 무수황산나트륨 (Na_2SO_4) 180 g을 가하여 용해하여 1 L한다. 1~2일간 방치 후 여과한다.
소모기 시약은 안정하여 장기간 보존 가능하다. 겨울에는 황산나트륨이 석출되므로 30℃ 부근에서 보관하는 것이 좋다.

(3) 소모기시약 1 L에 1N 요오드산칼륨(KIO_3)용액 25 mL 가한다. 이 혼합액을 소모기시약으로 사용한다.
1N KIO_3용액 첨가량은 시료중의 당 함량에 따라 조절한다.
(당 함량 3 mg 까지는 1N KIO_3용액 25 mL를 첨가하는 것이 좋다.)

* 1N KIO_3(요오드산칼륨)용액 : KIO_3 3.567 g에 증류수를 가하여 100 mL로 한다.

② 2.5% KI용액 : KI 2.5 g에 증류수를 가하여 100 mL로 한다.

③ 2N H_2SO_4용액 : 진한 황산 5.6 mL에 증류수를 가하여 100 mL로 한다.

④ 0.005N 티오황산나트륨($Na_2S_2O_3$)용액 : 0.1N $Na_2S_2O_3$용액을 제조하여 역가를 구한 후, 20배 희석하여 사용한다(실험 3-34 참조).

⑤ 1% 전분용액 : 가용성전분(soluble starch) 1 g에 증류수 100 mL를 가하여 투명해질 때 까지 가열하여 식힌 후 사용한다(실험 3-34 참조).

⑥ 포도당용액 : 포도당 5 mg, 10 mg, 15 mg, 20 mg을 각각 100mL 증류수에 녹인다.

조 작

조작	비고
시료액 5 mL, 소모기시약 5 mL을 시험관에 취한다. 공시험(시료액 대신 증류수 5 mL)도 함께 행한다.	시료액 중의 0.5~1.0 mg의 당이 함유 (시료액이 5 mL 이하인 경우, 증류수를 넣어 5mL가 되도록 한다.)
↓	
마개를 한 후 끓는 물에 가열(정확히 15분간)한 후 즉시 찬물로 냉각	15분 가열 후 황산구리의 청색이 남아있을 것(전체가 적갈색인 경우는 환원당이 많은 것으로 시료량을 희석하고 나서 행한다.)
↓	

단계	비고
2.5% KI용액 2 mL, 2N 황산용액 1.5 mL 가하고 잘 흔들어 침전을 용해	탄산가스가 발생하고 나서 액이 투명하게 될 것
↓	
5분 후 삼각플라스크에 옮겨 0.005N $Na_2S_2O_3$용액으로 적정	
↓	
액이 담황색으로 변하면 1%전분용액 2~3 방울 넣고, 0.005N $Na_2S_2O_3$용액으로 적정	보라색이 없어질 때 까지 적정 (무색이 될 때 까지)

당 함량의 계산

① 검량곡선에 의한 계산

미리 포도당 5 mg, 10 mg, 15 mg, 20 mg를 각각 증류수 100 mL에 녹인 용액을 조제하여, 각각에 대하여 동일한 조작 방법을 행한다. 0.005N $Na_2S_2O_3$용액의 적정치로부터 당의 함량을 구하여 검량곡선을 작성한다. 이 검량곡선(그림 3-11)에 의해 시료용액 중의 당 함량을 산출한다.

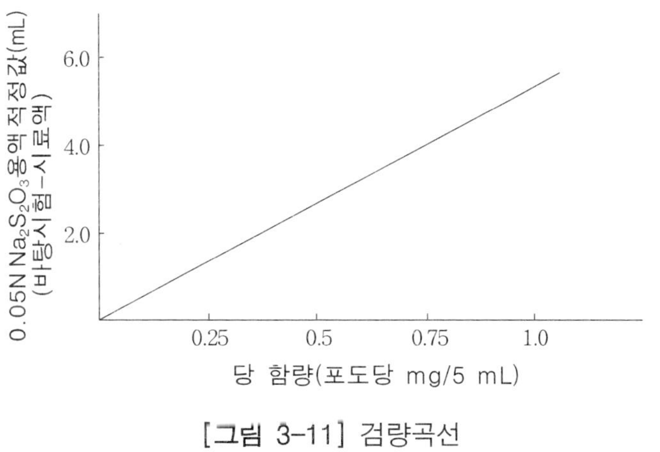

[그림 3-11] 검량곡선

실험 3-16. 소모기-넬슨(Somogyi-Nelson)법에 의한 환원당 정량

넬슨(Nelson)은 비소(AS)몰리브덴산염을 이용하여 종래법보다도 재현성이 있고 안정하고 예민한 환원당의 비색정량법이다. 소모기(Somogyi)는 이것을 더 개량하여 미량화하여, 5 μg까지 정량 가능한 한편 정색도 10시간이나 안정한 개량법을 제창했다. 일반적으로 포도당의 정량범위는 10~100 μg/mL, 말토오스의 정량범위는 20~300 μg/mL이다.

원 리

소모기-넬슨법은 약알칼리성 구리용액 중에서 환원당에 의한 Cu^{2+}에서 생성된 Cu_2O를 황산의 산성조건하에서 비소몰리브덴산과 반응시켜 몰리브덴블루(molybdenum blue)로 환원하여 그 흡광도를 측정하는 비색정량법이다.

$$2Cu^{2+} + \text{환원당} \longrightarrow Cu_2O$$
$$Cu_2O + H_2SO_4 \longrightarrow 2Cu^{+}$$
$$2Cu^{+} + MoO_4^{2-} + SO_4^{2-} \longrightarrow 2Cu^{2+} + \text{몰리브덴블루(청색)}$$

시 약

(1) 소모기-넬슨시약

① 증류수에 Rochelle염(주석산칼륨나트륨) 12 g과 무수탄산나트륨(anhydrous sodium carbonate) 24 g을 계속 교반하면서 물 약 250 mL 녹인 후 10% 황산구리($CuSO_4$)용액 40 mL를 조금씩 가하여 녹인다. 이것에 탄산수소나트륨 16 g을 가하여 녹인다.
② 별도로 뜨거운 물 500 mL에 무수황산나트륨 180 g을 녹인 뒤 한번 비등시킨다.
냉각 후 ①번 용액과 혼합하고 물을 가하여 1 L로 한 후 밀봉한다.
수일 후 적색의 침전물이 생기는 경우 여과하여 사용한다(이용액은 장기간 안정).

(2) 비소몰리브덴산염용액

① 약 450 mL의 증류수에 몰리브덴산암모늄($(NH_4)_6Mo_7O_{24} \cdot 4H_2O$) 25 g을 녹이고 진한 황산 21.0 mL를 서서히 가하여 혼합한다.
② 별도로 증류수 25 mL에 결정 비산수소나트륨($Na_2HASO_4 \cdot 7H_2O$) 3 g을 녹인다. ①번 용액과 혼합하여 37℃, 24~48시간 방치한다(서서히 황색을 나타낸다).
③ 물을 가하여 500 mL로 한 후 갈색 병에 보관한다(1년간 안정하다).

(3) 표준용액

① 포도당 100 mg을 증류수 100 mL에 녹인다(1 mg/mL 농도).

② ①번 용액을 10배 희석한다(100 ug/mL).
이것을 원액으로 하여 10, 25, 50, 100 ug/mL을 조제한다.

조 작

시험관에 시료 1 mL,
소모기-넬슨시약 1.0 mL를 가함 — 시료 중 포도당 함량 10~100 ug/mL

↓

수욕조(water bath) 중에서 10분 가열

↓

냉수로 냉각

↓

비소몰리브덴산염용액 1.0 ml 가함 — 조용히 혼합하여 산화제1구리를 모두 녹임(즉시 청색을 나타내며 탄산가스를 발생)

↓

증류수 7 mL를 가함

↓

520 nm, 560 nm, 660 nm(극대),
710 nm의 모든 흡광도 측정

실험 3-17. DNS법에 의한 환원당 정량

원 리

DNS(3.5-dinitrosalicylic acid)는 환원당이 존재하면 환원되어 적갈색(3-amino-5-nitrosalicylic acid)을 형성한다. 이 색을 550 nm의 흡광도에서 비색정량하여 환원당을 측정한다. 이 반응은 알칼리성 조건에서만 발색되며, 비특이적이기 때문에 모든 환원성 물질과 반응한다.

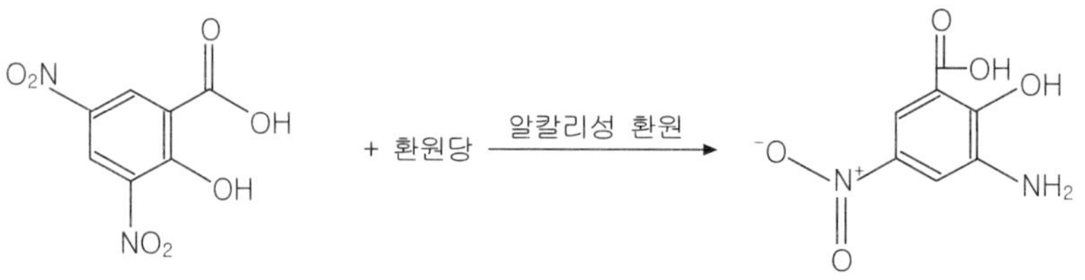

DNS(3.5-dinitrosalicylic acid) 3-amino-5-nitrosalicylic acid(적갈색)

시 약

(1) DNS 시약

① NaOH 14.0 g을 물에 녹인 후 3,5-dinitrosalicylic acid 7.5 g을 녹인다.

② ①번 용액에 Rochelle염(주석산칼륨나트륨) 216.1 g, 페놀 5.4 mL, $Na_2S_2O_5$(sodium metabisulfite) 5.9 g을 가하여 녹인 후 물을 채워 1 L로 한다.

③ 실온에서 2일간 안정화시킨 후 여과하여 갈색병에 보관한다(이 용액은 1년간 안정하다).

- 페놀(phenol, 융점 41℃)은 40℃ 이하에서 결정을 형성하므로 중탕에 녹여 사용한다.
- Rochelle염은 환원당의 산화를 방지, 페놀은 색의 양을 증가, $Na_2S_2O_5$은 색의 안정화를 위해 첨가한다.

(2) glucose(포도당) 용액

① 포도당 0.1 g을 물에 녹여 100 mL로 한다(1 mg/mL)

② ①번 용액을 희석하여 0.2, 0.4, 0.6, 0.8 mg/mL 농도를 조제한다.

시료조제

시료액 중에 당 함량이 0.2~2 mg/mL 함유하도록 희석한다.
예) 간장의 경우(200배 희석), 막걸리(5배 희석)

조 작

시험관에 시료 1 mL, DNS시약 3 mL를 가함 — 공시험도 병행(시료 대신 증류수)
↓
마개를 한 후 혼합
↓
수욕조 중에서 5분간 끓임
↓
흐르는 물에 냉각 — 반응 정지
↓
증류수 8 mL를 가함
↓
550 nm에서 흡광도 측정(1시간 이내 측정)

계 산

① 표준곡선으로부터 희석 조제된 시료용액 중의 환원당 양을 환산한다.
② 시료 중의 환원당의 함량은 다음 식에 의해 계산한다.

$$환원당(\%) = \frac{A \times D}{S} \times \frac{100}{1,000}$$

A : 표준곡선으로부터 구한 시료용액 중의 환원당함량(mg)
D : 희석배수
S : 시료량(g)

비 고

① 시료가 탄수화물의 산가수분해물과 같이 산성시료인 경우에는 중화시켜 사용한다.
② 표준곡선은 좌표의 0을 지나지 않고 포도당 0.04 mg 부근을 지난다. 이는 반응 중에 산소에 의해서 포도당일부가 파괴되기 때문이다.
③ 포도당을 기준으로 단위 무게당 흡광도를 비교하면 셀로바이오스(cellobiose)의 경우 흡광도가 15% 적게, 자일로오스의 경우 15% 많게 나타난다.

④ 이 방법은 당의 환원력을 이용한 것이므로 환원당 이외에 시료 중의 다른 환원성 물질에 의해서도 영향을 받는다.

⑤ 2.0 mL의 DNS 시약은 포도당 6.6 mg과 반응할 수 있는 양이다. 다량의 환원당으로 흡광도가 높은 경우에는 발색된 용액을 증류수로 희석하여 측정하고 계산할 때 희석배수를 곱하면 된다.

실험 3-18. 설탕의 가수분해와 정량

설탕은 환원력이 없는 비환원당이기 때문에 환원당 측정법으로는 정량할 수 없다. 일단 산이나 효소를 이용하여 환원당으로 가수분해한 후 정량하여 이를 설탕의 함량으로 환산하는 것이 일반적이다.

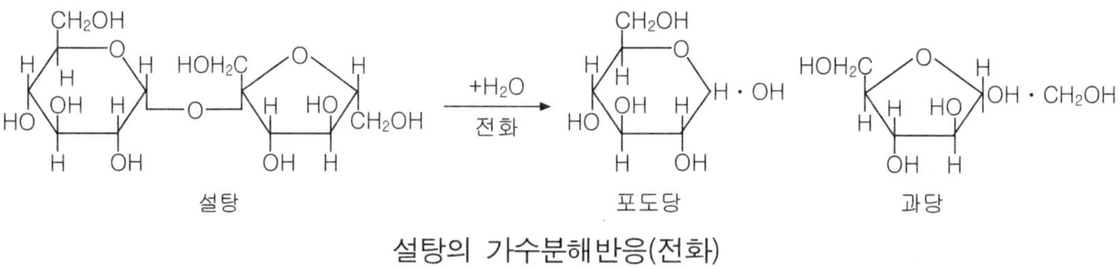

설탕의 가수분해반응(전화)

설탕은 0.025M(25 mM) 염산(HCl)으로 30분 가열하면 완전히 가수분해된다. 가수분해에 의해 생성된 전화당의 양에 0.95를 곱하여 설탕으로 한다.

또한 청량음료 등에는 10% 정도의 설탕이 감미료로서 첨가되고 있지만, 전화당 등의 환원당이 첨가되는 경우도 있기 때문에 미리 이들의 함량을 측정해두고 가수분해후의 환원당의 총량으로부터 이것을 빼 설탕의 총량으로 한다.

원 리

설탕(sucrose)은 Fehling용액에 대해 직접적으로 반응하지 않기 때문에 염산(HCl)으로 가수분해하여 환원성이 있는 포도당(glucose)과 과당(fructose)으로 분해 한 후 환원당 정량법(벨트란법 또는 소모기법 등)으로 환원당의 함량을 구하여 설탕의 함량은 환산한다. 설탕 함량은 환원당함량에 0.95를 곱하면 된다.

$$\underset{\substack{\text{설탕}\\(342)}}{C_{12}H_{22}O_{11}} + H_2O \longrightarrow \underset{\substack{\text{포도당}\\(180)}}{C_6H_{12}O_6} + \underset{\substack{\text{과당}\\(180)}}{C_6H_{12}O_6}$$

설탕 함량 = 가수분해하여 구한 환원당함량 × 0.95

시 약

① 0.1N HCl용액 : HCl 8.8 mL를 증류수에 녹여 1 L로 한다.
② 0.1N NaOH용액 : NaOH 4.3 g 증류수에 녹여 1 L로 한다.
③ 0.1% 페놀프탈레인지시약 : 페놀프탈레인 0.1 g을 70% 에탄올 100 mL에 녹인다.

시료 조제

① 시료액 중에 당함량 500 mg/100 mL이 되도록 희석한다.
예) 청량음료(콜라, 사이다) 등에는 10%의 설탕을 함유하고 있기 때문에
시료 5 mL를 취하여 100 mL 용량플라스크에 넣고 물을 가하여 100 mL로 한다.

조 작

희석한 시료액 25 mL를 삼각플라스크에 취함	희석한 시료액 중의 당함량 약 125 mg

↓

0.1N HCl 6 ml 를 가하고 환류냉각 30분 가열

↓

방냉후 0.1N NaOH용액 6 mL로 중화

↓

100 mL 메스플라스크에 옮겨 물 100 mL로 채움

↓

여과지(No 2)로 여과한 후 환원당 측정	DNS법으로 환원당 측정시 2~4배 희석하여 사용한다.

정 량

설탕을 가수분해한 시료액을 벨트란법, 소모기법 등의 환원당 정량법으로 정량하고 얻어진 수치에 0.95를 곱하여 설탕의 함량으로 한다.

비 고

만약 시료 중에 환원당이 공존하는 경우에는 염산처리 전에 정량한 수치를 가수분해후의 전체 당의 함량에서 뺀 수치에 0.95를 곱하여 설탕의 함량으로 한다.

실험 3-19. 전분의 가수분해와 정량

원 리

전분은 설탕과 같이 환원력이 없는 비환원당이기 때문에 환원당 측정법으로는 측정할 수 없다. 이들은 산이나 효소(diastase)로 가수분해한 후 환원당으로 정량하여 전분으로 환산하는 것이 일반적이다.

전분이나 덱스트린의 경우, 완전 가수분해하는데 1M 염산을 이용하여 100℃에서 2.5~3 시간이 소요된다. 가수분해로 생긴 포도당의 함량을 환원당 정량법(벨트란법 또는 소모기법 등)으로 구하여 전분이나 덱스트린의 함량은 환산한다. 환원당의 함량에 0.9를 곱하여 전분 또는 덱스트린의 함량이 된다.

$$\underset{\text{전분}}{(C_6H_{12}O_5)_n} + nH_2O = \underset{\text{포도당}}{n(C_6H_{12}O_6)}$$

$$\frac{(C_6H_{12}O_5)_n\text{의 분자량}}{n(C_6H_{12}O_6)\text{의 분자량}} = \frac{162.1 \times n}{180.1 \times n} = 0.9$$

전분(또는 덱스트린)함량 가수분해하여 구한 환원당함량 × 0.9

이 방법은 환원성이 없는 전분과 덱스트린(dextrin)에 적용되는 방법이며, 여러 종류의 환원당이 존재할 경우에는 곤란하다.

전분과 덱스트린에 환원당이 존재하는 경우에는 가수분해하기 전과 후의 환원당의 차이가 전분의 함량이 된다.

시 약

① 25% HCl용액 : 진한 염산(36%, 비중 1.18) 69.4 mL, 물 30.6 mL를 혼합하여 100 mL로 한다.

② 10% NaOH용액 : NaOH 10 g을 물 90 mL에 녹인다.

시 료

전분이나 덱스트린을 사용한다.

조 작

전분시료 200~400 mg을 100 mL 삼각플라스크에 취하고 증류수 50 mL로 분산

↓

25% HCl용액 5 mL 가함

↓

냉각장치에 연결한 후 끓는 물중에서 2.5시간 가열

↓

흐르는 물로 냉각 후 페놀프탈레인지시약 2~3방울 가하고 0.1N NaOH용액으로 중화

↓

중화한 시료액을 100 mL 메스플라스크에 옮기고, 증류수를 가하여 100 mL로 한다.

↓

여과지(NO 2)로 여과

정 량

전분을 가수분해한 시료액을 소모기법 등으로 정량하여 포도당으로 산출한 후 0.90을 곱하여 전분의 함량으로 한다.

비 고

① 시료 중에 유리당(포도당, 과당 등)이 존재할 때는 염산처리 전에 정량한 수치를 가수분해후의 전체 당의 함량에서 뺀 수치에 0.90를 곱하여 전분의 함량으로 한다.

또는 70% 에탄올로 미리 유리당을 제거한 후 행한다.

실험 3-20. 페놀-황산법에 의한 총당(total sugar) 정량

원 리

환원당을 진한 황산으로 처리하면 탈수되어 퍼퓨랄(furfural) 유도체가 된다. 유도체의 흡광도를 490 nm에서 측정하여 포도당용액으로 구한 표준곡선을 이용하여 정량하는 방법이다.

또 황산을 사용하기 때문에 전분이나 셀룰로오스와 같은 고분자물질도 가수분해하지 않고 그대로 시료로 사용할 수 있다.

미량의 시료분석에 적합한 방법이며, 비교적 안정하고 조작이 간단하다. 오차는 ±2%이다.

시 약

① 5% 페놀(phenol)시약 : 페놀 5 mL를 증류수 95 mL에 녹인다.
  * 페놀(융점 41℃)은 40℃ 이하에서 결정을 형성하므로 중탕에 녹여 사용.

② 황산(H_2SO_4) : 페놀과 반응하여 착색되지 않는 정밀분석용 진한 황산

③ 포도당 표준용액
  ㉮ 포도당 100 mg을 100 mL 증류수에 녹인다(1 mg/mL 농도).
  ㉯ ㉮번 포도당 표준용액을 물로 희석하여 20, 40, 60, 80, 100 μg/mL을 조제한다.
  예) 20 μg/mL 농도의 표준용액 ㉮의 용액 1 mL에 증류수를 가하여 50 mL로 한다.
  * 당 표준용액을 측정 시료에 따라 맥아당 등을 사용할 수도 있다.

시료 조제

시료액 중에 당 함량 10~100 ug/mL 함유하도록 희석한다.

조 작

조작	비고
시험관에 시료용액 1 mL(10~100 ug/mL)	시료용액 내신 승류수를 넣고 공시험을 행한다.
↓	
5% 페놀용액 1 mL	
↓	
진한 황산 5 mL를 가한 후 잘 혼합	황산은 신속히 넣어 발열을 반응에 이용. 발열에 의해 환원당이 가수분해 되므로 균일하게 발열
↓	
실온(30℃)에서 30분 방치	(황색에서 갈색을 나타냄)
↓	

490 nm의 흡광도 측정	당표준용액에 대해서도 같은 방법으로 조작한다.

계 산

포도당 표준용액에 의해 표준곡선을 작성한다.

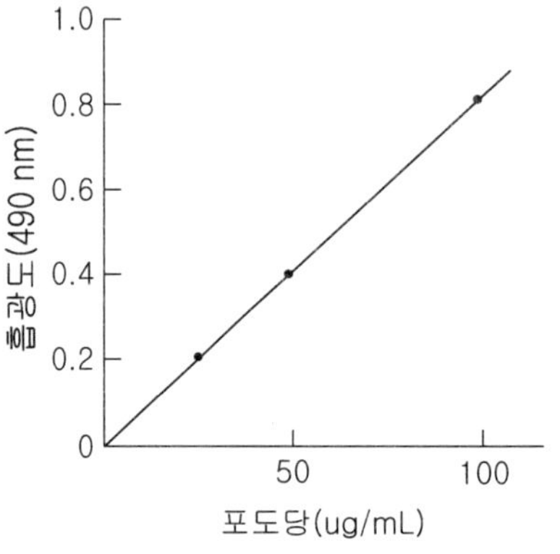

페놀-황산법에 의한 포도당의 표준곡선

실험 3-21. 조섬유 정량

원 리

일정한 조건하에서 시료를 1.25% 황산 및 1.25% 수산화나트륨용액으로 순차적으로 분해처리한 후 남는 불용성 잔사를 조섬유(crude fiber)라고 한다. 여기에는 셀룰로오스, 헤미셀루로오스, 리그난, 펜토산(pentosan) 등이 포함된다. 그러나 이 방법에는 식이섬유로 총칭되는 펙틴, 아가로오스 등의 수용성 다당은 가용화되어 당질에 포함되는 점에 유의해야 한다.

시 약

① 1.25%(0.255N±0.005N) 황산용액 : 진한 황산 6.875 mL를 물 1 L에 녹인다.

② 1.25%(0.313N±0.005N) 염산용액 : NaOH 12.5 g을 물 1 L에 녹인다.

- ①, ② 번 시약은 표적에 의해 농도를 체크해 둔다. 또 10배 농도의 용액을 만들어 두면 편리하다

③ 95% 에탄올

④ 에틸에테르

⑤ 아밀알코올(소포제)

기 구

여과기(입구에 린넨천을 붙인 것), 흡인여과장치, 전기회화로, 유리여과기(1G3), 500 mL 삼각플라스크(여과기가 들어갈 수 있는 입구가 큰 것)

시료의 조제

우선 시료의 수분함량을 구한다. 시료는 가능한 한 미세하게 마쇄해 둔다. 또 알코올이나 에테르로 시료 중의 지질함량을 1% 이하로 한다.

조 작

조작	비고
탈지분말시료(AIS) 1~5g을 500 mL 삼각플라스크에 취함	AIS(alcohol insouble solid)시료량 : 곡류 2~5 g, 두류 1~2 g, 과일 5 g
↓	
아밀알코올 0.5~1 mL 가함	아밀알코올은 거품형성을 방지
↓	
미리 가열한 1.25% 황산 200 mL 가함	비등한 1.25% 황산을 사용
↓	

환류냉각기에 연결하여 금속망 위에서 끓인다(30분).	끓기 시작하면서 정확히 30분 가열
↓	
냉각 후 여과관을 삼각플라스크에 담그고 흡인여과(산 및 가용물의 제거과정)	그림 3-12 참조. 여과관이 없으면 부흐너깔때기를 이용하여 내용물이 방출되지 않도록 정성여지로 여과
↓	
열수(15~20 mL)를 가하여 용기 및 침전물을 씻는다.	
↓	
여액이 산성을 띄지 않을 때 까지 세척을 반복(4~5회)	리트머스 시험지로 검사(청색리트머스가 적색으로 변하지 않을 때 까지).
↓	
미리 가열한 1.25% NaOH용액 200 mL으로 여과관을 세척하면서 삼각플라스크에 넣는다.	비등한 것을 사용
↓	
환류냉각기에 연결하여 30분간 가열	끓기 시작하면서 정확히 30분 가열
↓	
가열 후, 내용물을 흡인여과장치에 고정된 유리여과기에 넣는다.	그림 3-13 참조
↓	
여액이 알칼리성을 띄지 않을 때까지 유리여과기에 여과된 잔사를 열수로 세척	리트머스시험지로 검사(적색 리트머스가 청색으로 변하지 않을 때 까지)
↓	
에탄올 15 mL, 에테르 10 mL 순으로 세척	유리여과기에 여과된 잔사 중의 지방을 제거
↓	
유리여과기의 외측을 깨끗한 천으로 닦는다.	
↓	
110℃ 건조기에서 유리여과기를 건조(1시간)	105℃에서 3시간 건조해도 됨
↓	
데시케이터에서 방냉(30분) 후 칭량	
↓	
항량이 구해질 때 까지 가열, 방냉 칭량을 반복	
↓	

항량을 구한 후 450~500℃에서 1시간 회화

550℃ 이상에서는 유리여과기가 녹는다.

↓

데시케이터에서 방냉 후 칭량

↓

항량이 구해질 때 까지 가열, 방냉 칭량을 반복(2회 정도)

↓

조섬유의 함량을 구함

$$\text{조섬유함량(\%)} = \frac{W_1 - W_0}{S(g)} \times 100$$

S : 시료량(g)

W_1 : 건조 후 유리여과기 + 시료의 무게

W_0 : 회화건조 후 유리여과기 + 시료의 무게

결과 및 계산

측정항목	측정값	계 산
시료량(g)		
건조 후 유리여과기 + 시료의 무게		
회화건조 후 유리여과기 + 시료의 무게		

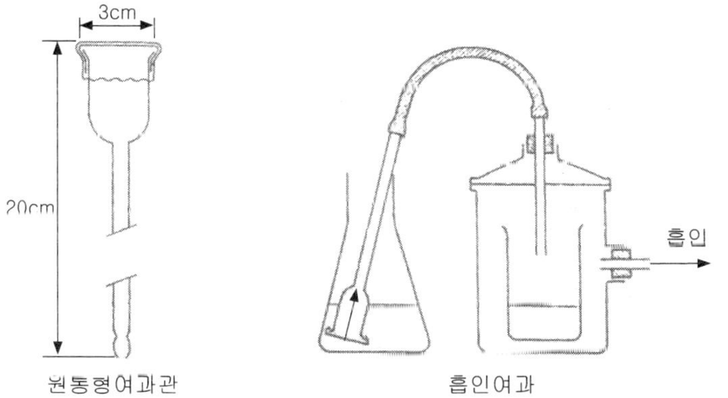

[그림 3-12] 여과관 및 흡입여과장치

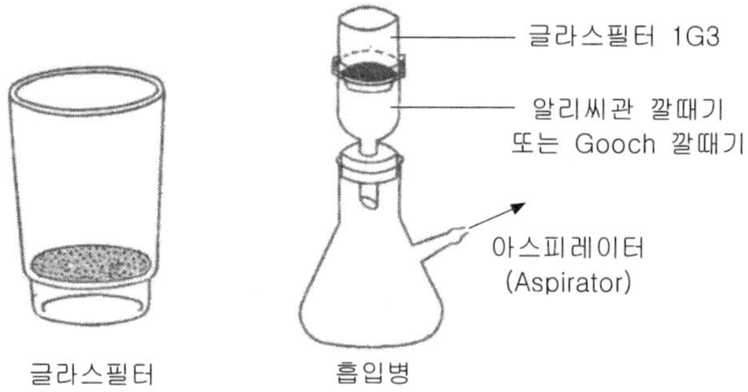

[그림 3-13] 알칼리 처리 후의 여과

비 고

1. 이상에서 설명한 조섬유 함량 측정법에서는 1.25% NaOH를 사용하기 때문에 셀룰로오스, 리그닌 특히 헤미셀룰로오스의 분해가 심하게 일어나 실제적인 손실이 크다. 이 때문에 NDF(neutral detergent fiber)법 등 여러 개량법이 사용되고 있다.
2. 이 방법은 식물성 식품(곡류, 과일, 채소, 사료 등의 섬유질이 많은 식품)에 적용된다.
3. 조섬유와 식이섬유는 다르다. 즉, 식이섬유(dietary fiber)란 사람의 소화효소로 소화되지 않는 식품 중의 난소화성 성분의 총칭으로, 비전분성 다당류와 리그닌 등이 포함된다.

   식이섬유의 정량법으로는 여러 가지가 있으나, Porsky가 제창한 효소중량법이 일반적으로(AOAC-AACC법으로서) 이용되고 있다.

   효소중량법으로는 총식이섬유(TDF)의 함량을 구하는 방법(Porsky법)과 식이섬유를 수용성식이성유와 불용성 식이섬유로 나누어 표기하는 Porsky변법이 있다.

   Porsky법은 시료를 완충용액 중에서 내열성 α-amylase, protease 및 aminoglucosidase로 순차 효소처리하여 전분과 단백질을 분해한 후 잔사(식이섬유)를 에탄올과 아세톤으로 순차 세척하여 건조 후 중량을 측정하고 나서 잔여 단백개질과 회분 함량을 빼 총식이섬유(total dietary fiber, TDF)의 함량으로 하는 방법이다.

   Porsky변법은 시료의 효소처리 후 수용성부분과 불용성 부분으로 나누어 각각의 함량을 측정하는 점이 다르다.

3.7. 조회분 정량

조회분이란 : 회분이란 식품을 태우고 난 후 남은 재(ash)를 말하며, 식품중의 무기질의 총량으로 정의한다. 따라서 회분은 무기질, 무기질염류, 광물질이라고도 한다.

그러나 회분 함량은 시료의 상태, 회화 온도, 회화방법, 시간에 따라 다르기 때문에 회분과 무기질의 총량은 반드시 일치하지는 않는다. 이러한 이유로 조회분(crude ash)이라고 한다.

회화온도와 무기질 : 대부분의 식품 중에 존재하는 무기질인 음이온(K, Na, Cl, S, P 등) 특히, 염소(Cl)는 휘발되기 쉽기 때문에, 600℃ 이상에서 회화하면 일부 휘발된다. 따라서 음이온이 많은 식품(산성식품)의 경우는 실제 보다 무기질의 함량이 적게 나타난다.

반면 양이온이 많은 식품(알칼리성 식품)의 경우는 양이온이 탄소와 결합하여 탄산염 등의 형태로 존재하기 때문에 실제보다 무기질 함량이 많게 나타난다.

예를 들어 채소, 과실, 두류 등의 알칼리성 식품은 양이온이 많이 함유되어 있어, 이들 양이온이 회화에 의해 탄산염이 되어 실제의 회분함량보다 많게 측정된다.

또한, 회화온도가 낮은 경우(500~550℃)는 다량의 탄산염을 함유하지만, 회화온도가 높은 경우(650~700℃)는 일부 무기질은 비교적 쉽게 휘발이 휘발된다. 특히 K, Na, Mg염은 비교적 쉽게 휘발된다.

$$MgCO_3 \xrightarrow{300\sim400℃} MgO + CO_2 \uparrow$$

$$CaCO_3 \xrightarrow{600\sim650℃} CaO + CO_2 \uparrow$$

$$MgCO_3 \xrightarrow{700℃\ 이상} 휘발$$

그러나 일정 조건 내에서 처리하면, 정확한 수치가 나오는 정량분석법의 하나이고, 보통 550~600℃의 온도에서 완전히 회화한 것을 회분이라고 한다. 식품성분석표의 회분은 550℃에서 회화한 것이다.

완전히 회화되면 보통 무색을 나타내지만, 철(Fe)이 많으면 갈색, 망간(Mn)이 많으면 청록색, 구리(Cu)가 많으면 미청색을 나타내기도 한다.

한편, 이 방법에는 다음과 같은 문제점이 있는 것에 유의해야한다. 달걀이나 대두에는 인지질이 많이 함유되어있어 그 인산기는 회화에 의해 회분으로, 또 지질을 추출할 때는 지질로서 정량된다. 따라서 이들 성분을 뺀 값으로 측정되는 당질의 수치가 낮아지게 된다.

실험 3-22. 직접회화법에 의한 조회분 정량

기구 및 장치

회화용기(도가니), 밧트(철쟁반), 데시케이터, 도가니 집게, 전기회화로

전처리

① 전처리가 불필요한 것 : 곡류, 두류 등의 건조식품은 파쇄 또는 분쇄 처리하여 그대로 회화한다.

② 예비건조를 필요로 하는 것 : 과실, 채소나 대부분의 동물성 식품으로 수분이 많은 것은 미리 건조기에서 건조한다. 술, 주스, 간장, 우유 등의 액체시료는 수욕조상에서 증발건조한 후 3)번과 같이 예비가열을 행한다.

③ 예열을 필요로 하는 것 : 당질을 많이 함유하고 있는 식품(설탕, 설탕과자류, 전분가공품 등)은 회화를 할 때 현저히 팽윤한다. 이 같은 시료에는 전열기나 버너의 불꽃을 약하게 하여 서서히 탄화시킨다. 시료를 추가하는 경우에는 도가니를 냉각하고 나서 한다.

④ 연소를 필요로 하는 것 : 유지를 많이 함유하는 식품은 후드 안에서 미리 연소시킨다. 이 때 용기를 2/3 정도 뚜껑으로 덮어 둔다.

조 작

조작	비고
회화용기를 회화로(600℃ 이상)에서 1~2시간 가열	도가니에 묻어 있는 수분, 기타성분을 등을 제거
↓	
회화용기를 밧트에 옮기고 실온에서 예비 방냉 후 데시케이터에서 방냉(30분)한 다음 칭량	
↓	
다시 가열, 방냉, 칭량을 반복하여 항량을 구한다.	칭량치가 0.3 mg 이하이면 항량으로 한다.
↓	
항량을 구한 회화용기에 시료(2~5 g)를 칭량	회분함량이 적은 시료 : 20 g 예) 주류, 주스, 차류, 유지류 등
↓	
처음에는 약한 불로 예비회화(300℃ 이하) 탄화되면 회화로(550℃)에서 회화	탄화로 연기 발생 후 온도 올림 (예비회화에는 전기곤로나 버너이용)
↓	

시료 색이 백색이나 회백색이 될 때까지 회화	적어도 4~5시간, 시료에 따라 10시간 회화
↓	
회화가 끝나면 실온에서 200℃까지 냉각한 후 데시케이터에서 방냉 후 칭량	밧트(철쟁반)에서 예비 냉각
↓	
다시 가열(1시간), 방냉, 칭량을 항량이 될 때 까지 반복	

$$\text{조회분함량(\%)} = \frac{W_1 - W_0}{S} \times 100$$

S : 시료량(g)

W_1 : 회화후의 회화용기와 회분(시료)의 무게

W_0 : 항량된 회화용기의 무게

결과 및 계산

측정항목	측정값	계 산
시료량(g)		
회화후의 회화용기와 회분(시료)의 무게		
항량된 회화용기의 무게		

비 고

① 곡류, 두류 기타 분말로 된 건조식품은 상기의 조작 그대로 행한다.

② 수분이 많은 식품(채소, 과실, 동물성시료 등), 당이 많은 식품은 가열에 의해 팽화하여 부풀어 오를 우려가 있다. 이 같은 식품은 100℃ 정도에서 수분을 증발 수분을 증발시켜, 주의하면서 가열한다.

실험 3-23. 신속회화법에 의한 조회분 정량

신속회화법은 600℃에서 곡류(쌀, 보리, 옥수수, 메밀 등) 및 그들의 1차, 2차 가공품에 적용된다. 밀가루와 같이 인산이 많이 함유되어 있는 산성식품을 회화하는 데는 많은 시간이 소요된다. 일반적으로 제분, 제빵공장에서 신속한 회분정량을 위해 사용하는 방법으로, 일정량의 초산마그네슘($Mg(CH_3COO)_2$) 또는 질산마그네슘($Mg(NO_3)_2$)을 시료에 가하여 회분을 염기성으로 한 후 신속히 회화하는 방법이다.

시 약

초산마그네슘용액 : $Mg(CH_3COO)_2 \cdot 4H_2O$ 약 6 g을 물 50 mL와 빙초산 1 mL에 녹이고 여기에 메탄올 450 mL를 가한다.

기 구

회화로, 도가니, 데시케이터, 화학저울

조 작

도가니의 항량을 구한다.	직접회화법과 동일하게 행한다.
↓	
항량을 구한 도가니에 시료 3 g 칭량	공시험도 병행(시료를 넣지 않고 동일과정으로 행함
↓	
초산마그네슘용액 5 mL를 가하고 5분간 정치	
↓	
도가니를 약한 불로 가열	탄화로 연기 발생
↓	
연기가 나지 않으면 600℃ 회화로에서 회화	회화시간 : 3~4시간 (백색이나 회백색이 될 때까지)
↓	
데시케이터에서 방냉, 칭량	방냉시간은 20~30분으로 일정하게 한다.
↓	
가열, 방냉, 칭량을 반복	칭량 차가 0.3 mg 이하로 되면 항량으로 한다. 단 2회째 부터의 가열은 2시간으로 한다.
↓	
항량에 도달하면 회분 함량 계산	

$$조회분함량(\%) = \frac{W_1 - W_0}{S} \times 100$$

S : 시료량(g)

W_1 : 회화후의 회화용기와 회분의 무게

W_0 : 항량된 회화용기의 무게

B : 공시험에서 산출된 MgO의 무게

결과 및 계산

측정항목	측정값	계 산
시료량(g)		
회화후의 회화용기와 회분의 무게		
항량된 회화용기의 무게		
공시험에서 산출된 MgO의 무게		

비 고

① 시료 중에 첨가된 $Mg(CH_3COO)_2$는 열분해에 의해 MgO를 생성하므로 공시험을 행한다.

$$Mg(CH_3COO)_2 + 4O_2 \longrightarrow MgO + 4CO_2\uparrow + 3H_2O\uparrow$$

② 소맥분을 직접 회화하여 생긴 회분은 흡습성이 없으나, $Mg(CH_3COO)_2$용액을 첨가하여 생성된 회분은 흡습성이 있기 때문에 냉각 후 신속하게 칭량해야 한다.

실험 3-24. 식품의 산, 알칼리도 측정

1) 식품의 산, 알칼리도

식품을 회화하여 얻어진 재가 산성을 나타내는 것을 산성식품, 알칼리성을 나타내는 것을 알칼리성 식품이라고 한다. 무기질 중에 P, S, Cl 등의 음이온은 산성을 나타내고, Ca, Mg, Na, K 등의 양이온은 알칼리성을 나타낸다. 일반적으로 곡류나, 육류, 어육, 계란, 치즈 등 동물성 식품은 산성식품이며, 채소, 과일, 해조류, 콩 등의 식물성 식품은 알칼리성 식품이다.

주요 식품의 산도 및 알칼리도(+ 알칼리성, - 산성)

식 품	회분(%)	회분의 알칼리도	식 품	회분(%)	회분의 알칼리도
쇠고기	1.00	-5.00	된 장	12.77	0.00
연 어	1.50	-7.90	콩	4.64	+10.21
우 유	0.75	+0.30	시금치	1.30	+5.60
치 즈	3.40	-4.30	미 역	16.72	+287.04
계란흰자	0.67	+4.80	김	8.75	-0.60
계란노른자	1.02	-18.80	귤	0.36	+3.60
멸 치	30.00	-8.44	맥 주	0.23	-1.10
쌀	0.37	-4.32	차(5 g을 물 1 L)	0.18	+8.89
밀가루	0.53	-3.45	커 피	0.22	+1.85
빵	0.74	-0.80	카레가루	0.22	+1.85

원 리

식품의 산도(알칼리도)는 식품 100 g을 회화하여 얻은 회분을 중화하는데 필요한 1N NaOH(또는 HCl)의 mL수를 말한다. 즉, 일정량의 식품을 회화시켜 얻은 회분을 1N 염산용액에 용해시키고, 0.1N NaOH 표준용액으로 중화시켜 이때 소비된 0.1N NaOH용액의 양으로부터 산도(알칼리도)를 계산한다.

시 약

① 1N 탄산나트륨(Na_2CO_3)용액 : (역가 구함, 실험 2-2 참조)
② 0.1N NaOH용액 : (역가 구함, 실험 2-1 참조)
③ 1N 염산용액 : (역가 구함, 실험 2-2 참조)
④ 0.1% 페놀프탈레인지시약 : (실험 2-1 참조)

시료의 회화

시료(5~10 g)를 도가니에 취함 — 시료량 : 회분 함량으로 약 0.1 g에 해당되는 양

↓

1N 탄산나트륨용액을 시료 1 g당 0.5 mL 가함 — 탄산나트륨은 염화물의 휘산을 방지(예 : 시료 2 g 취했으면 1N 탄산나트륨용액 1 mL 가함) (비고 3 참조)

↓

약한 불로 증발 건조

↓

강한 불로 회화한다.

조 작

회화된 시료에 증류수 2~3 mL를 가하여 100 mL 삼각플라스크에 씻어 넣는다.

↓

1N 염산용액을 시료 1g당 1 mL 가함

↓

환류냉각기에 연결하여 약 15분간 완만하게 비등 — 이산화탄소를 제거

↓

냉각 후 0.1% 페놀프타레인 지시약 2~3방울 가함

↓

0.1N NaOH 용액으로 적정 (미홍색이 될 때 까지)

$$\text{식품의 산도, 알칼리도} = \frac{(A \times F) - (B \times F' + 0.1 \times V \times F'')}{\text{시료채취량}} \times 100$$

A : 1N 염산용액 사용량(mL)

B : 1N 탄산나트륨용액 사용량(mL)

F : 1N 염산용액의 역가

F' : 1N 탄산나트륨용액의 역가

F'' : 0.1N NaOH용액의 역가

V : 0.1N NaOH용액의 적정지(mL)

* 계산결과가 (+)이면 알칼리성 식품(알칼리도)이며, (-)이면 산성 식품(산도)을 나타낸다.

비 고

1. 일반적으로 곡류, 두류의 회분함량은 1~4%, 채소류는 0.5~2%, 과일류는 0.5~1.0%, 어패류는 1~5%, 해조류는 5~10%, 정제설탕은 0.01% 정도이다.
2. 감귤이나 식초 등의 신맛의 주체인 유기산은 체내에서 산화되어 CO_2, H_2O로 변하고, 그 대신 K, Na 등의 양이온이 남기 때문에 알칼리성 식품이다.
3. 회화 중 대부분의 염화물은 휘발 될 수 있다. 그러나 탄산나트륨을 첨가하여 염화물 중의 Ca, Mg 등은 탄산화합물이 되고 염소는 염하나트륨이 되어 손실을 방지할 수 있다.

$$\underset{\text{염화물}}{CaCl_2} + \underset{\text{탄산나트륨}}{Na_2CO_3} \longrightarrow \underset{\text{탄산칼슘}}{CaCO_3} + \underset{\text{염화나트륨}}{2NaCl}$$

3.8. 무기성분의 분석

식품의 무기질 성분을 정량하려면 우선 유기물(단백질, 지방, 당질 등)을 분해, 제거한 후 무기질만 남은 시료용액을 제조해야 한다. 이러한 시료 조제방법으로는 건식법과 습식법이 있다.

건식법은 그대로 회화로에 넣어 회화시키는 방법이고, 습식법은 진한 질산, 황산, 과염소산($HClO_4$)등의 강산을 가하여 가열분해하는 방법이다.

건식법은 주로 식물성 식품, 유제품, 음료 등에 이용되며, 조작이 간단하나 단백질이 많은 육류, 난류 등은 회화하기 어렵다. 습식법은 단백질 함량이 많아 회화가 곤란한 동물성 식품에 이용된다. 그러나 당질이 많은 시료나 특히 유지 시료는 질산으로 분해하는 방법은 곤란하다. 또한 조작이 번잡하고 시간이 오래 걸리며, 부식성 가스의 배출, 다량의 산을 필로 하는 등 단점이 있다.

실험 3-25. 과망간산칼륨적정법을 이용한 칼슘 정량

식품 중의 칼슘 정량법으로는 중량법, 용량법, 킬레이트법, 염광법이 있지만, 과망간산칼륨 석성법이 가장 많이 사용된다.

원 리

칼슘은 알칼리성의 옥살산암모늄($(NH_4)C_2O_4$)용액과 반응하여 난용성의 옥살산칼슘을 생성하여 침전한다. 이것을 여과, 분리하여 황산으로 용해하여 유리된 옥살산이온을 과망간산칼륨용액으로 적정하여 식품 중의 칼슘 함량을 구한다.

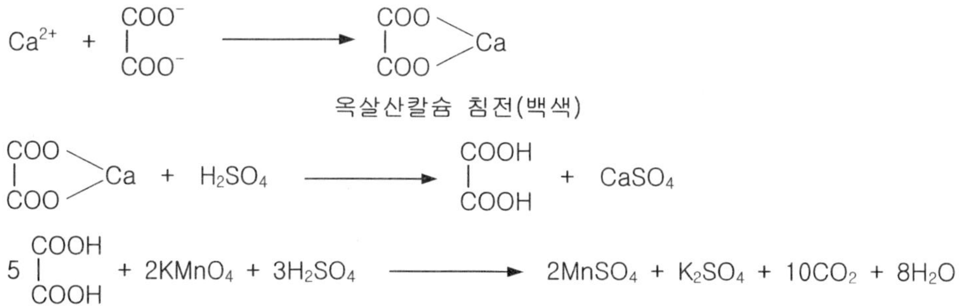

기 구

유리여과기(15AG4), 전기회화로, 증발접시(또는 도가니)

시 약

① 희석 염산(1 : 1)용액 : 염산 1과 증류수 1의 비율로 섞은 것

② 희석 염산(1 : 3)용액 : 염산 1과 증류수 3의 비율로 섞은 것

③ 3% 옥살산암모늄용액 :

- $(NH_4)_2C_2O_4.H_2O$ 30 g을 증류수 1 L에 녹인다(1일 방치 후 여과지로 여과).
- 여름철 이외에는 완전히 녹지 않기 때문에 그 포화용액을 여과하여 사용
- 오래 두어 침전이 생기면 그대로 여과하여 사용

④ 0.1% 메틸레드 지시약 : 메틸레드 0.1 g을 95% 에탄올 100 mL에 녹인다.

⑤ 요소 : 특급요소($CO(NH_2)_2$)를 70~80℃에서 건조하여 데시케이터에 보관 사용. 흡습하면 가수분해되어 NH_3가스를 생성하므로 암모니아냄새가 나면 사용하지 않는다.

⑥ 세척용 암모니아수 : 진한 암모니아수 1에 증류수 49 비율로 섞은 것

⑦ 희석 황산(1 : 25)용액 : 황산 1과 증류수 25 비율로 섞은 것

⑧ 0.02N $KMnO_4$용액 : 0.1N $KMnO_4$(과망간산칼륨)용액을 5배 희석하여 사용(실험 2-5 참조).

0.02N $KMnO_4$용액의 역가는 0.1N $KMnO_4$용액의 역가를 그대로 사용한다.

시료분해액의 조제

시료 (2~5 g)을 증발접시에 칭량하여 회화(550℃) (적어도 Ca 함량이 3~25 mg 함유되도록)

↓

내용물이 백색이 되면 증발접시를 방냉

↓

회분을 소량의 물로 적시고, 희석염산(1:1)용액 10 mL 가함	알칼리성시료의 경우, 이산화탄소(기포)가 발생하므로 시계접시를 덮고, 시계접시 부착물은 나중에 물로 헹굼
↓	
증발접시를 수욕조위에서 가열증발 건조	완전히 증발, 건조시켜 염산침출액 중에 녹아 있는 규산을 완전히 산 불용으로 한다.
↓	
희석염산(1:3)용액 10 mL 가함	
↓	
수욕조에서 유리봉으로 저으면서 가온용해	
↓	
100 mL 용량 플라스크에 여과한다. (유리봉이나 증발접시도 물로 씻어 용량플라스크에 합친다)	
↓	
물을 가하여 100 mL로 정용하여 시료액으로 사용	

조 작

시료액 40 mL 삼각플라스크에 취함	(시료액 중에 칼슘 1~10 mg 함유되도록) 공시험도 행함(시료대신 물)
↓	
메틸레드지시약 3~5방울, 3% 옥살산암모늄용액 10 mL, 요소 2g 가함	용액이 투명 (만약 하얀 침전이 보이면 칼슘양이 많은 것으로 시료를 희석한다.)
↓	
삼각플라스크에 시계접시(또는 비커)를 덮고 약하게 가열	요소 분해로 NH_3가스가 발생하여 액의 산성이 중화되면 액이 적색에서 등황색으로 변함
↓	
액의 색이 등황색이 되면(약 pH 5.6) 가열정지하고, 방냉(2시간 이상)	옥살산칼슘이 결정으로 침전(변색 pH : 4.2~6.2)
↓	
삼각플라스크 안의 침전물을 유리여과기(15AG4)로 흡인여과	침전물이 유리여과기 위에 침전됨
↓	
삼각플라스크와 유리여과기위의 침전을 세척용 암모니아수 30 mL로 세척	4~5회 나누어 넣어 침전을 세척
↓	

증류수로 흡인병을 씻고, 다시 유리여과기에 연결하여 약하게 흡인

↓

뜨거운 황산(70~80℃) 5 mL을 유리여과기에 가하여 침전을 완전히 녹임(5회반복)	침전물은 70℃ 이상의 황산에서 완전 용해됨

↓

삼각플라스크로 옮기고 60~80℃로 가열

↓

그 온도에서 0.02N $KMNO_4$용액으로 적정(미홍색이 될 때 까지)

$$\text{칼슘(mg/100g)} = \frac{(b-a) \times 0.4008 \times f}{S} \times D \times 100$$

S : 시료량(g)

a :공시험에 대한 0.02N 과망간산칼륨용액의 적정량(mL)

b : 시료에 대한 0.02N 과망간산칼륨용액의 적정량(mL)

F : 0.02N 과망간산칼륨용액의 역가

D : 시험용액의 희석배수

0.4008 : 과망간산칼륨용액 1 mL에 해당하는 칼슘의 양(mg)

식품중의 칼슘의 함량(mg/100g)

식물성 식품	함 량	동물성 식품	함 량
녹미채(톳)	1,400	마른멸치	2,200
건조미역	960	마른 보리새우	1,800
참 깨	630	탈지분유	1,200
김	500	전지분유	890
한 천	400	가공치즈	630
순 무	290	요구르트(전지무당)	110
양 배 추	43	우 유	100

비 고

1. 요소(urea)는 분해되어 생성되는 암모니아(NH_3)로 옥살산칼슘 침전 최적 pH를 유지한다.

   칼슘과 옥살산이 공존하는 약산성 용액에 요소를 가하여 가열하면 요소는 가수분해에 의해 암모니아(NH_3)와 탄산가스(CO_2)로 된다.

$$(NH_2)CO + H_2O \longrightarrow 2NH_3 + CO_2 \uparrow$$

암모니아는 용액에 흡수되어 옥살산칼슘 생성하는 최적 pH를 만들어 준다.

2. 메틸레드는 약 pH 5.6에서 적색에서 등황색으로 변했을 때 가열을 중지하고 방냉하는데, 방냉 중에 엷은 황색을 띄는 경우가 있다. 시료에 따라 적색을 띄는 경우도 있으나 지장은 없다
3. 시험소작중 유리여과기(15AG4)가 불량하면 흡인여과 시 모든 액이 빠져나간다.
4. 0.02N 과망간산칼륨용액은 시간이 지남에 따라 변하므로 실험 전 역가를 확인한다(특히 하절기 변화가 심하다).

실험 3-26. 킬레이트적정법을 이용한 칼슘 정량

원 리

EDTA(ethylenediaminetetraacetic acid)는 여러 금속이온 및 알칼리토류 금속이온과 킬레이트화합물(착염)을 형성한다. 이 킬레이트화합물은 적당한 pH에서 매우 안정하여 그 안정도 정수가 크기 때문에 유리상태로 존재하는 금속이온의 농도는 매우 적어진다.

그러므로 금속이온의 존재에 의해 변색하는 색소(금속지시약)를 반응계에 첨가하여 각종 금속은 EDTA로 적정할 수 있다(제 2장 2.4 킬레이트적정 참조).

$$\underset{\text{청색}}{Ca^{2+} + \text{Dotite NN}} \longrightarrow \underset{\text{적색}}{\text{Ca-Dotite NN}}$$

$$\underset{\text{적색}}{\text{Ca-Dotite}} + EDAT^{4-} \longrightarrow \text{Ca-EDTA}^{2-} + \underset{\text{청색}}{\text{Dotite NN}}$$

EDTA과 칼슘의 킬레이트화합물은 pH 12~13에서도 안정하기 때문에 같은 반응을 하는 마그네슘(Mg)과는 pH의 조정에 의해 분별한다. Mg은 pH 10에서는 킬레이트화합물을 생성하지만 pH 12 이상에서 해리되어 $Mg(OH)_2$로 변한다.

한편 방해 이온 중에서 Zn, Ni, Co, Cu 등은 KCN(시안화칼륨)을 첨가하여, Al, Fe는 트리에탄올아민을 첨가하면 제거된다. Sr, Ba는 함께 정량된다.

이 방법은 식품 중의 반드시 존재하는 인에 의해 방해받지만, 칼슘의 5배양 정도까지는 지장이 없다.

시료 조제

실험 3-25. 과망간산칼륨을 이용한 칼슘의 정량 참조.

단, 물의 칼슘 경도를 측정하는 경우는 50 mL를 이용한다(0.01M EDTA 1 mL = $CaCO_3$ 경도 1에 해당한다).

시 약

① 0.01M EDTA용액 : EDTA · 2Na($Na_2H_2(C_{10}H_{12}N_2O_8 \cdot 2H_2O)$) 3.7225 g을 증류수에 녹여 1 L로 한다(EDTA · 2Na는 80℃에서 5시간 건조하고 데시테이터에서 방냉한 후 사용한다).

갈색병에 보관한다(1개월간 안정).

② 10% NaOH용액 : NaOH 10 g을 물 90 mL에 녹인다.
③ KCN(potassium cyanide) : KCN 10 g을 물 90 mL에 녹인다.
④ 트리에탄올아민(triethanolamine)
⑤ Dotite NN 분말(지시약)

조 작

시료액 50 mL를 삼각플라스크에 취함 (시료액 중에 칼슘 1~10 mg 함유되도록)
↓
10% NaOH용액 5 mL를 가하고 수분 간 방치
↓
KCN, 트리에탄올아민 수방울 가함
↓
Dotite NN 지시약 0.1 g 가함
↓
0.01M EDTA용액으로 적정

$$칼슘(mg\%) = \frac{v \times f \times 0.4008}{S} \times D \times 100$$

S : 시료량(g)
v : 0.01M EDTA용액의 적정 mL 수
f : 0.01M EDTA용액의 적정 mL 수의 역가
D : 희석배수
0.4008 : 0.01N EDTA용액 1 mL에 해당하는 칼슘의 양(mg)

실험 3-27. 몰리브텐블루(molybden blue) 비색법에 의한 인(P) 정량

원 리

식품 중의 인 함량은 일반적으로 몰리브덴블루 비색법에 의해 측정한다.

인은 시료의 전처리에 의해 인산용액으로 한 후 정량한다. 즉, 산성 조건하에서 인산과 몰리브덴산암모늄(ammonium molybdate)과 반응하여 인몰리브덴산암모늄을 생성한다. 이것을 환원하여 생긴 청색 몰리브덴블루를 비색하여 인의 함량을 구한다.

인을 함유한 주요 식품

식 품	인 함량(mg/100 g)
치즈(가공)	730
달걀(난황)	570
대 두	580
돼지(간장)	340
정백미	94

시료의 조제

- 화화시료(실험 3-25 과망간산칼륨을 이용한 칼슘의 정량 참조)
- 맥주, 콜라 등은 2배 희석하여 시료로 한다.

시 약

① 인 표준용액 : 특급 KH_2PO_4 0.459 g을 물에 녹여 1 L로 한다. 이 용액 50 mL에 물을 가하여 100 mL로 한다. 이 용액 1 mL는 인 0.05 mg을 함유한다.

② 몰리브덴산암모늄용액 :

㉮ $(NH_4)_6Mo_7O_{24} \cdot 4H_2O$ 25 g을 물 300 mL에 용해한다.

㉯ 별도로 진한 황산 75 ml를 물 150 mL에 녹인 후 방냉한다.

㉰ ㉮번 용액과 ㉯번 용액을 혼합한다. 필요하면 여과한다.

③ 0.5 % hydroquinone 용액 : Hydroquinone[$C_6H_4(OH)_2$] 0.5 g을 물 100 mL 녹인다. 분해방지를 위해 황산 한 방울을 가한다.

④ 10% 아황산나트륨용액 : Na_2SO_3 5 g을 45 mL 물에 녹인 후 여과한다.

조 작

시료액 2 mL을 50 mL 용량플라스크에 취함 — 시료액에는 인 함량으로 0.01~0.3 mg함유되도록 한다.

↓

몰리브덴산암모늄용액 4 mL를 가하여 혼합 후 2~3분간 방치

↓

0.5% hydroquinone용액 4 mL, 10% 아황산나트륨용액 4 mL를 순서대로 가함

↓

물로 가하여 50 mL로 한 후 잘 혼합

↓

30분 후 흡광도 650 nm 측정 — 인 표준용액도 동일과정으로 행함

계 산

$$\text{인 함량(mg\%)} = 0.100 \times \frac{A}{A_0} \times D \times \frac{100}{S}$$

A : 시료용액의 흡광도

A_0 : 인 표준용액의 흡광도

D : 희석배수

S : 시료량(g)

0.100 : 인 표준용액 2 mL을 사용했을 때의 인 함량(mg)

비 고

1. 시료의 칼슘과 인 함유량의 밸런스에 대해 고찰하시오.
2. 맥주나 콜라를 시료로 했을 때, 시판 우롱차, 녹차, 주스 등의 인 함량과 비교 검토하시오.

실험 3-28. Ortho-phenanthroline 비색법에 의한 철 정량

원 리

Fe^{2+}는 ortho-phenanthroline과 결합하여 적색의 착화합물을 만든다. 이 적색을 510 nm의 흡광도에서 측정하여 철 함량을 구한다. 적색의 농도는 철 10~200 μg, pH 2.9~9.0 사이에서 철의 농도와 비례하므로 비색정량으로 시료 중의 철 함량을 구할 수 있다.

$$\underset{\text{ortho-phenanthroline}}{3C_{12}H_8N_2} + Fe^{2+} \longrightarrow \underset{\text{착화합물(적색)}}{(3C_{12}H_8N_2)3Fe^{2+}}$$

한편, Fe^{3+}는 그 착화합물이 무색~담청색이기 때문에 환원제(예 : hydroquinone)로 Fe^{3+}를 Fe^{2+}로 환원시킨 후 ortho-phenanthroline을 가하여 측정한다.

농도가 다른 표준용액을 이용하여 검량곡선(표준곡선)을 작성하여 철 함량을 구한다.

철을 함유한 주요 식품

식 품	철함량(mg/100g)
돼지고기(간장)	13.0
바 지 락	5.3
달걀(난황)	6.0
소고기(넓적다리)	2.7
시 금 치	2.0

시 약

① 0.25% ortho-phenanthroline용액 : ortho-phenanthroline 0.25 g을 물 100 mL에 녹인다.
- 살짝 홍색을 띨 때 가지 사용할 수 있다. 냉암소에 보관하면 장기간 보존 가능.

② 1% hydroquinone용액 : hydroquinone($C_6H_6O_2$) 0.1 g을 물 100 mL에 녹인다.
사용할 때 마다 새로이 제조한다.

③ BPB(bromophenol blue)지시약 : BPB 0.1 g을 유리봉으로 0.05N NaOH용액 3 mL와 잘 혼합한 후 물에 녹여 250 mL로 한다.

④ 5% 구연산나트륨용액 : 구연산나트륨 5 g을 물에 녹여 100 mL로 한다.

⑤ 철 표준용액

특급 황산 제1철암모늄[$(NH_4)_2Fe(SO_4)_2 6H_2O$, ferrous ammonium sulfate] 0.7021 g을 0.2% 황산용액을 가하여 1 L로 한다. 이 용액 1 mL는 철 0.1 mg을 함유한다.

표준용액(0~0.1 mg을 함유)을 이용하여 표준 곡선을 작성한다.

시료의 조제

- 화화시료(실험 3-25 과망간산칼륨을 이용한 칼슘의 정량 참조)
- 백색와인 등은 희석하지 않고 그대로 시료로 한다.

조 작

조작	비고
시료용액 10 mL를 100 mL 삼각플라스크에 취하고 BPB 지시약 2~3방울 가함	시료용액 10 mL 중에 철로써 0.02~0.2 mg 함유
↓	
5% 구연산나트륨용액으로 황색에서 담녹색(pH 3.5)로 될 때까지 적정(소요된 구연산나트륨용액의 적정량을 기록한다*)	
↓	
시료용액 10 mL을 25 mL 용량 플라스크에 취함	
↓	
1% hydroquinone용액 1 mL, 0.25% ortho-phenanthroline용액 2 mL 가함	hydroquinone은 Fe^{3+}를 Fe^{2+}로 환원시킴
↓	
5% 구연산나트륨용액을 가함(pH 3.5). (*위에 기록한 구연산나트륨용액의 적정량만큼 넣음)	pH 3.5에서 적색착염이 가장 잘 생성
↓	
물을 가하여 25 mL로 함	
↓	
30분 방치 후 흡광도(510 nm) 측정	철 표준용액도 동일하게 행하여 표준곡선을 작성

계 산

$$\text{철 함량(mg\%)} = \frac{A}{S} \times D \times 100$$

A : 표준곡선에서 구한 시료용액 10 mL 중의 철 함량(mg)

S : 시료량(g)

D : 희석배수

3.9. 비타민 C 정량

비타민 C는 항괴혈병인자로 발견된 비타민으로, 아스코브산(ascorbic acid)은 비타민 C의 화학명이다.

비타민 C의 종류 : 비타민 C에는 아스코브산(환원형)과 데하이드로아스코브산(산화형)이 있다. 데하이드로아스코브산은 빠르게 비타민 효력이 없는 다이케토굴론산(diketogulonic acid)으로 변화한다. 이 때문에 아스코브산의 1/2효력을 갖는 것으로 취급한다. 따라서 생리효과가 있는 것은 환원형인 아스코브산이다.

비타민 C의 작용 : 비타민 C는 녹색채소나 감귤류에 많이 함유되어 있다. 산화방지효과가 있기 때문에 식품 가공에서 변색방지에 이용된다. 또 식물의 생리에 이상이 생기면 비타민 C가 급속하게 감소하는 경우도 있다(예 저온장해).

1. 비타민 C 정량방법

식품 중의 비타민 C를 정량하는 방법은 인도페놀적정법과 하이드라진비색법이 있으나, 일반적으로 실험조작이 비교적 간단한 인도페놀적정법이 널리 이용되고 있다.

1) 인도페놀적정법(2,6-dichlorophenol indophenol)

원 리

인도페놀시약을 이용하여 환원형 비타민C(아스코브산) 함량을 측정하는 방법이다. 산화형 인도페놀(산성에서 적색, 알칼리성에서 청색)은 아스코브산과 같은 환원물질에 의해 환원형 인도페놀이되면 무색을 나타낸다. 따라서 아스코브산과 적색의 산화형 인도페놀이 반응하면 아스코브산 자신은 산화되어 데하이드로아스코브산으로 변하는 동시에 인도페놀은 무색으로 변한다. 이 반응을 이용하여 식품 중의 환원형 비타민 C의 함량을 구할 수 있다.

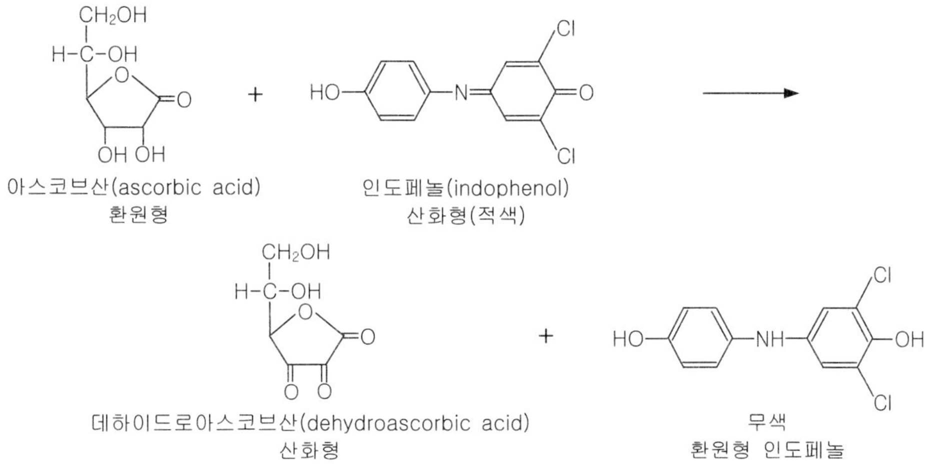

[그림 3-14] 인도페놀에 의한 아스코브산의 산화

인도페놀적정법은 다른 적정실험과는 달리 일정량의 인도페놀용액에 시료용액을 떨어뜨려 무색이 되는 점을 종말점으로 하여 아스코브산을 정량한다.

이러한 이유는 시료용액에 인도페놀용액을 떨어뜨려 적정(종말점은 적색을 나타내는 점)하면 농도와 적정량의 정확한 비례관계가 성립되지 않기 때문이다.

(1) 실험 중의 비타민 C의 산화방지

비타민 C는 매우 산화되기 쉽고, 산소나 효소에 의해 빠르게 산화한다. 특히 중성, 알칼리성에 두면 산화가 현저히 일어나고, 산성용액 중에서는 비교적 안정하다. 실험조작 중의 손실을 막기 위하여 실험은 메타인산용액 중에서 행한다. 또한 메타인산은 정량치에 영향을 미치는 단백질의 제거작용도 갖고 있다.

실험에 사용하는 인도페놀용액(색소액)은 보존 중에 산화되기 쉽기 때문에 시료의 측정과 동시에 표준 아스코브산용액으로 검정(檢定)할 필요가 있다. 검정(檢定)에 필요한 아스코브산용액도 쉽게 변화하기 때문에 그 농도를 요오드산칼륨(KIO_3)용액으로 적정하여 구해야만 한다.

(2) 총비타민 C 및 산화형 바티민 C 함량

인도페놀적정법은 환원형 비타민 C의 정량법이지만, 미리 황화수소가스(H_2S) 등을 이용하여 산화형을 환원형으로 바꾸면 총 비타민 C를 측정할 수 있다.

또한 구해진 총 비타민 C와 환원형 비타민C로부터 산화형 비타민 C 양도 구할 수 있다.

$$총비타민\ C - 환원형\ 비타민\ C = 산화형\ 비타민\ C$$

2) 하이드라진(DNP, 2,4-dinitrophenylhydrazine)비색법

원 리

2,4-DNP(dinitrophenylhydrazine)시약을 이용하여 산화형 비타민 C(dehydroascorbic acid) 함량을 비색정량하는 방법이다. 즉, 2,4-DNP시약은 시료 중의 산화형 비타민 C와 반응하여 정량적으로 적색의 다이나이트로페닐하이드라존을 만든다. 형성되는 적색의 다이나이트로페닐하이드라존은 농도와 비례적으로 증가하기 때문에 비색 정량하여 산화형 비타민 C의 함량을 구할 수 있다.

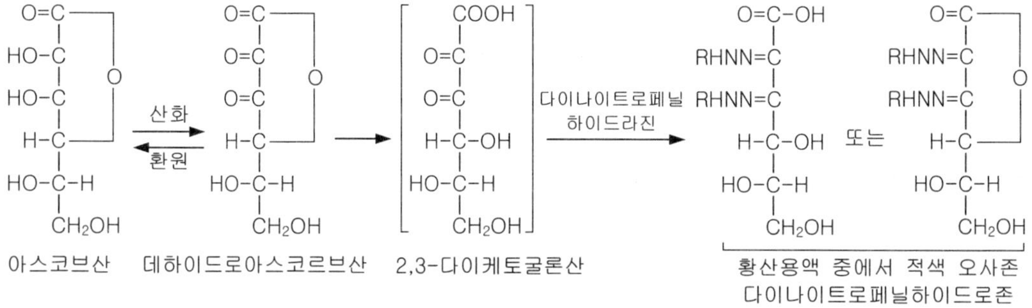

[그림 4-15] 아스코브산과 2,4-다이나이트로페닐하이드라진과의 반응

한편 시료 중의 환원형 비타민C는 인도페놀로 산화시켜 산화형 비타민 C로 만든 후 2,4-DNP시약과 반응시키면 총비타민 C를 측정할 수 있다.

이들 총 비타민 C와 산화형 비타민 C의 함량으로부터 환원형 비타민 C의 함량도 구할 수 있다.

총비타민 C - 산화형 비타민 C = 환원형 비타민 C

실험 3-29. 인도페놀법에 의한 비타민 C 정량

시 약

① 갈색 마이크로뷰렛(2 mL) : 1 mL 피펫을 사용해도 좋다.

② 5% 메타인산 용액 : metaphosphoric acid(HPO_3) 5g을 증류수에 녹여 100 mL로 한다(메타인산은 막자사발에 갈아서 사용).

③ 2% 메타인산용액 : 5% 메타인산용액 40 mL에 물 60 mL를 혼합하여 만든다. 냉장고에 보존, 실온에서는 수일간 보존 가능.

④ 0.001N KIO_3용액 : KIO_3(요오드산칼륨, potassium iodate) 0.357 g을 물 100 mL에 녹여 0.1N KIO_3용액으로 만들고, 사용할 때에는 정확히 100배로 희석한다.

$$0.1N\ KIO_3\text{용액의 역가}(F) = \frac{\text{칭량치}}{\text{이론치}} = \frac{\text{칭량치}}{0.357}$$

⑤ 6% KI용액 : KI 0.6 g을 증류수 10 mL에 녹인다.

⑥ 1% 수용성 전분용액 : 가용성전분(soluble starch) 1 g에 증류수 100 mL를 가한 후 투명해질 때 까지 가열하여 식힌 후 사용

⑦ 아스코브산 표준용액 : ascorbic acid 4 mg을 2% 메타인산 100 mL에 용해하여 냉장고에 보관한다(아스코브산은 2% 메타인산 중에서 안정).

⑧ 인도페놀색소용액 : 2,6-dichlorophenolindophenol Na염 1 mg을 증류수 100 mL에 녹이고 여과지로 여과하여 사용한다. 산화되기 쉽기 때문에 사용할 때에 조제한다.

아스코브산 표준용액농도의 검정(檢定)

아스코브산 표준용액 5 mL를 50 mL 삼각 플라스크에 취함

↓

6% KI용액 0.5 mL, 1% 전분용액 5~6방울 가함

↓

0.001N KIO_3용액을 뷰렛에 넣고 적정 (청색이 될 때 까지 적정)	2.5 mL 정도 소요

↓

아스코브산의 농도 계산

$$아스코브산의\ 농도(mg\%) = \frac{a}{5} \times 0.088 \times F \times 100 = \frac{a}{5} \times 8.8 \times F$$

a : 0.001N KIO_3용액의 적정치(mL)

F : 0.001N KIO_3의 역가

0.088 : 0.001N KIO_3 1 mL은 0.088 mg의 아스코브산에 해당한다.

이때의 반응식은 다음과 같다.

$$KIO_3 + 5KI + 6HPO_3 \rightarrow 6KPO_3 + 3H_2O + 3I_2$$

$$C_6H_8O_6 + I_2 \rightarrow C_6H_6O_6 + 2HI$$

ascorbic acid　　　dehydroascorbic acid

색소용액(인도페놀용액)의 검정(檢定)

인도페놀용액(청색) 5 mL을 50 mL 삼각플라스크에 취함	인도페놀용액은 중성, 알칼리성에서 청색, 산성에서는 홍색
↓	
아스코브산 표준용액을 뷰렛에 넣고 적정 (1 mL 피펫을 사용하여 적정해도 좋다.)	청색에서 홍색이 된 후 다시 무색이 되는 점까지 적정, 적정은 1~3분 내에 끝낸다.
↓	
적정치가 0.3 mL 이하이면 인도페놀 10 mL, 1.5 mL 이상이면 인도페놀 1~2 mL 취한다.	적정치가 0.3~1.5 mL의 범위이면 인도페놀용액 5 mL를 사용한다.

시료용액의 조제

보통의 식품의 경우는 5% HPO_3를 사용하여 5~10배 희석, 여과하여 사용하고 건조물 50배 이상 희석, 여과하여 사용한다.

예를 들어 10배 희석하는 경우, 시료 1 g에 5% 메타인산 4 mL와 적당량의 해사(海沙)를 넣고 마쇄한 후, 증류수 5 mL를 가하여 최종농도 2% 메타인산용액으로 한다. 잠시 방치한 후 여과(또는 원심분리)하여 상등액을 시료액으로 한다.

예) 오렌지주스의 경우 : 5배 희석하여 사용(시료 2 mL + 5% 메타인산용액 4 mL + 물 4 mL)하고 필요에 따라 원심분리(3,000 rpm, 10분)하여 상등액을 여과하여 사용한다.

적 정

인도페놀용액 5 mL을 50 mL 삼각 플라스크에 취함.

↓

뷰렛의 시료용액으로 적정 (적색에서 무색이 될 때 까지)

1 mL 피펫을 사용하여 적정해도 좋다.

↓

시료액 중의 아스코브산 함량(mg%) 계산

$$\text{시료액 중의 아스코브산 함량(mg\%)} = A \times \frac{m}{n} \times \text{희석배수}$$

A = 아스코브산 표준용액의 농도(mg%)

m = 인도페놀에 대한 아스코브산 표준용액 적정치(mL)

n = 인도페놀에 대한 시료액 적정치(mL)

* m과 n의 수치가 상당히 다르면 구하는 농도가 부정확하기 때문에 2% HPO_3용액으로 시료액을 희석하여 측정한다.

[표 3-12] 식품중의 비타민 C의 함량(mg/100 g)

식 품	함 량	식 품	함 량
파슬리	139	구아바	220
파프리카	119	딸 기	71
브로콜리	98	레 몬	70
무말랭이	76	대추(생)	62
냉 이	74	밀 감	48
풋고추	72	오렌지	43
시금치	66	자 몽	35
피 망	53	키 위	27
샐러리	47	멜론(머스크)	22
치기리(적색)	48	참 외	21
호박(주키니)	40	수 박	14
양배추	36	블루베리	13
감 자	36	감	13
쑥	33	바나나	10
고구마	25	사 과	4
파	21	배	4
무	13	포 도	2
콩나물	0.9		

실험 3-30. 2,4-DNP에 의한 비타민 C 정량

원 리

산화형 비타민 C(데이하이드로아스코브산)의 카보닐기(carbonyl group)가 2,4-다이나이드로하이드라진(2,4-dinitrophenylhydrazine)과 반응하여 적색의 2,4-다이나이드로하이드라존(2,4-dinitrophenylhydrazone) 유도체를 형성하는 사실을 이용한 방법이다.

즉, 2,4-다이나이드로하이드라존의 함량은 산화형 비타민 C의 함량과 비례하므로, 2,4-다이나이드로하이드라존을 황산에 용해시켜 비색정량하는 방법이다.

또 시료 중의 환원형 비타민 C를 산화시켜 총 비타민 C 함량을 구하여, 시료에 함유된 산화형 비타민 C와 총비타민 C 함량의 차로부터 환원형 비타민 C의 함량을 구할 수 있다.

환원형 비타민 C 함량 = 총 비타민 C 함량 - 산화형 비타민 C 함량

시 약

① 5% 메타인산용액 : 실험 3-29 참조

② 2% thiourea용액 : thiourea 2 g에 5% 메타인산용액 40 mL, 물 60 mL를 가한다.
thiourea 대신 $SnCl_2$(stannous chloride)를 사용해도 좋다.

③ 0.03% 인도페놀용액 : 2,6-dichlophenolroindophenol의 Na염 0.03 g을 증류수에 녹여 100 mL로 한다.

④ 2% 2,4-DNP용액
DNP(dimtrophenylhydrazine) 2 g을 9N 황산용액에 녹여 100 mL로 한다.
* 9N 황산용액 : 진한 황산 25.2 mL를 증류수에 녹여 100 mL로 한다.

⑤ 85% 황산용액 : 증류수 11 mL에 진한 황산을 가하여 100 mL로 한다.

⑥ 아스코브산 표준용액
1 mg%, 2 mg%, 3 mg%, 4 mg%, 5 mg% 농도의 아스코브산 표준용액을 만든다. 즉, 아스코브산 1 mg, 2 mg, 3 mg, 4 mg, 5 mg을 각각 2% 메타인산용액 100 mL에 녹인다.

시료의 조제

실험 3-29 인도페놀법 참조

조 작

다음과 같은 조작에 따라 총비타민 C 및 산화형 비타민 C의 함량을 구한다. 조작은 신속히 행한다.

	총 비타민 C	공시험	산화형 비타민 C	공시험	표준 아스코브산 용액	공시험	비고
시료액	2 mL	2 mL	2 mL	2 mL	2 mL	2 mL	시험관에서 행한다.
인도페놀용액	1 mL	1 mL	–	–	1 mL	1 mL	핑크색[1]
증류수	–	–	1 mL	1 mL	–	–	
2% thiourea 메타인산용액	2 mL	2 mL	2 mL	2 mL	2 mL	2 mL	산화방지
DNP용액	1 mL	–	1 mL	–	1 mL	–	DNP유도체 형성
↓ 37℃에서 3시간(또는 50℃에서 70분 방치) ↓ 잘 혼합 후 어름 물에서 냉각 ↓							
85% 황산용액	5 mL	5 mL	5 mL	5 mL	5 mL	5 mL	색깔안정화
DNP용액	–	1 mL	–	1 mL	–	1 mL	
↓ 실온에서 냉각(30분)한 후 520 nm에서 흡광도 측정							

1) 인도페놀용액 첨가 후 무색이 나타나면 시료를 희석하여 사용한다.

총비타민 C, 산화형 비타민 C 및 환원형 비타민 C의 함량 계산

방법 1)

(1) 아스코브산 표준용액의 Factor를 구한다.

$$F = \frac{2}{F_{S} - F_{SO}}$$

F : 흡광도 1에 대한 아스코브산의 mg수

2 : 아스코브산 표준용액(2 mg/100 mL)의 2를 표시

E_S : 아스코브산 표준용액(2 mg/100 mL)의 흡광도

E_{SO} : 공시험의 흡광도

(2) 총 비타민 C의 함량(mg/100 mL) = 10 × F(E - E_0) × 희석배수

E : 총 비타민 C의 흡광도
E_0 : 공시험의 흡광도

(3) 산화형 비타민 C 함량(mg/mL) = 10 X F(E' - E_0') X 희석배수

E' : 산화형 비타민 C의 흡광도
E_0' : 공시험의 흡광도

(4) 환원형 비타민 C 함량(mg/100g) = 총 비타민 C 함량 - 산화형 비타민 C 함량

방법 2)
표준곡선에 의한 비타민 C 함량 계산
1 mg%, 2 mg%, 3 mg%, 4 mg%, 5 mg% 농도의 아스코브산 표준용액으로부터 작성된 표준곡선으로부터 산화형 비타민 C와 총 비타민 C의 함량을 구한다. 환원형 비타민 C의 함량은 다음의 식에 의해 구한다.

환원형 비타민 C의 함량 = 총 비타민 C의 함량 - 산화형 비타민 C의 함량

비 고

1. 2,4-DNP는 당류와도 반응하지만, 어느 정도 희석하면 영향은 없고 흡광 특성도 다르기 때문에 문제는 없다.
2. 하이드라진비색법은 인도페놀적정법과 달리, SH기를 갖는 화합물의 영향을 받지 않으며, 인도페놀적정법보다 정확하여 비타민 C 함량이 적은 시료에 적합하다.
3. 곡류가공품은 공존물질에 의해 영향을 받지만, 채소, 과일은 공존물질의 영향이 적다. 또 생리적으로 효과가 없는 2,3-다이케토굴론산의 존재가 정량치에 영향을 미친다.
4. 에리쏘브산(erythorbic acid, L-ascorbic acid의 이성체)도 아스코브산과 동일하게 정량되기 때문에 에리쏘브산을 첨가한 시료는 종이 크로마토그래피로 분리 정량해 둘 필요가 있다.

3.10. 알코올 정량

1. 주정계를 이용한 알코올 정량

술은 물보다 비중(0.7947)이 낮은 에탄올과 물의 혼합물이기 때문에, 수증기 증류하여 그 증류액의 비중차이를 주정계로 측정하면 에탄올 함량(도수)을 구할 수 있다.

실험 3-31. 주정계를 이용한 에탄올 정량

기 구

100 mL 메스실린더, 300 mL 플라스크, 100 mL 메스플라스크, 증류장치, 주정계, 온도계

조 작

시료 100 mL를 메스실린더로 취하여 300 mL 플라스크에 넣는다.

↓

약 15 mL 증류수로 메스실린더를 세척(2회)하여 300 mL 플라스크에 넣는다.

↓

플라스크를 냉각관에 연결하여 가열 증류 (증류액이 80 mL가 될 때 까지)

↓

증류액을 100 mL 용량플라스크에 옮기고 증류수를 가하여 100 mL로 한 후 온도를 15℃로 조절한다.

↓

이것을 100 mL 메스실린더에 옮기고 주정계를 사용하여 눈금을 읽어 에탄올 농도를 측정

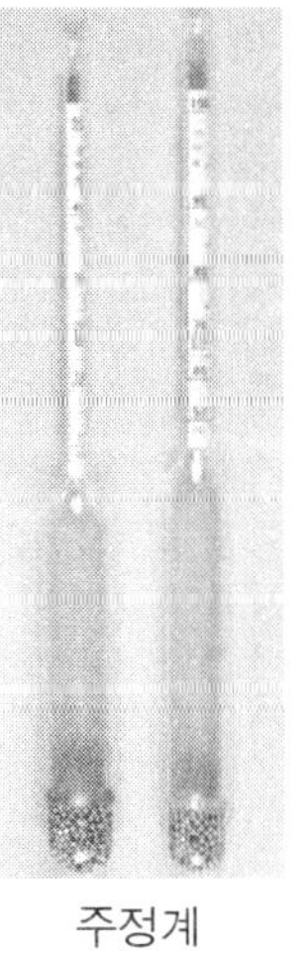

주정계

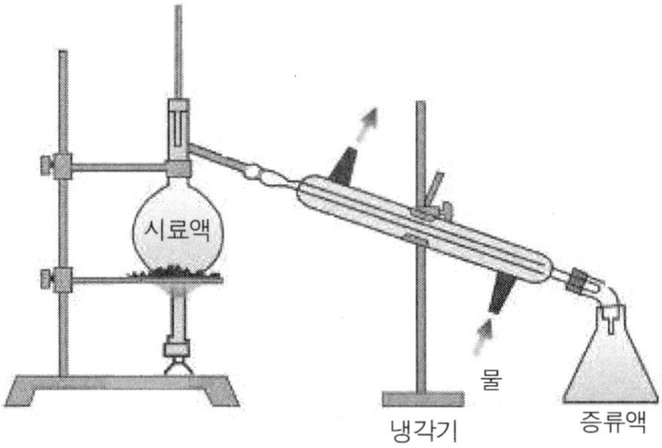

[그림 3-16] 알코올 증류장치

[표 3-14] 주정도수 온도 보정표

측정에탄올농도 (%, v/v)	실제 에탄올농도(%, V/V)				
	5℃	10℃	15℃	20℃	25℃
1.0	1.4	1.4	1.0	0.5	-
2.0	2.5	2.4	2.0	1.5	0.8
3.0	3.5	3.4	3.0	2.4	1.7
4.0	4.5	4.5	4.0	3.4	2.7
5.0	5.5	5.5	5.0	4.4	3.6
6.0	6.6	6.5	6.0	5.4	4.6
7.0	7.7	7.5	7.0	6.4	5.5
8.0	8.7	8.5	8.0	7.3	6.5
9.0	9.8	9.5	9.0	8.3	7.4
10,0	10.9	10.6	10,0	9.3	8.3
11.0	12.1	11.7	11.0	10.3	9.3
12.0	13.2	12.7	12.0	11.2	10.2
13.0	14.4	13.8	13.0	12.2	11.1
14.0	15.7	14.9	14.0	13.1	12.0
15.0	16.8	16.0	15.0	14.0	12.8
16.0	18.0	17.0	16.0	14.9	13.6
17.0	19.2	18.1	17.0	15.8	14.5
18.0	20.4	19.2	18.0	16.7	15.4
19.0	21.5	20.2	19.0	17.6	16.2
20.0	22.7	21.3	20.0	18.5	17.1

비 고

1. 주류는 종류에 따라 에탄올 이외에 당, 덱스트린, 단백질 등이 함유되어 있어 증류하여 시료를 조제한다.
2. 주정계의 측정치는 시료의 온도에 따라 차이가 있기 때문에 시료액은 정확히 15℃에서 측정한다. 측정온도가 다른 경우는 주정도수 온도 보정표(표 3-14) 에 의해 보정한다.
3. 보통의 주류는 그대로 수승기 증류하지만, 초산함량이 많은 특수 포도주의 경우는 시료 100 mL를 취하여 1N NaOH용액으로 중화한 후 증류한다(지시약 : 0.1% 페놀프탈레인용액).
4. 에탄올의 칼로리는 7.1 kcal/g이다.
5. 술 100 mL에 들어 있는 알코올의 mL를 도(度)라고 표시하고, 이를 주정도(酒精度)라고 한다. 즉, 20도의 소주는 소주 100 mL에 알코올 20 mL가 들어 있다. 또 주정도를 부피를 기준으로 측정했다는 의미로 vol%(V/V%)로 표시한다.

무게를 기준으로 하면 20도의 소주 100 mL에는 알코올(비중 0.7947) 15.9 g 들어 있는 것이다.

$$20\ \text{mL} \times 0.7947(\text{에탄올의 비중}) = 15.9\ \text{g}$$

2. 산화환원적정을 이용한 알코올 정량

식품체가 정상적인 물질대사를 하는 경우에는 알코올은 거의 생성되지 않지만 조직이 혐기 상태가 되면 에탄올을 생성한다. 이 같은 현상은 과실의 숙성이 진행되면 보여진다.

또 과실의 저장중의 환기불량에 의해서도 혐기 상태가 되는 경우도 있기 때문에 조직의 알코올 함량은 저장환경을 판단하는 지표도 된다. 한편 식물 세포벽에 함유되는 펙틴은 분자 중에 메틸기를 함유하고 있기 때문에 생체 내에서 효소적으로 탈메틸반응을 일으켜 메탄올을 생성한다.

에탄올을 함유하는 수용액의 일부를 수승기증류시켜 얻어지는 증류액을 이용하여 산성조건에서 중크롬산칼륨($K_2Cr_2O_7$) 또는 알칼리조건에서 과망간산칼륨과 반응시켜 알코올을 산화시켜 감소되는 중크롬산 또는 과망간산을 적정하여 구하여, 이에 상당하는 알코올의 양을 산출한다. 이 경우 알코올로부터 초산으로의 산화가 제한요인이 된다.

실험 3-32. 중크롬산칼륨법을 이용한 에탄올 정량

원 리

과잉의 중크롬산칼륨($K_2Cr_2O_7$)용액으로 알코올을 산화시킨 후 남은 중크롬산칼륨을 요오드 적정으로 역적정한다. 즉, 에탄올을 함유한 수용액을 증류하여 얻어진 증류액을 산성조건에서의 과잉 첨가된 중크롬산칼륨과 반응시켜 알코올 산화에 의해 감소된 중크롬산의 함량을 티오황산나트륨($Na_2S_2O_3$)용액으로 측정하여 알코올의 함량을 산출한다.

$$K_2Cr_2O_7 + 4H_2SO_4 + 3CH_3CH_2OH \longrightarrow 2Cr_2(SO_4)_3 + 3CH_3CHO + 7H_2O + K_2SO_4 + K_2Cr_2O_7$$

과잉첨가 (Cr^{6+}, 붉은색) / 에탄올 / (Cr_3^{+}, 녹색) / 반응 후 남은 양

$$K_2Cr_2O_7 + 6KI + 7H_2SO_4 \longrightarrow Cr_2(SO_4)_3 + 4K_2SO_4 + 7H_2O + 3I_2$$

반응 후 남은 양

$$I_2 + 2Na_2S_2O_3 \longrightarrow 2NaI + Na_2S_4O_6$$

시 약

① 0.2N $K_2Cr_2O_7$용액 : 중크롬산칼륨($K_2Cr_2O_7$) 9.807 g을 증류수로 1 L로 한다.
- $K_2Cr_2O_7$은 미리 110℃에서 3시간 건조 후 데시케이터에서 방냉 후 사용
- $K_2Cr_2O_7$(potassium dichromate : 분자량 294.6 g, 6당량

$$0.2N\ K_2Cr_2O_7\text{용액의 역가(F)} = \frac{K_2Cr_2O_7\ \text{채취량}}{K_2Cr_2O_7\ \text{이론치}} = \frac{K_2Cr_2O_7\ \text{채취량}}{9.807\ g}$$

② 황산

③ 8% KI용액 : 요오드화 칼륨(KI) 8 g을 100mL 증류수에 녹인다

④ 0.1N $Na_2S_2O_3$용액 : $Na_2S_22O_3$ 25 g을 증류수에 녹여 1 L로 한다.
0.1N $K_2Cr_2O_7$용액을 이용하여 역가를 구한다(실험 3-34 과산화물가 항목 참조).

⑤ 1% 전분용액 : 가용성 전분(soluble satrch) 1 g을 증류수 100 mL 가하고 투명해 질 때까지 가열하여 식힌 후 사용한다.

시료 조제

절차	비고
시료를 증류장치 넣고 입구를 소량의 물로 씻는다.	킬달질소증류장치를 사용해도 됨. 시료량은 표 3-15 참조(예 : 알코올 함량 20%인 경우 시료 1 mL 취함)
↓	
증류시켜 수기에 받는다. (증류액이 80 mL될 때까지 증류)	
↓	
증류액을 100 mL 메스플라스크에 옮기고 증류수를 가하여 100 mL로 한다.	

조 작

절차	비고
조제한 시료액 적당량을 300 mL 플라스크에 취함. 공시험도 병행(시료 대신 증류수를 넣고 동일한 방법으로 행함)	시료액 중에 20 mg 이하의 에탄올이 함유되도록 시료를 한다.
↓	
0.2N $K_2Cr_2O_7$용액 10 mL, 진한 황산 10 mL 가함	0.2N $K_2Cr_2O_7$용액 1 mL는 에탄올 2.26 mg에 해당
↓	
1시간 방치하여 냉각한 후 증류수 150 mL를 가함	
↓	
8% KI용액 6.5 mL, 전분용액 2~3방울 가함	
↓	
0.1N $Na_2S_2O_3$용액으로 적정	녹색이 될 때까지 적정

계 산

$$\text{에탄올함량(mg/100 mL)} = \frac{(B-A) \times F \times 1.13}{S} \times D \times 100$$

A : 시료액에 소비된 0.1N $Na_2S_2O_3$용액의 mL수
B : 공시험에 소비된 0.1N $Na_2S_2O_3$용액의 mL수
F : 0.1N $Na_2S_2O_3$용액의 역가
S : 정량조작에 사용된 시료량(mL)
D : 희석배수
* 0.1N $Na_2S_2O_3$용액 1 mL는 에탄올 1.13 mg에 해당

예) 시료 10 mL을 증류하여 증류액 100 mL을 얻었다. 이 중 5 mL(S)를 이용하여 정량 조작을 행한 경우, 시료액에 소비된 0.1N $Na_2S_2O_3$용액의 mL수(A)는 5.6 mL이고, 공시험에 소비된 0.1N $Na_2S_2O_3$용액의 mL수(B)는 20.3 mL이었다. 또 0.1N $Na_2S_2O_3$용액의 역가는 0.985이었다. 희석배수는 20이다.
이때 시료 100 mL 중의 에탄올함량은

$$\frac{(20.3 - 5.6) \times 0.985 \times 1.13}{10} \times 20 \times 100 = 3{,}270 \text{ mg/100 mL}$$이다.

즉, 3.27 g/100 mL이다. 알코올 도수로 환산하면 4.09도이다.

비 고

1. 시료 10 mL를 증류하여 그 증류액을 얻었을 때, 정량에 사용하는 적당량의 시료채취량과 시료 중의 에탄올 함량과의 관계는 다음과 같다. 즉 시료 중의 에탄올함량이 20% 정도인 경우, 에탄올의 비중은 0.7947이므로 20 × 0.7947 = 15.894 g/100 mL이 되므로 에탄올 정량 조작에 사용되는 시료채취량은 1 mL로 한다.
2. 에탄올의 칼로리는 7.1 kcal/g이다.

[표 3-15] 에탄올 정량조작시의 시료채취량

시료채취량(mL)	에탄올 함량(g/100 mL)
1	17 이하
5	3.5
10	1.7
20	0.8

실험 3-33. 중크롬산칼륨을 이용한 에탄올 함량 측정(AOAC법)

원 리

시료를 산성의 중크롬산칼륨용액 안에서 수증기 증류시킨다. 에탄올의 산화는 가열에 의해 완전히 행해진다. 미반응의 중크롬산을 o-phenanthrolin을 지시약으로 표준 황산제일철암모늄용액으로 적정하여 구한다.

$$16H^{+} + \underset{\text{과잉첨가}}{2Cr_2O_7^{2-}} + CH_3CH_2OH \longrightarrow 4Cr^{3+} + 3CH_3COOH + 11H_2O + \underset{\text{반응 후 남은 양}}{Cr_2O_7^{2-}}$$

$$\underset{\text{반응 후 남은 양}}{2Cr_2O_7^{2-}} + 6Fe^{2+} + 14H^{+} \longrightarrow 2Cr^{3+} + 6Fe^{3+} + 7H_2O$$

시 약

① 중크롬산칼륨($K_2Cr_2O_7$)용액 : 황산 325 mL을 약 400 mL의 물에 가하여 혼합, 냉각하여 80~90℃로 한다. 이것에 $K_2Cr_2O_7$ 33.768 g을 가하고 용해하여 냉각한 후 전체량을 1 L로 한다.

② 황산 제1철 암모늄(ammonium ferrous sulfate)용액 : $FeSO_4(NH_4) \cdot 6H_2O$ 135.5 g을 물 약 500 mL에 녹이고 황산 30 mL를 가한다. 이것을 물을 가하여 1 L로 한다.
황산 제1철 암모늄용액은 공기 중에서 서서히 산화되기 때문에 매일 $K_2Cr_2O_7$용액 25 mL를 적정하여 적정치를 구하여 둔다. 또 30분 이상 뷰렛 중에 넣은 황산암모늄용액을 버린다.

③ 페난트로린-황산 제1철지시약 : $FeSO_4 \cdot 7H_2O$ 0.695 g을 증류수 약 50 mL에 녹이고, o-phenanthrolin 1.485 g을 가하여 증류수로 100 mL로 한다.

O-페난트롤린(O-phenanthroline, $C_{12}H_8N_2$) : 두자리 리간드로서, 매우 많은 금속 이온과 안정된 킬레이트 화합물을 만든다. pH 3~9에서 O-페난트로린 3분자가 2가 철(Fe^{2+})과 결합하여 붉은색의 착이온($(C_{12}H_8N_2)_3Fe^{2+}$)를 생성한다.

조 작

검액 1 mL를 홀피펫으로 취하여 킬달증류장치에 넣고 소량의 물로 씻는다.	공시험도 병행(시료 대신 증류수를 넣고 동일한 방법으로 행함)

↓

50 mL 삼각플라스크에 중크롬산칼륨용액 25 mL를 넣은 수기를 냉각관 선단에 셋팅한다.

↓

수기의 용량이 40 mL가 될 때 까지 수증기를 증류한다.

↓

밀전(密栓)하여 60±2℃의 수욕조 중에서 20~25분 담금

↓

이것을 500 mL 삼각플라스크에 옮기고 세정병으로 씻어 넣는다.

↓

황산제일철암모늄용액으로 적정 (거의 투명한 녹색이 될 때까지)

↓

이 때 지시약을 3방울 가하고 적정 (종말점 : 청녹색에서 갈색)

계 산

$$\text{에탄올 함량(\%)} = 25.0 - (25 \times \frac{\text{시료의 적정치}}{\text{공시험 적정치}})$$

중크롬산칼륨용액 1 mL는 에탄올 7.94 mg, 즉 10 μL(에탄올 비중은 0.794)에 해당한다. 따라서 시료 1 mL 중의 에탄올용량은 다음과 같이 구한다.

공시험 수치를 b mL, 시료액의 적정치를 a mL이라고 하면 황산제일철암모늄용액의 중크롬산칼륨용액에 대한 역가는 25/B가 된다. 이것에 적정치 a를 곱하면 소비후의 중크롬산칼륨 해당적정수가 얻어진다.

따라서 소비된 중크롬산칼륨용액은 {25-(25/b) × a} mL이 된다. 이것에 10을 곱하여 에탄올 uL가 된다.

%를 구하는 것으로는

$$\frac{(25 - \frac{25}{B} \times a) \times 10}{1000} \times 100 = 25 - 25 \times \frac{\text{시료적정치}}{\text{공시험적정치}} = 25 \times (1 - \frac{\text{시료적정치}}{\text{공시험적정치}})$$

이 된다.

3.11. 유지의 화학 시험

유지는 융점, 비중, 굴절률, 색조, 점도, 발연점 등의 물리적 성질을 측정하여 가공이나 품질 관리에 이용되고 있다. 또 과산화물가, 산가, TBA가, 요오드가, 비누화값 등의 화학적 성질에 대한 시험도 실행하여 유지의 품질을 알기 위한 지표로 이용되고 있다.

1. 유지의 산패 측정 시험

식용유지나 유지 식품은 보존 중에 공기 중의 산소에 의해 산화되어 변질된다. 변질에는 열, 빛, 산소, 금속 등에 영향을 준다. 즉 가열에 의해 산화 중합되거나, 미생물이나 식품의 효소 (peroxidase 등)에 의해 산화 변질된다. 이들 유지의 변질을 일반적으로 변패 또는 산패라고 한다, 유지는 산패됨에 따라 이취를 발생하거나 영양가의 저하를 일으키는 등 식품에 비람직하지 않은 변화를 가져온다. 이런 점에서 유지 식품은 저장 또는 가공조리 중의 산패정도를 아는 것은 매우 중요하다. 산패 정도를 측정하는 화학적 시험법으로는 과산화물가, 산가, TBA가 등이 있다.

실험 3-34. 과산화물가 측정

원 리

일반적으로 유지는 산화초기에 과산화물을 형성하기 때문에 산화정도를 나타내는 것으로서 과산화물가가 측정되고 있으니, 그 방법에 관해서는 엄밀히는 아직 정법이 존재하지 않는다. 그 때문에 여러 방법이 고찰되고 있지만 그 중에서 가장 일반적이고 실시하기 쉬운 측정법이 요오드적정법이다. 이것은 과산화물이 KI와 반응하여 다음과 같이 요오드를 유리시키는 성질을 이용한 것이다.

즉, 유지를 클로로포름-빙초산혼합액에 녹인 후 KI를 가하여 형성된 I^-를 유지 중의 과산화물과 반응시켜 I_2로 산화시킨다. 이 때 성성된 I_2의 양을 티오황산나트륨($Na_2S_2O_3$)로 적정하여 과산화물의 함량을 측정한다.

$$ROOH + 2I^- + 2H^+ \longrightarrow ROH + I_2 + H_2O$$

무색 → 갈색

$$I_2 + 2Na_2S_2O_3 \longrightarrow 2NaI + Na_2S_4O_6$$

갈색 → 무색

실제로

$$ROOH + 2KI \longrightarrow ROH + I_2 + K_2O$$

$$I_2 + 2Na_2S_2O_3 \longrightarrow Na_2S_4O_6 + 2NaI$$

과산화물가의 정의 : 과산화물가라 함은 규정의 방법에 따라 측정하였을 때 유지 1 kg에 의하여 요오드화칼륨(KI)에서 유리되는 요오드(I_2)의 밀리당량수이다. 즉 유지 1 kg 중에 함유된 과산화물의 밀리당량수(milliequivalent, meq)이다.

일부 지방질 식품의 과산화물가 규격(식품공전)

종 류	과산화물가	종 류	과산화물가
유지함유식품	50.0 이하	가공유지[1]	3.0 이하
튀김식품	60.0 이하	팜올레인	5.0 이하
조미김(유처리)	60.0 이하	팜스테아린	3.0 이하

[1] 가공유지 : 유지를 수소첨가, 분별, 에스터교환에 의해 식용에 적합하도록 정제한 것

시 약

① 중크롬산칼륨($K_2Cr_2O_7$, potassium dichromate) : $K_2Cr_2O_7$(분자량 294.6 g, 6당량)은 미리 110℃에서 3시간 건조한 후 데시케이터에서 방냉 후 사용한다.

② 0.1N $Na_2S_2O_3$(sodium thiosulfate)용액
- $Na_2S_2O_3$ 25 g을 증류수에 녹여 1 L로 한다.
- 2~3일간 방치 후 아이소아밀알코올(isoamyl alcohol) 10 mL를 가하여 안정화한다.
- 역가를 구한다.

③ 0.01N $Na_2S_2O_3$용액 : 0.1N $Na_2S_2O_3$용액을 10배 희석하여 사용한다. 역가는 0.1N $Na_2S_2O_3$용액의 역가를 사용한다.

④ 1% 전분용액(지시약) : 가용성전분(soluble starch) 1g에 증류수 100 mL 가하고 투명해 질 때 까지 가열하여 식힌 후 사용한다. 보존을 위해 Salicylic acid(1.25 g/ L) 첨가한다(장기보존을 위해 4~10℃ 냉장고에 보관하면 2~3주간은 안정하다.).

⑤ 빙초산 · 클로로포름(3 : 2, V/V)혼합용액 : 빙초산(acetic acid)과 클로로포름(chloroform)을 3 : 2 비율로 혼합

⑥ 10% KI(요오드화칼륨) 용액

⑦ 포화 KI용액 : KI(potassium iodide) 과포화용액을 만들어 상등액만 사용한다.
포화 KI용액은 사용직전에 제조하여 사용한다.
(I^-은 공기 중의 O_2와 반응하여 I_2로 산화되어 과산화물가의 오차를 유발한다. 갈색병에서 공기차단)

- 0.1N sodium thiosulfate용액의 표정(standardization)
  - 0.1N sodium thiosulfate용액의 표정은 방법 I 또는 방법 II으로 한다.
  - 0.1N sodium thiosulfate용액의 역가는 보존 중에 변화되기 쉽기 때문에 1~2일 방치한 후 표정한다. 표정 후에는 가능한 한 빨리 사용하도록 한다.

원 리

$$K_2Cr_2O_7 + 6\ KI + 14\ HCl \longrightarrow 2CrCl_3 + 8KCl + 7H_2O + 3I_2$$

(Cr^{6+}, 붉은색) (Cr^{3+}, 녹색)

$$I_2 + 2Na_2S_2O_3 \longrightarrow 2NaI + Na_2S_4O_6$$

$K_2Cr_2O_7 : Na_2S_2O_3 = 1 : 6$

따라서 $K_2Cr_2O_7$는 6당량이다.

0.1N sodium thiosulfate 용액의 표정(방법 1)

1) 0.1N 중크롬산칼륨($K_2Cr_2O_7$)용액 조제 : $K_2Cr_2O_7$(분자량 294.6 g, 6당량) 약 4.9035 g을 증류수에 녹여 1 L로 한다.

$$0.1N\ K_2Cr_2O_7\text{용액의 역가(F)} = \frac{K_2Cr_2O_7\ \text{채취량}}{K_2Cr_2O_7\ \text{이론치}} = \frac{K_2Cr_2O_7\ \text{채취량}}{4.9035\ g}$$

0.1N $K_2Cr_2O_7$용액 25 mL를 250 mL 삼각플라스크에 취함	공시험도 함께 행함($K_2Cr_2O_7$용액 대신 증류수 25 mL를 넣고 동일방법으로 행함).

↓

진한 염산 5 mL, 10% KI용액 10 mL 가함

↓

5분 정치 후 증류수 100 mL, 전분 지시약 1 mL 가함

↓

$0.1N\ Na_2S_2O_3$용액으로 적정

녹색이 될 때 까지 적정(단 공시험의 경우는 무색이 될 때 까지 적정)

$$0.1N\ Na_2S_2O_3\text{용액의 역가} = \frac{25}{A - B} \times F$$

A : 본시험에서의 $Na_2S_2O_3$용액 소비량(mL)
B : 공시험에서의 $Na_2S_2O_3$용액 소비량(mL)
25 : 사용된 $0.1N\ K_2Cr_2O_7$용액 mL
F : $0.1N\ K_2Cr_2O_7$용액의 역가

0.1N sodium thiosulfate 용액의 표정(방법 2)

$0.1N\ K_2Cr_2O_7$ 0.16~0.22 g을 삼각플라스크에 취함

공시험도 함께 행함($K_2Cr_2O_7$을 넣지 않고 동일방법으로 행함).

↓

증류수 25 mL 가하여 녹인 후 진한 염산 5 mL, 10% KI용액 10 mL 가함

↓

5분 정치 후 증류수 100 mL, 전분지시약 1 mL 가함

↓

$0.1N\ Na_2S_2O_3$용액으로 적정

짙은 암적색에서 녹색이 될 때 까지 적정(단 공시험의 경우는 청색에서 무색이 될 때 까지 적정)

$$Na_2S_2O_3\text{용액의 normality} = \frac{20.394 \times K_2Cr_2O_7\text{의 무게}}{0.1N\ Na_2S_2O_3\text{용액의 적정 mL수}}$$

과산화물가 측정(AOAC법)

시료 5 g을 삼각 플라스크에 취함

↓

빙초산 : 클로로포름용액을 30 mL 가하고 혼합

↓

포화 KI용액 0.5 mL를 가함

↓

정확하게 1분간 흔들어 준다.

↓

증류수 30 mL를 가하고 격렬히 흔듬

↓

전분 지시약 1 mL를 가하고 0.01N $Na_2S_2O_3$용액으로 적정 — 청색에서 무색이 될 때까지 적정

↓

과산화물가의 계산

$$과산화물가(meq/kg\ oil) = \frac{(S - B) \times N \times 1000}{시료의\ 무게} \times F$$

S : 시료의 적정량(mL)

B : 공시험의 적정량(mL)

N : $Na_2S_2O_3$용액의 N농도

F : 0.1N $Na_2S_2O_3$용액의 역가

과산화물가 측정(식품공전)

시료 1~5 g을 삼각 플라스크에 취함

↓

빙초산 : 클로로포름용액(3:2, V/V)을 25 mL 가하고 혼합

↓

포화 KI용액 1 mL를 가함

↓

가볍게 흔든 후 암소에서 10분간 방치

↓

증류수 30 mL를 가하고 격렬히 흔듬

↓

전분 지시약 1 mL를 가하고 0.01N $Na_2S_2O_3$용액으로 적정 — 청색에서 무색이 될 때까지 적정

↓

과산화물가의 계산

$$과산화물가(meq/kg) = \frac{(a - b) \times 10 \times f}{S}$$

S : 시료량(g)

a : 시료의 0.01N 티오황산나트륨용액 소비량(mL)

b : 공시험의 0.01N 티오황산나트륨용액 소비량(mL)

f : 0.01N 티오황산나트륨용액의 factor

결과 및 계산

측정항목	측정값	계 산
시료량(g)		
시료의 0.01N 티오황산나트륨용액 소비량(mL)		
공시험의 0.01N 티오황산나트륨용액 소비량(mL)		
0.01N 티오황산나트륨용액의 factor		

포화 KI 용액 테스트

빙초산·클로로포름혼합용액(3 : 2) 30 mL에 0.5 mL 포화 KI용액, 1% 전분지시약 2방울 가하여 청색이 나타나면 다시 조제한다.

비 고

① 과산화물가 200 이상인 경우는 $Na_2S_2O_3$용액의 농도(0.1N) 및 시료량을 바꿀 필요가 있다.

② 전분용액은 사용 전에 그 감도를 확인한다.
감도검정법 : 전분용액 5 mL, 물 20 mL을 넣고 15℃에서 0.005N 요오드용액 0.2 mL로 청색을 나타내는 것

③ 시료량이 많으면 방치 후 2층으로 분리하고 불균일 반응으로 되므로 그때는 용매량을 증가시킨다. 일반 식용유지에서는 시료량 10 g에 50 mL 정도의 용매가 필요하다.

④ 녹기 어려운 고체 시료는 가온 또는 용매량을 증가시킨다.

⑤ 공시험때 전분용액을 첨가하여 발색한 경우는 용매 및 포화 KI용액을 바꾼다.

과산화 물가	시료 채취량(G)
1 이하	10
1~10	5~10
10~50	1~5
50 이상	0.5~1

실험 3-35. 산가(acid value)의 측정

산가는 유지의 보존, 가열 등에 의하여 변하는 변수로서 유지 및 유지를 함유한 식품의 품질판정에 필요한 항수이며, 특히 유지의 산패 정도를 나타내는 기준이 되는 값이다. 정제된 식용유에서의 산가는 대체로 0에 가깝다.

산가의 정의 : 산가라 함은 지질 1 g에 함유되어 있는 유리지방산을 중화하는데 필요한 수산화칼륨(KOH)의 mg수를 말한다. 즉, 산가는 지방산이 글리세라이드로 결합 형태로 있지 않은 유리지방산의 양을 나타낸다.

일부 지방질 식품의 산가 규격(식품공전)

종 류	산 가	족 류	산 가
일반정제 식용유	0.6 이하	땅콩기름	2.0 이하
참기름(압착)	4.0 이하	쇼트닝	0.8 이하
추출참깨유	0.6 이하	압착올리브유	2.0 이하
들기름(압착)	5.0 이하	정제올리브유	0.6 이하
추출 들깨유	0.6 이하	혼합올리브유	2.0 이하
압착고추씨기름	3.0 이하	유지함유식품	2.5 이하
압착해바라기유	4.0 이하	유탕, 처리식품(유밀과)	2.0 이하(3.0 이하)

원 리

산가는 지방산이 글리세라이드(glyceride)로서 결합 형태로 있지 않은 유리지방산의 양을 측정하는 것이다.

$$\underset{\text{지방산}}{RCOOH} + KOH \longrightarrow \underset{\text{지방산염}}{RCOOK} + H_2O$$

시 약

① 0.1N KOH · 에탄올용액 :

- KOH(분자량 56.1, 순도 85%) 7 g을 취해 5 mL 물에 녹이고 95% 에탄올을 가하여 1 L로 한다.
- 2~3일간 방치한 후에 여과하고 표정한다.
- 내알칼리성 병에 보관한다.

② 에탄올·에테르 혼합용액 : 95% 에탄올과 에테르(비등점 34.48℃)를 1 : 2의 비율로 혼합하여 사용한다.

에탄올·에테르혼합용액(1 : 1) 또는 에탄올·벤젠혼합용액(1 : 1 또는 1 : 2, V/V)을 사용하여도 된다.

③ 1% 페놀프탈레인지시약 : 페놀프탈레인 1 g을 95% 에탄올 100 mL에 녹인다.

④ 안식향산(benzoic acid, C_6H_5COOH, 분자량 122.13)

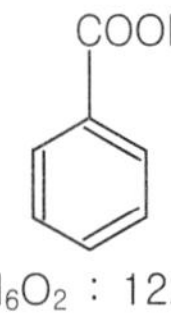

$C_7H_6O_2$: 122.12
안식향산(benzoic acid)

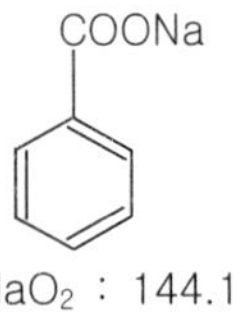

$C_7H_5NaO_2$: 144.11
안식향산나트륨(sodium benzoic)

0.1N KOH-에탄올 용액의 표정

안식향산 0.2~0.3 g을 정확히 삼각플라스크에 취한다. — 공시험도 함께 행함(안식향산을 가하지 않고 동일방법으로 행함)

↓

에탄올-에테르혼합액(1 : 2) 10 mL를 가하여 녹인다.

↓

1% 페놀프탈레인용액 2~3방울 가한다. — 미홍색이 30초간 지속될 때 까지 적정

↓

0.1N KOH-에탄올용액으로 적정

↓

0.1N KOH-에탄올용액의 역가 계산

$$0.1\text{N-KOH용액의 역가(F)} = \frac{\text{안식향산 채취량(g)} \times 1000}{0.1 \times 122.13 \times \text{0.1N-KOH 적정치(mL)}}$$

시료의 추출

① 시료를 분쇄하여 플라스크에 넣고 시료가 잠길 정도로 에틸에테르를 넣어 약 2시간 방치

② 여과지로 여과한 후 플라스크의 시료잔사에 처음 투입양의 절반정도의 에테르를 넣어 섞은 후 동일여지에 반복, 여과한다.

③ 여액을 분액깔때기에 옮기고 물을 넣어(여액의 1/2~1/3 정도) 흔들어 씻고 물층을 버리는 조작을 2회 반복한다.

④ 에테르층을 취하여 무수황산나트륨으로 탈수한 후 40℃에서 감압하여 에테르를 제거한 후 유지만을 취한다.

조 작

시료(5~20 g)를 정밀히 달아 삼각플라스크에 취함	공시험도 병행 (시료를 넣지 않고 동일방법으로 행함)
↓	
에탄올・에테르 혼합용액 100 mL를 가하여 시료를 용해	
↓	
1% 페놀프탈레인용액 2~3방울을 가함	
↓	
0.1N KOH・에탄올용액으로 적정	미홍색이 30초간 지속될 때 까지 적정

$$\text{산가} = \frac{(a - b) \times 5.611 \times f}{S}$$

S : 시료량(g)
a : 시료의 0.1N KOH용액의 소비량(mL)
b : 공시험의 0.1N KOH용액의 소비량(mL)
f : 0.1N KOH용액의 factor

결과 및 계산

측정항목	측정값	계 산
시료량(g)		
시료의 0.1N KOH용액의 소비량(mL) 공시험의 0.1N KOH용액의 소비량(mL) 0.1N KOH용액의 factor		

산가와 시료채취량

산 가	시료채취량(g)	산가	시료채취량(g)
1 이하 1~4 4~15	20 10 2.5	15~75 75 이상	0.5 0.1

비 고

1. 0.1N KOH·에탄올용액 대신 0.1N NaOH·에탄올용액을, 또는 필요에 따라 0.5N NaOH·에탄올용액을 이용할 수 있다.
2. 시료에 따라 용매에 녹기 어려운 경우는 에틸에테르의 비율을 증가시킨다.
3. 시료의 색이 짙은 경우는 다음과 같은 방법을 사용한다.
   ① 지시약으로 2% 알칼리블루-6B(alkali blue-6B) 에탄올 용액 또는 1% 티몰프탈레인(thymolphthalein) 에탄올용액을 사용(알칼리 블루-6B지시약은 변질하기 쉽기 때문에 장기간 사용하지 않는다.).
   ② 적정에 규정농도가 높은 표준액을 사용한다.
   ③ 시료채취량을 기준채취량보다 소량으로, 용매는 다량 사용한다.
4. 미강유, 옥수수유에는 페룰산에스터(ferulic acid ester) 등이 함유되어 있어 페놀프탈레인지시약을 사용하면 산가가 과대하게 측정될 수 있다.
   이때는 2% 알칼리블루-6B 에탄올용액이나 2% 브롬티몰블루지시약 에탄올용액(황, 청)을 이용한다.
5. 유지중의 유리지방산 함유량을 알아두면 좋은 경우가 있다. 유리지방산을 야자유의 경우에는 올레산(oleic acid)으로, 팜핵유의 경우에는 라우르산(lauric acid)으로, 팜유의 경우는 팔미트산(palmitic acid)으로 각각 가정하여 다음 식에 의해 산출한다.

지방산명	f
라우르산(분자량 : 200.03)	0.356
팔미트산(분자량 : 236.43)	0.456
올레산(분자량 : 282.42)	0.503

f는 산가 1에 상당하는 유리지방산 함유량을 %로 나타낸 계수이다.

유리지방산(%) = 산가 × f

실험 3-36. TBA가(thiobarbituric acid value)

TBA가는 유지의 산화 후반에 상승하는 수치로, 유지의 산화도, 품질관리, 산화에 대한 척도로 이용된다.

원 리

TBA가는 유지 3 g 중 산패에 의해 생성한 말론알데하이드와 TBA시약과의 반응생성물(적색색소)의 530 nm에서의 흡광도 또는 이것을 100배한 수치로 나타낸다.

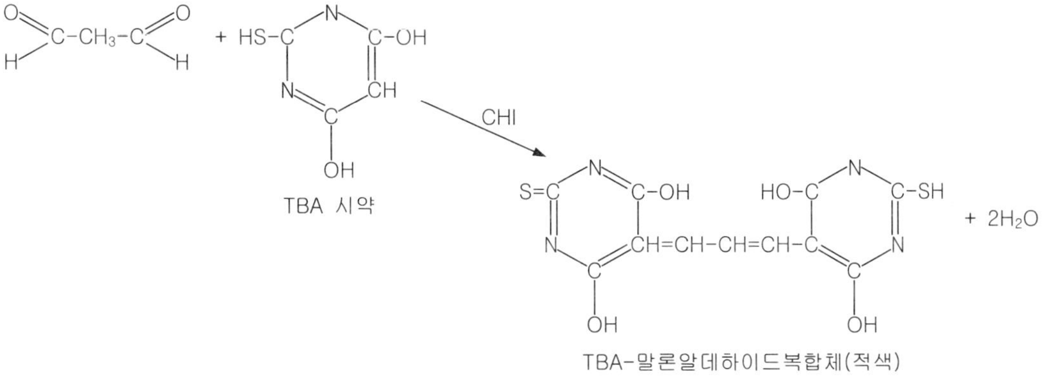

TBA-말론알데하이드 복합체 생성반응

시 약

① 벤젠, 빙초산

② TBA시약 : 특급 TBA(2-thiobarbiturric acid) 0.67 g에 물을 가하여 수욕소상에서 가열용해 한 후 100 mL로 한다. 이것에 빙초산 100 mL를 가한다. TBA시약은 사용할 때마다 조제한다.

조 작

삼각플라스크에 시료 3 g을 정확히 취함 — 공시험도 행한다(시료대신 물)

↓

벤젠 10 mL를 가하여 시료를 잘 용해한 후 TBA시약 10 mL를 가함

↓

뚜껑을 닫고 4분간 격렬하게 흔듬

↓

분액여두에 옮기고 정치하여 2층으로 분리시킴

↓

물층을 시험관에 취하고 끓는 수욕조 중에서 30분간 가열

↓

흐르는 물에 냉각 후 530 nm에서 흡광도 측정(대조구 물)

↓

TBA가 계산

$$\text{TBA가} = \frac{(a - b) \times 3}{S(g)} \times 100$$

S : 시료량(g)

a : 본실험의 530 nm에서의 흡광도

b : 공시험의 530 nm에서의 흡광도

2. 유지의 품질 특성 및 판별 시험

유지의 화학시험 중에서 요오드가와 비누화값은 일정 기준으로 제조되는 같은 종류의 유지에서는 거의 일정한 고유의 수치를 나타내기 때문에 유지의 종류를 판별하는데 이용할 수 있다.

실험 3-37. 요오드가(Iodine value) 측정

"요오드가"라 함은 유지 100 g에 흡수되는 요오드의 g수를 말하는 것이다. 요오드는 유지분자 내의 이중결합과 부가반응을 일으킨다. 즉, 요오드가는 유지를 구성하는 지방산의 불포화도에 비례되는 수치이므로 요오드가가 높은 유지일수록 불포화지방산을 많이 함유하는 것이 된다.

원 리

실제로 요오드가 측정 시 이중결합에 요오드(I_2)가 완전히 부가반응되지 않으므로 특별한 방법을 사용한다. 일반적인 위이스(Wijs)법에 따라 요오드가를 측정한다. 유지 중의 불포화결합의 부분에 염화요오드(ICl)를 가하여 반응 시킨 후 잔존하는 미반응의 ICl를 KI로 분해시키고 생성된 유리된 요오드(I_2)를 싸이오황산나트륨($Na_2S_2O_3$)용액으로 적정하여 흡수된 ICl양에 상당하는 요오드의 양으로서 구할 수 있다.

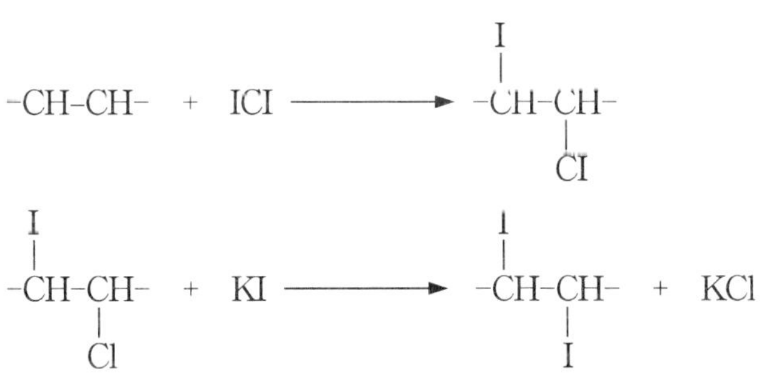

$$ICl + KI \longrightarrow I_2 + KCl$$
(과잉)

$$I_2 + 2Na_2S_2O_3 \longrightarrow 2NaI + Na_2S_4O_6$$

일반적으로 요오드가 130 이상의 유지를 건성유, 100~130을 반건성유, 100 이하를 불건성유로 구분한다.

시 약

① 사염화탄소(CCl_4, Carbon tetrachloride)

② 위이스(Wijs)시약(ICl의 빙초산용액)

ICl_3(Iodine trichloride) 7.9 g과 요오드(I_2, Iodine) 8.9 g을 각각 빙초산(400 mL씩)에 녹인 후, 두 용액을 혼합하고 빙초산(glacial acetic acid)을 가하여 1 L로 한다.

③ 10% KI용액 : KI(potassium iodide) 10 g을 물 100 mL에 녹인다.

④ 1% 전분지시약 : 가용성전분 1 g을 물 100 mL에 가온, 용해한다(실험 3-34 과산화물가 항목참조).

⑤ 0.1N $Na_2S_2O_3$용액 : 일급 $Na_2S_2O_3$(sodium thiosulfate) 25 g을 증류수에 녹여 1 L로 하고 표정한다(제조는 실험 3-34 과산화물가 항목과 동일).

시료 채취

고체 지방 0.6~1.0 g, 불건성유 0.3~0.4 g, 반건성유 0.2~0.3 g, 건성유 0.1~0.2 g의 범위로 마개가 있는 삼각플라스크에 취한다.

조 작

시료에 사염화탄소 20 mL를 가하여 용해	공시험도 함께 병행(시료를 넣지 않고 동일방법으로 행함)
↓	
위이스시약 25 mL를 혼합하여 암소에서 30분간 방치(요오드가가 100 이상이면 1시간 방치)	암소에서 정상적인 부가반응(빛이 존재하면 치환반응을 일으킴)
↓	
10% KI용액 20 mL, 물 100 mL를 가함	
↓	
1% 전분지시약 수방울을 넣고 0.1N $Na_2S_2O_3$용액으로 적정	청남색이 없어질 때 까지 적정
↓	
요오드가의 계산	

$$요오드가 = \frac{V_0 - V_1 \times 0.0129 \times F}{시료량\ (g)} \times 100$$

V_1 : 본시험의 0.1N $Na_2S_2O_3$용액의 적정소비량(mL)

V_0 : 공시험의 0.1N $Na_2S_2O_3$용액의 적정소비량(mL)

F : 0.1N $Na_2S_2O_3$용액의 역가

0.1269 : 0.1N $Na_2S_2O_3$용액 1 mL 에 상당하는 I_2의 양(g)

비 고

요오드가	3 <	3~10	10~30	30~50	50~100	100~150	150~200	200 이상
시 료 량	3~5	2.5~3	0.6~2.5	0.4~0.6	0.2~0.3	0.12~0.2	0.1~0.15	0.1~0.12
작용시간(분)	30	30	30	30	30	60	60	60

대표적인 식용유의 요오드가

송 류	요오드가	종 류	요오드가
대두유	123~142	땅콩기름	84~103
옥수수기름	103~130	올리브유	75~94
채종유	95~127	고추씨기름	120~139
미강유	92~115	팜 유	44~60
참기름	103~118	팜핵유	14~22
들기름	192~209	코코넛유	7~11
홍화유	140~150	우 지	32~50
해바라기씨유	120~142	돈 지	45~70
면실유	102~120		

실험 3-38. 비누화값(saponification value, 검화가)의 측정

비누화값은 유지 1 g을 바누화 하는데 필요한 KOH(수산화칼륨)의 mg수로 표시하며, 비누화값으로 부터 유지의 분자량, 유지로부터 얻어진 지방산의 평균분자량을 계산할 수 있다.

원 리

$$\begin{array}{llll} CH_2OCOR & & CH_2OH & \\ | & & | & \\ CHOCOR & + \ 3\ KOH \longrightarrow & CHOH & + \ 3\ RCOOK \\ | & & | & \\ CH_2OCOR & & CH_2OH & \end{array}$$

트리글리세라이드 (유지)   글리세롤   지방산염(비누)

트리글리세라이드 1M(mol)을 비누화하는 데는 KOH 3M(56.1 g × 3)의 KOH가 필요하다. 즉, KOH는 56,100 mg × 3 = 168,300 mg이 필요하다.

유지 1 g을 비누화하는데 필요한 KOH의 mg수는 다음 식으로 알 수 있다.

비누화값 : 1 g = KOH분자량(56.1) × 3 : 유지 분자량

즉, 비누화값 = 168,300 mg/유지분자량

따라서 고급지방산을 많이 함유한 식용유지의 비누화값은 낮고, 저급지방산을 많이 함유한 식용유지의 비누화값은 높다.

시 약

① 0.5N KOH(potassium hydroxide)·에탄올용액
KOH 35 g을 20 mL 물에 녹인 후, 95% 에탄올을 가하여 1 L로 한다.
0.5N 염산용액(역가 구한 것)으로 역가를 구한다.

② 1% 페놀프탈레인 지시약 : 페놀프탈레인 1 g을 95% 에탄올 100 mL에 녹인다.

③ 0.5N 염산용액 : 염산 약 43 mL에 물을 가하여 1 L로 한다.
0.5N 탄산나트륨용액을 이용하여 역가를 구한다(실험 2-2 참조).

0.5N KOH · 에탄올용액의 역가

0.5N 염산용액 25 mL을 250 mL 삼각플라스크에 가함

↓

1% 페놀프탈레인지시약 2~3방울 가함

↓

0.5N KOH · 에탄올용액으로 적정 — 미홍색이 30초간 지속될 때 까지 적정

↓

0.5N KOH · 에탄올용액의 역가 계산

$$0.5N\ KOH \cdot 에탄올용액의\ 역가 = \frac{0.5N\ 염산용액의\ 사용\ mL수 \times 0.5N\ 염산용액의\ 역가}{KOH \cdot 에탄올용액의\ 적정\ mL\ 수}$$

조 작

시료(1.5~2.0g)를 250 mL 환류용 삼각플라스크에 가함 — 공시험도 병행(시료를 넣지 않고 동일한 방법으로 행함)

↓

0.5N KOH · 에탄올용액 25 mL를 정확히 가함

↓

냉각관에 연결하여 환류 — 가끔 흔들면서 환류하는 에탄올이 냉각기의 상단에 도달하지 않도록 가열온도를 조절하여 완만히 가열반응시킴

↓

30분 가열후 냉각

↓

1% 페놀프탈레인지시약 1 mL를 가함

↓

0.5N 염산용액으로 적정 (적색이 사라질 때 까지)

↓

비누화값의 계산

$$비누화값 = \frac{28.05 \times (A-B) \times F}{시료량(g)}$$

A : 공시험에 대한 0.5N 염산용액의 소요량(mL)

B : 본시험에 대한 0.5N 염산용액의 소요량(mL)

F : 0.5N 염산용액의 역가

일부 식용유지의 비누화값(saponification value)

식용유지	비누화값	식용유지	비누화값
땅콩기름(peanut oil)	188~196	돈지(lard)	192~203
참기름(sesame oil)	186~195	미강유(ricebran oil)	180~195
대두유(soybean oil)	188~195	들기름(perilla oil)	189~195
채종유(rapeseed oil)	169~195	홍화유(safflower oil)	186~194
해바라기씨유(sunflower oil)	188~194	우지(beef tallow)	190~202
옥수수기름(corn oil)	187~195	팜유(palm oil)	190~209
고추씨기름	180~191	팜핵유(palm kernel oil)	240~257
면실유(cottonseed oil)	190~197	버터(butter fat)	210~230
올리브유(olive oil)	184~198	코코넛유(coconut oil)	246~264

3.12. 식품의 기능성

식품은 영양소의 공급원이라는 기본적 특성(1차 기능)이외에 기호성(2차 기능) 그리고 항산화성분 등과 같이 영양소와는 다른 성분에 의한 건강에 영향을 미치는 기능성(3차 기능)이 있다. 기능성을 갖는 식품은 건강기능식품으로서 인정되고 있다.

채소류나 과일 등의 식품에는 체내에서 건강과 노화에 관여하는 래디칼이나 활성산소를 소거하는 항산화활성이 있는 것이 알려져 있다. 항산화활성을 갖는 대표적인 것이 폴리페놀화합물이다

실험 3-39. 채소류의 래디칼 소거활성 측정

활성산소에 의한 피부노화 과정은 지질 과산화, 단백질 산화, DNA 산화, 멜라닌 생성, 결합조직의 절단 및 비정상적인 교차결합들을 포함한다. 이들 반응들은 거의 대부분 래디칼(radical) 반응이며, 자동산화반응과정도 포함된다.

생체 내에서 자동산화반응을 차단시키는 역할은 항산화제가 담당하고 있다. 전자를 주는 능력 즉, 환원력이 클수록 강한 항산화제가 된다. 항산화제의 환원력을 측정할 수 있는 시약으로 DPPH(1,1-diphenyl-2-picrylhydrazyl)가 있다.

원 리

DPPH는 화합물 내 실소 중심의 안성화된 구조의 래디칼로 존재한다. DPPH 래디칼은 반응계에서 전자를 공여 받으면 고유의 보라색이 엷어지는 특성이 있고, 이 색차(흡광도의 감소비율)를 비색 정량하여 시료의 래디칼 소거활성(전자공여능, electron donating ability)을 측정할 수 있다. 517 nm에서 최대 흡수를 나타내며, 환원되면 517 nm에서 흡수가 없어진다.

이는 화학적으로 유도된 래디칼이지만, 리폭시제네이스(lipoxygenase)에 의한 지방 산화 반응계에서의 항산화 활성 측정 결과와도 잘 부합되는 등 간편하면서도 신뢰성이 높은 항산화 활성 측정 방법이다.

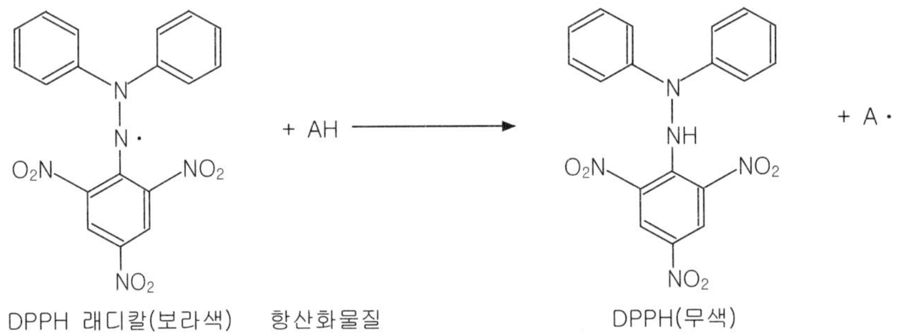

시료의 환원력의 크기는 래디칼 소거활성(scavenging activity, SC50)으로 표시하며, SC50은 DPPH의 농도가 50% 감소하는데 필요한 시료의 농도로 나타낸다.

시 약

① 0.1 mM DPPH(1,1-diphenyl-2-picrylhydrazyl) solution 제조
　㉮ DPPH 0.03943 g/ 50 mL 99.99% EtOH(2 mM DPPH용액)
　㉯ ㉮번 용액 5 mL를 95% 에탄올에 녹여 100 mL로 한다.
② 비타민 C용액 : 10 μg/mL 농도로 제조
　* 시료의 래디칼 소거 활성을 비타민 C의 래디칼 소거활성과 비교

시료 조제

① 시료 10.0 g을 80% 에탄올 15 mL를 가하여 균질화(homogenize)한다
② 원심분리(3,000 rpm, 5분간)한다. 상등액을 여과지로 여과하여 시료로 사용한다.

조 작

시험관에 시료 1 mL, DPPH용액 4 mL 가하고 혼합 — 공시험도 행함(시료 대신 시료추출용매를 넣고 동일 방법으로 행함)

↓

30분 방치

↓

517 nm 흡광도 측정 — 비타민 C의 래디칼 소거활성도 측정하여 비교

↓

계산

$$\text{래디칼 소거활성(\%)} = \left(1 - \frac{\text{시료의 흡광도}}{\text{공시험의 흡광도}}\right) \times 100$$

실험 3-40. Folin-Denis법에 의한 페놀성 물질 정량

수산(-OH)기를 분자내에 갖는 방향족 화합물을 페놀성 물질이라고 총칭하지만 수산기가 동일 분자 내에 2개 이상 존재하는 경우에는 폴리페놀이라고 한다. 식품의 색소(플라보노이드, 안토시아닌)와 갈변에 관여하는 카테킨, 클로로젠산(chlorogenic acid) 등도 폴리페놀이며, 항산화작용 등 다양한 생리적 작용을 갖는다.

원 리

폴린-데니스(Folin-Denis)법은 단백질 중의 타이로신 정량법으로 발견되었던 것이지만, 폴리페놀물질 정량에도 이용된다. 현재에도 미국 공정분석화학자협회(AOAC, Association of Official Analytical Chemists)의 음료수 중의 타닌(tannin) 정량에도 채택되어 있다.

이 방법은 페놀성 수산기가 알칼리성 조건에서 나타내는 환원력에 의해 몰리브덴산이 환원되어 생기는 청색(725~760nm)을 비색정량하여 측정한다.

페놀성 물질 + Phosphomolybdic-phosphotungstic acid(Folin-Denis시약)

$$\xrightarrow[\text{환원}]{\text{알칼리성용액}} \text{청색복합체 형성}(725\sim760\ \text{nm})$$

이 방법은 미량(0.01～0.1 mg/mL)의 폴리페놀성 물질의 정량에 적합하기 때문에 널리 이용되고 있다.

시 약

① Foiln-Denis시약

㉮ 물 750 mL에 $Na_2WO_4 2H_2O$ 100 g, phosphomolybdic acid 20 g, 인산(H_3PO_4) 50 mL를 가하여 녹인 후 2시간 환류 조작한다.

㉯ 증류수로 가하여 1 L로 한다.

② 10% sodium carbonate 포화용액 : Sodium carbonate 10 g을 증류수 90 mL에 녹인다.

③ Tannic acid 표준용액 : Tannic acid 0.01 g을 물 100 mL에 녹인다(0.1 mg/mL).

시료 조제

분쇄한 식물조직 10g에 메탄올 10 mL 가함

↓

교반(stirrer) 15분

↓

여과(정성 여과지)

↓

여과액을 시료로 사용한다.

조 작

시료액 5 mL을 시험관에 취한다. — 공시험도 행함(시료 대신 시료추출용매을 넣고 동일 방법으로 행함)

↓

Folin-Denis 시약 5 mL 가함

↓

3분 후 10% Na_2CO_3 5 mL 가함

↓

실온 방치(1시간)

↓

760 nm 흡광도 측정 — 비타민 C의 래디칼 소거활성도 측정하여 비교

비 고

1. 탄산나트륨용액을 첨가한 후 백색의 침전이 생기는 경우가 있는데, 이때는 여과 또는 원심분리하여 침전물을 제거한 후 흡광도를 측정한다.
2. 탄산나트륨용액을 첨가한 후 즉시 흔들면 침전이 잘생기지 않는다. 반면에 분광광도계의 셀(cell)의 온도가 반응액 보다 낮으면 침전이 생기기 쉽기 때문에 주의해야 한다.

3.13. 식품의 칼로리(열량) 계산

식품의 칼로리(열량)는 보통 식품성분분석 결과로부터 칼로리 환산계수를 이용하여 계산한다. 즉, 식품의 칼로리는 식품중의 조단백질, 조지방, 탄수화물(당질 + 조섬유)의 양에 세계식량농업기구(FAO)의 칼로리 환산계수(표 3-14)를 곱한 것을 모두 합하여 나타낸다.

예를 들어, 정백미의 조단백질 6.4%, 조지방 0.8%, 탄수화물(당질 77.4% + 조섬유 0.3%)의 경우, 단백질은 6.4 × 3.91 = 25.0 kcal, 조지방은 0.8 × 8.09 = 6.4 kcal, 탄수화물은 77.7 × 4.16 = 323.5 kcal이므로, 정백미의 칼로리는 25.0 + 6.4 + 323.5 = 355 kcal가 된다.

그러나 실제적으로 가공식품이나 혼합식품인 경우나 1일 섭취 칼로리를 산출하는 경우에는 적용하기 곤란한 경우가 많다. 이 경우에는 에트워터(atwater) 계수를 사용하여 검체 100 g중의 조단백질, 조지방 및 탄수화물 또는 당질의 함량에 단백질 4, 지방 9, 당질 4의 계수를 곱하여 각각의 에너지를 킬로칼로리(kcal)단위로 산출하고 그 총계로 나타낸다. 알코올의 경우는 6.93의 계수를 곱하여 산출한다.

단위는 kcal 또는 KJ로 나타내며, kcal 단위에서 KJ 단위로의 환산은 다음 식에 따른다.

$$1 \text{ kcal} = 4.184 \text{ KJ}$$

[표 3-14] 식품군별 칼로리 환산계수(kcal/g)

구 분 / 식품군	FAO의 에너지 환산계수			FAO에 의한 식품군명
	조단백질	조지방	탄수화물	
곡 류	3.41	5.39	4.07	현미
	3.73	6.88	4.12	5분도미
	3.82	7.53	4.16	7분도미
	3.91	8.09	4.16	정백미
	3.46	8.37	4.12	오트밀, 된보리
	3.55	8.37	3.05	보리(정맥)
	3.59	8.37	3.78	밀가루, 도정률 97~100%
	4.05	8.37	4.12	밀가루, 도정률 70~74%
	1.82	8.37	2.35	밀기울
	3.55	8.37	3.95	메밀가루
	2.73	8.37	4.03	옥수수가루(전립)
	3.46	8.37	4.16	옥수수가루(배아를 제거한 것)
	0.91	8.37	4.03	수수(전립)
	3.05	8.37	3.86	호밀(전립분)
	3.23	8.37	3.09	호밀(중간도정)

[표 3-14] 계 속

구 분 식품군	FAO의 에너지 환산계수			FAO에 의한 식품군명
	조단백질	조지방	탄수화물	
곡 류	3.41 3.87	8.37 8.37	4.07 4.12	호밀 기타 정맥곡류
감자 및 전분류	2.78	8.37	4.03	감자, 전분질괴근
설탕 및 감미류	3.11 3.36 -	- - -	3.87 3.87 3.68	사탕수수당, 사탕무당 (벌꿀) 포도당
과자류	- 3.87	- 8.37	3.87 4.12	(사탕수수당, 사탕무당) 기타 정백곡류
유지류	4.27 (4.27) 4.27 -	8.79 9.02 8.84 8.84	3.87 - 3.87 -	버터 기타 동물성지방 마가린(식물성) 기타 식물성유지
종실류, 두류	3.47 3.47	8.37 8.37	4.07 4.07	콩류, 종실류(성숙, 건조) 콩(건조, 가루)
어패류, 수조 경육류	4.27 - 3.90	9.02 - 9.02	a) 4.11 -	육, 어류 글라이코젠 젤라틴
난류	4.36	9.02	2.68	난(卵)
유류	4.27	8.79	3.87	유, 유제품
채소류	2.78 2.44 3.47 3.36 2.73	8.37 8.37 8.38 8.37 8.37	3.84 3.57 4.07 3.60 4.03	지하부이용의 채소 b) (감자, 전분질괴근 제외) 기타 채소 미성숙콩류 기타 과실 (옥수수)
과실류	3.36 3.36	8.37 8.37	2.70 3.60	레몬 기타 과실
기호음료류	섭취한 에탄올 1g당 6.93Kcal			에탄올
조미료류 기타	1.83 - 3.00	8.37 - 8.37	1.33 2.40 3.35	초콜릿, 코코아 식초 효모

a) 뇌, 심장, 신장, 간장(및 조미료를 가한 가공품)의 탄수화물에 대한 계수는 3.87, 혀, 조개류(근육)의 탄수화물에 대한 계수는 4.11

b) 사탕무, 당근, 양파, 무 등

제 4 장

식품에 관한 기타 실험

4.1. pH 측정
4.2. 비중 측정
4.3. 굴절계(refractometer) 측정
4.4. 분광광도계(spectrophotmeter)
4.5. 크로마토그래피(chromatography)
4.6. 원자흡광분석법에 의한 무기질 분석
4.7. 당산비에 의한 과실, 과즙의 품질평가

4.1. pH 측정

1. 수소이온 농도와 pH

pH는 수용액의 산성 및 알칼리의 강도를 나타내는 지표이다. 수용액의 산성 또는 알칼리성의 강도는 용액 중의 수소이온(H^+) 또는 수산이온(OH^-)의 농도에 의한다. 순수한 물은 비전해질이지만, 아주 약간 전리(電離)하며, H^+와 OH^-의 몰농도비는 온도가 일정하면 일정한 수치를 나타내며, 25℃에서는 10^{-14}이다.

즉, $$\frac{[H^+]\,[OH^-]}{[H_2O]} = K(\text{일정}) \quad \cdots\cdots (1)$$

따라서 $$[H^+]\,[OH^-] = K\,[H_2O] \fallingdotseq 10^{-14} \quad \cdots\cdots (2)$$

중성용액에서는 수소이온 농도$[H^+]$ = 수산이온농도 $[OH^-]$ 이기 때문에
$[H^+] = [OH^-] = 10^{-7}$이 된다.
따라서 중성용액에서는 수소이온의 농도 $[H^+] = 10^{-7}$ ⋯⋯ (3)이다.

여기에서 산 또는 알칼리를 가하여, 수소이온농도를 10^0에서 10^{14}까지 변화시키면 수산

이온농도는 그것에 역비례하여 변화하기 때문에 수소이온의 농도를 측정하면 모든 경우를 나타낼 수 있다.

$[H^+] > [OH^-]$인 용액은 산성이고 반대로 $[H^+] < [OH^-]$인 용액은 알칼리성이다. 이와 같이 액성을 표시할 때 수소이온(H^+)로 표시할 수 있으나 그 수치가 작아서 취급상 곤란하므로 수소이온(H^+)농도를 그 역수의 상용대수로서 나타낸 값을 수소이온농도지수(hydrogen exponent)라 하고, pH라는 기호로 표시한다.

$$pH = \log \frac{1}{[\ H^+]} = -\log[H^+] = -\log[10^{-7}] = 7 \log 10 = 7 \cdots\cdots\cdots\cdots\cdots\cdots (4)$$

따라서 pH = 7.0 : 액성이 중성임을 의미하고

pH < 7.0 : 액성이 산성

pH > 7.0 : 액성이 알칼리성을 뜻한다.

2. pH의 측정법

1) pH 시험지에 의한 측정법

pH 시험지는 지시약의 종류에 따라 변색을 일으키는 pH가 다른 것을 이용한 것으로, 각종 지시약용액을 베어 들게 하여 건조한 여지를 이용하여 pH를 측정하는 방법이다. 표준변색표와 함께 시판되고 있다.

이 방법은 소량의 검액으로 간단히 측정할 수 있지만, 0.2~0.5의 오차가 날 수 있다. 대략의 수치를 필요로 하는 경우 매우 편리하다.

2) pH 미터에 의한 측정법

pH미터에는 2개의 전극이 이용된다. 하나는 항상 일정한 전위를 가지는 기준전극(reference electrode)이며, 다른 하나는 수소이온 선택성 지시전극인 유리전극(glass electrode)이다. 기준전극과 유리전극을 시료용액에 담그고, 이 두 전극사이에서 발생하는 전위차(potential)를 전압계롤 측정하여 pH를 구하는 장치이다.

근래에 들어와서는 유리전극(Glass Electrode)과 기준전극(Reference Electrode)이 하나의 형태로 된 복합전극(G-R Combination Electrode)을 주로 사용하고 있다.

pH 측정값은 온도와 이산화탄소(CO_2)의 영향을 받으며, pH 표준액 또한 온도별로 pH 측정값이 다르게 나타난다. pH는 온도에 따라 다르기 때문에 pH 미터에서는 온도보상(Temperature Compensation) 센서가 부착되어 있다. 이것에 의해 응답감도가 변하고 표준액의 온도에 의한 pH변화를 보정하는 것은 없기 때문에 그 온도에서의 표준액의 pH수치를 이용하여야 한다.

pH 미터의 일반적인 교정에는 인산염 표준액(pH 6.86, 25℃)으로 Zero조정을 하고, 프탈산염 표준액(pH 4.01, 25℃) 및 붕산염 표준액(pH 9.18, 25℃)으로 맞추어 행하면 된다. 특히 강산성이나 강알칼리성과 같은 측정의 경우에는 보다 정밀한 측정을 위하여 수산염 표준액(pH 1.68, 25℃) 및 수산화칼슘 표준액(pH 12.45, 25℃)에 의한 교정한다.

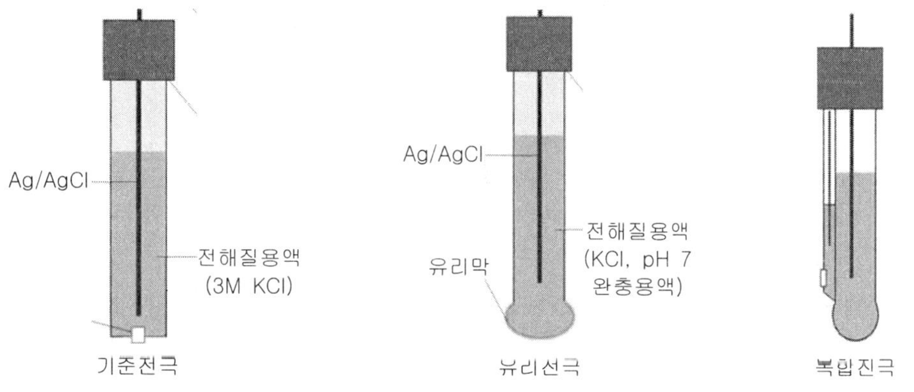

[그림 4-1] pH 미터 전극 구조

시료의 전처리

① 고체시료의 경우 10배 희석(시료 10 g에 증류수 100 mL첨가)하여 약 30분간 정치한 후 측정한다(필요하면 교반기사용).

② 액체 시료의 경우 그대로 측정한다.

조 작

pH 미터의 전원 켠 후 10분간 워밍업

↓

유리전극을 증류수로 씻은 후 티슈를 대어 물기제거

전극을 티슈로 문질러 닦으면 전극에 정전기가 발생하여 응답속도가 늦어진다.

↓

pH 보정(Calibration 또는 Cal) 버튼을 누른다.

↓

pH 4의 표준완충용액에 유리전극을 담구고 측정(Measure) 버튼을 누른다.

↓

수치가 표준용액 pH 값이 되거나 안정화되었다는 표시가 나타나면(Calibration 또는 Cal) 버튼을 누른다.

↓

유리전극을 증류수로 씻은 후 티슈를 대어 물기제거	
↓	
pH 4의 보정방법과 동일하게 pH 7과 pH 10의 표준완충용액으로 보정	
↓	
유리전극을 증류수로 씻은 후 티슈를 대어 물기제거	
↓	
시료의 pH 측정	시료에 유리전극을 담구고 약 30초간 저어준다.

pH 미터의 보관 및 관리

① 측정 후 전극을 세척할 때는 반드시 증류수로 하며, 깨끗한 티슈로 전극 끝에 대어 물기를 흡수한다.

② 높은 온도에서 사용하면 유리전극의 노화가 빨라진다.

③ 유리전극은 매우 얇은 막으로 되어 있으므로 파손에 주의한다. 작은 용기를 사용하여 측정할 때는 폴리비커를 이용하는 것이 좋다.

④ 유리전극은 3M KCl용액에 담가두어 항상 젖은 상태로 보관한다. 증류수에 담가두어 보관하면 유리전극의 유리막을 통해 기준 전해질이 유출되어 전극의 반응속도가 떨어진다.

⑤ 전극내의 충진용액(KCl)이 충진 구멍아래 2.5 cm 이하로 감소하면 충진용액을 보충한다. 보충 시 전극 내부의 용액을 주사기로 모두 빼낸 후 새로운 충진용액을 넣는다.

⑥ 전극의 감응이 느리거나 적절히 보정이 안되면 6M HCl로 씻은 후 물로 씻는다.

⑦ 6M HCl로 씻은 후에도 보정이 안되면 약 1분간 20% 이불화수소암모늄(NH_4HF_2)수용액에 담근다. 이는 유리막을 약간 녹여 새로운 표면이 생기게 한다.

[표 4-1] 온도에 따른 pH 표준액의 pH값

온도	수산염 표준액	프탈산염 표준액	인산염 표준액	붕산염 표준액	탄산염 표준액	수산화칼슘 표준액
0℃	1.67	4.01	6.98	9.46	10.32	13.43
5℃	1.67	4.01	6.96	9.39	10.25	13.21
10℃	1.67	4.00	6.92	9.33	10.18	13.00
15℃	1.67	4.00	6.90	9.27	10.12	12.81
20℃	1,68	4.00	6.88	9.22	10.07	12.63
25℃	1.68	4.01	6.86	9.18	10.02	12.45
30℃	1.69	4.01	6.85	9.14	9.97	12.30
35℃	1.69	4.02	6.84	9.10	9.93	12.14
40℃	1.70	4.03	6.84	9.07	-	11.99
50℃	1.71	4.06	6.83	9.01	-	11.70
60℃	1.73	4.10	6.84	8.96	-	11.45

출처) 수질공정 시험법

HCl 및 NaOH용액의 농도와 pH

용 액	수소이온농도(H^+)	수소이온농도(OH^-)	pH
0.1N HCl	10^{-1}	10^{-13}	1
0.01N HCl	10^{-2}	10^{-12}	2
0.01N NaOH	10^{-12}	10^{-2}	12
0.1N NaOH	10^{-13}	10^{-1}	13

3. 수소이온 농도와 완충용액(buffer solution)

어떤 용액에 소량의 산이나 염기를 가해도 그 용액의 pH가 변하지 않는 작용을 완충작용이라고 하며, 이와 같은 작용을 갖고 있는 용액을 완충용액(buffer solution)이라고 한다.

일반적으로 완충용액은 약산과 그의 염 또는 약염기와 그의 염으로 구성되며, 완충용액의 pH는 이들의 해리 특성에 의해 쉽게 변하지 않는다.

예를 들면 아세트산과 아세트산나트륨의 혼합용액의 경우 다음과 같이 전리(電離)한다

아세트산은 $CH_3COOH \longrightarrow CH_3COO^- + H^+$ 부분해리(1)

아세트산나트륨은 $CH_3COONa \xrightarrow{H_2O} + CH_3COO^- + Na^+$ 완전해리(2)

이 혼합용액에 산(예 HCl)을 가하면 용액중의 수소이온 농도가 증가하기 때문에 (1)의 반응은 좌로 이동하고, 증가한 수소이온은 (2)의 전리에 의해 생긴 초산이온과 결합하여 전해도가 적은 초산을 만들기 때문에 수소이온농도는 거의 변하지 않는다.

$$CH_3COO^- Na^+ + HCl \longrightarrow CH_3COOH + NaCl$$

또 강염기(예 NaOH)가 가해지는 경우도 수산이온농도가 증가하지만 이것은 (1)의 전리에 의해 생긴 수소이온과 결합하여 물이 된다.

$$CH_3COO^- H^+ + NaOH \longrightarrow CH_3COOH + H_2O$$

수소이온 농도가 감소하면 (1)의 반응은 또 오른쪽으로 이동하기 때문에 용액중의 수소이온농도는 그다지 변하지 않는다.

식품 중에는 단백질, 아미노산, 유기산 등 완충작용을 갖는 물질이 많이 함유되어 있다.

완충용액조성표 : 부록 참조

실험 4-1. pH 미터에 의한 중화적정곡선의 작성

기 구

자석교반기(magnetic stirrer), 10 mL 피펫, pH 미터, 뷰렛

시 약

① 0.05N HCl용액 : HCl 4.3 mL를 증류수에 녹여 1 L로 한다.
② 0.1% 페놀프탈레인지시약 : 페놀프탈레인 0.1 g을 70% 에탄올 100 mL에 녹인다.
③ 0.05N NaOH용액 : NaOH 2.15 g을 증류수에 녹여 1 L로 한다.

조　작

0.05N HCl 10 mL를 100 mL 비커에 취함

↓

비커의 50 mL 눈금까지 증류수를 가함

↓

0.1% 페놀프탈레인 5방울을 가함

↓

자석교반기로 교반

↓

뷰렛의 0.05N NaOH용액을 5방울 적하

↓

자석교반기로 교반

↓

pH 미터의 전극을 비커에 담근다.

↓

pH 미터를 읽는다.

(20 mL 0.05N NaOH용액을 가할 때 까지 반복한다.)

↓

적정곡선을 적성

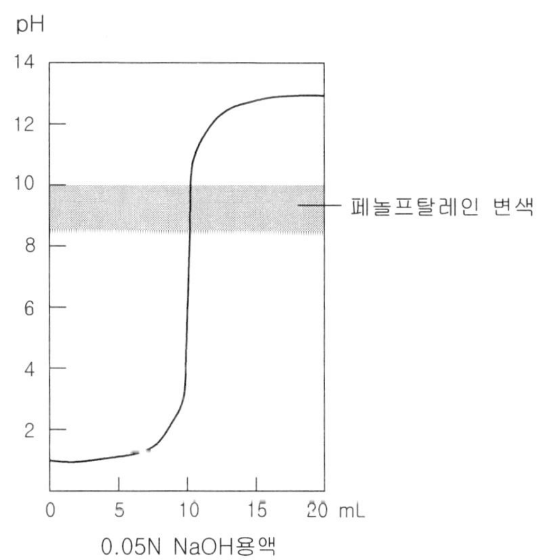

[그림 4-2] 중화적정곡선

실험 4-2. 초산 완충액의 조제 및 완충능의 측정

기 구

2 mL 피펫, 5 mL 피펫, 10 mL 피펫, 뷰렛, pH 미터

시 약

① pH 3.6의 완충용액 : 0.2M 초산용액 18.5 mL에 0.2M 초산나트륨 1.5 mL를 가함
② pH 4.6의 완충용액 : 0.2M 초산용액 10.2 mL에 0.2M 초산나트륨 9.8 mL를 가함
③ pH 5.6의 완충용액 : 0.2M 초산용액 1.9 mL에 0.2M 초산나트륨 18.1 mL를 가함
④ pH 3.6의 염산용액 : 0.1N 염산을 50 mL 증류수에 적하하여 pH 3.6으로 조제
⑤ 0.1N HCl용액 : 실험 2-2 참조
⑥ 0.1N NaOH용액 : 실험 2-1 참조

조 작

①, ②, ③, ④번 용액 10 mL를 각각 100 mL 비커에 취함
↓
①~④ 용액에 0.1N HCl용액을 각각 5방울씩 적하
↓
자석교반기로 교반한 후 pH 측정
↓
pH값과 적정 mL수를 표로 그린다.

(pH값이 0.1N HCl용액의 pH값에 가까울 때 까지 적정을 반복한다.)

①, ②, ③, ④번 용액 10 mL를 각각 100 mL 비커에 취함
↓
①~④ 용액에 0.1N NaOH용액을 각각 5방울씩 적하
↓
자석교반기로 교반한 후 pH 측정
↓
pH값과 적정 mL수를 표로 그린다.

(pH값이 0.1N NaOH용액의 pH값에 가까울 때 까지 적정을 반복한다.)

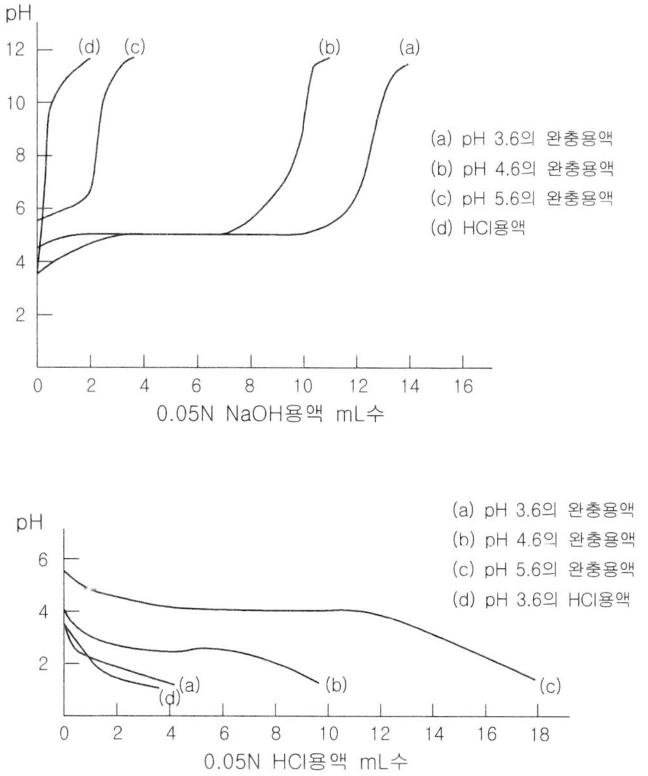
pH
(d)
(c)
(b)
(a)
(a) pH 3.6의 완충용액
(b) pH 4.6의 완충용액
(c) pH 5.6의 완충용액
(d) HCl용액
0.05N NaOH용액 mL수
pH
(a) pH 3.6의 완충용액
(b) pH 4.6의 완충용액
(c) pH 5.6의 완충용액
(d) pH 3.6의 HCl용액
0.05N HCl용액 mL수

[그림 4-3] 완충용액 곡선

4.2. 비중 측정

비중(specific gravity)이란 같은 온도에서의 어떤 물질의 질량과 이것과 같은 체적(부피)을 가진 표준물질의 질량과의 비를 말한다.

비중은 D 또는 d로 표시하고, 소수점 3째 자리까지 표시한다. 비중은 온도에 따라 변화하므로 측정온도를 반드시 기록해야 한다. 일반적으로 표준물질로는 물을 사용하며, 식용유지의 비중은 25℃에서 측정한다.

실험 4-3. 식용유의 비중 측정

원 리

측정할 시료의 무게와 이것과 같은 온도에서 같은 부피를 갖는 표준물질(물)의 무게와의 비를 측정한다. 유지의 비중은 일반적으로 0.92~0.94로서 물보다 가벼우며, 저급지방산의 함량이 많을수록 또는 지방산의 불포화도가 높을수록 커진다.

기 구

① 비중병
② 항온수조(water bath)
③ 온도계

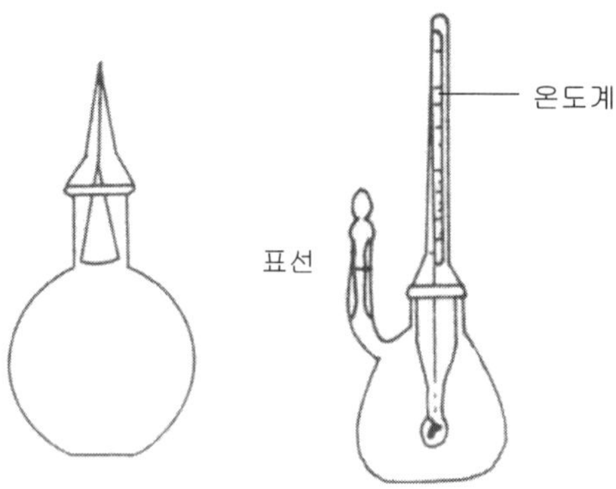

[그림 4-4] 비중병

조 작

조작	비고
비중병을 건조한 후 무게를 측정	뚜껑(또는 비중병의 온도계)을 포함하여 무게측정
↓	
비중병에 측정온도보다 2~3℃ 낮은 온도의 물을 채운다.	
↓	
뚜껑을 닫고 항온수조에 넣어 측정온도를 ±0.2℃로 맞춘다.	측정온도는 일반적으로 25℃로 하여 비중 25/25℃를 구한다.
↓	
비중병을 항온수조에서 꺼내 비중병의 바깥을 거즈로 닦고 무게를 측정	
↓	
비중병의 물을 제거하여 완전 건조 후 시료를 채우고 동일 방법으로 무게 측정	유지시료의 경우 에틸에테르로 비중병의 바깥은 닦는다.
↓	
비중 계산	

$$비중(25℃/25℃) = \frac{W_1 - W}{W_2 - W}$$

W : 항량된 비중병의 무게

W_1 : 유지를 넣고 측정한 비중병의 무게

W_2 : 증류수를 넣고 측정한 비중병의 무게

결과 및 계산

측정항목	측정값	계 산
항량된 비중병의 무게		
유지를 넣고 측정한 비중병의 무게		
증류수를 넣고 측정한 비중병의 무게		

비 고

[표 4-2] 대표적인 식용유의 비중(specific gravity, 25℃에서)

종 류	비 중	종 류	비 중
대두유	0.916~0.922	땅콩기름	0.909~0.916
옥수수기름	0.915~0.921	올리브유	0.908~0.914
채종유	0.906~0.920	고추씨기름	0.917~0.928
미강유	0.916~0.922	팜 유	0.900~0.907(40°/25°)
참기름	0.914~0.921	팜핵유	0.900~0.913(40°/25°)
들기름	0.920~0.933	코코넛 야자유	0.907~0.917(40°/25°)
홍화유	0.919~0.924	우 지	0.893~0.904(40°/20°)
해바라기씨유	0.915~0.920	돈 지	0.894~0.906(40°/20°)
면실유	0.916~0.922		

* (40°/25°) : 기름의 40℃의 밀도/물의 25℃의 밀도
* (40°/20°) : 기름의 40℃의 밀도/물의 20℃의 밀도

물의 온도와 비중

온도(℃)	비 중	부 피	온도(℃)	비 중	부 피
4	1.00000	1.0000	30	0.99567	1.00435
10	0.99973	1.00027	40	0.99224	1.00782
15	0.99913	1.00087	50	0.98807	1.01207
20	0.99823	1.00177	60	0.98324	1.01705
25	0.99707	1.00294			

실험 4-4. 우유의 비중 측정

우유의 비중은 용존하는 각종 성분의 농도를 반영하기 때문에, 품질을 알기 위한 지표로서 이것을 측정하여 일정 규격에 맞는지를 조사한다. 측정할 때는 우유용 비중계(lactometer)를 사용하며, 측정한 수치는 15℃의 비중으로 환산하여 표시한다.

기 구

① 우유용 비중계(부평비중계) : 비중 1.015~1.045를 측정할 수 있다.
② 200 mL 메스실린더

조 작

절차	비고
메스실린더(200 mL)에 우유첨가 (적당량, 2/3 정도)	10~20℃ 온도에서 측정한다.
↓	
우유용 비중계투여	
↓	
메스실린더 일정시간정치(기포제거)	
↓	
비중계의 온도 및 눈금을 읽음	우유비중계의 눈금은 1.0은 생략하고 15~45로 표시되어 있다.

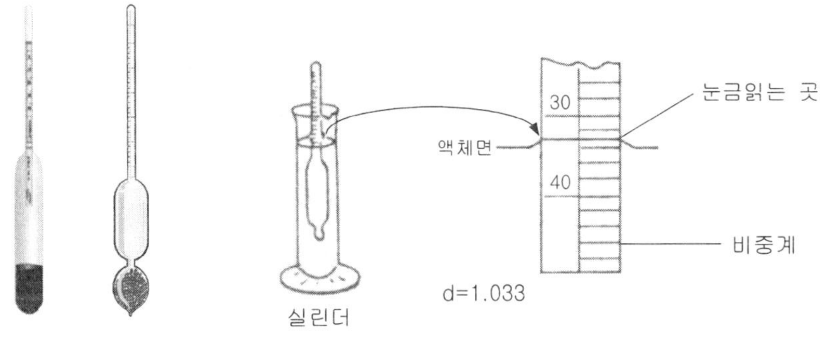

[그림 4-5] 우유비중계의 눈금 측정

비중의 계산

예를 들어 온도 15℃에서 우유의 비중을 측정한 결과, 비중계 눈금이 31일 때 비중 = 1 + (눈금/1000) = 1 + 0.031 = 1.031이다.

15℃ 이외의 온도(10~20℃)로 측정했을 때에는 식품공전 제9장 부표 중의 3. 우유 비중 보정표에 따라 보정한다(부록참조, 우유 비중은 15℃에서 1.028~1.034 : 식품공전 상).

예를 들어, 비중계의 눈금이 31을 가리킬 때 온도가 19℃이면, 우유비중 보정표에 의해 보정하면 1.0320이 된다.

간단히는 15℃에서 1℃ 증감함에 따라 0.0002를 증감해도 좋다.

4.3. 굴절계(refractometer) 측정

굴절이란?

빛은 공기 중에서는 30만 km의 속도로 통과하지만, 매질에 따라서 파동의 진행 속도가 달라진다. 이 때문에 빛이 어떤 한 매질에서 다른 매질로 이동할 때는 속도의 차이에 의해 파동의 진행방향이 바뀌게 되는데 이러한 현상을 빛의 굴절(refraction)이라고 한다. 예를 들어 물속의 젓가락이 구부러져 보이거나 물속의 물체가 떠 보이는 것은 모두 빛의 굴절 때문이다.

굴절률(refractive index)이란?

액체에 광선이 입사되어 굴절되는 정도를 굴절률(refractive index) 이라고 한다.

$$\text{굴절률} = \frac{\text{진공 중의 빛의 속도}}{\text{매질내 빛의 속도}}$$

일반적으로 액체에 빛이 입사되면 빛이 굴절되는데 이 비율(굴절률)은 같은 물질에서는 일정하다. 즉, 매질(媒質) 1을 통과한 빛이 매질 2와의 경계면에서 굴절할 때 입사각 i는 굴절각 r과의 사이에는 $\frac{\sin i}{\sin r} = n'$의 관계가 성립한다. 즉, 굴절각과 입사각의 sin값의 비는 일정하다(Snell의 법칙).

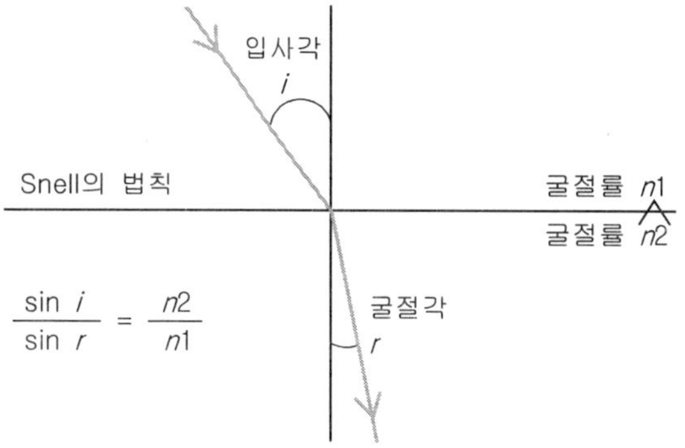

예) 물의 굴절률

굴절률 $n1$: 공기(1.00)

굴절률 $n2$: 물(1.33)

$$\text{굴절률} = \frac{\text{Sin } i}{\text{Sin } r} = \frac{a}{b}$$

$$\text{물에 대한 굴절률} = \frac{1.33}{1.00} = 1.33$$

여기에서 n'은 정수이며, 매질 1에 대한 매질 2의 상대굴절률(relative refractive index)이라고 한다. 따라서 굴절률을 측정하면 물질의 순도나 농도 등을 알 수 있다. 물질의 농도가 높아지면 굴절률은 비례적으로 증가한다.

한편, 매질 1이 진공인 경우의 n은 매질 2의 절대굴절률이라 한다. 즉, 진공에서 빛의 속력과 물질 속에서 빛의 속력의 비를 절대굴절률이라 한다. 진공의 절대굴절률은 1이며, 모든 물질의 절대굴절률은 항상 1보다 크다.

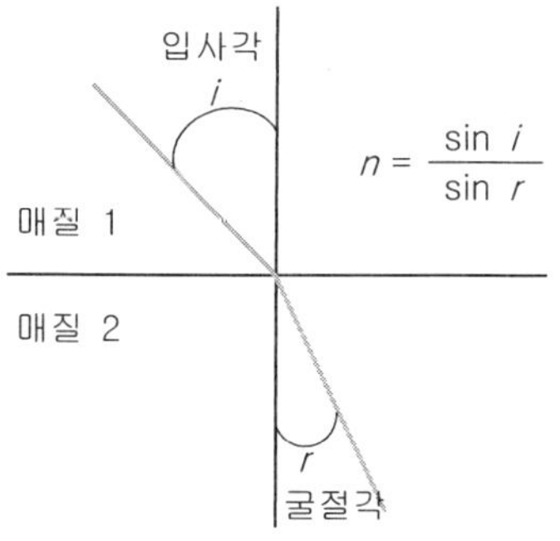

상대굴절률

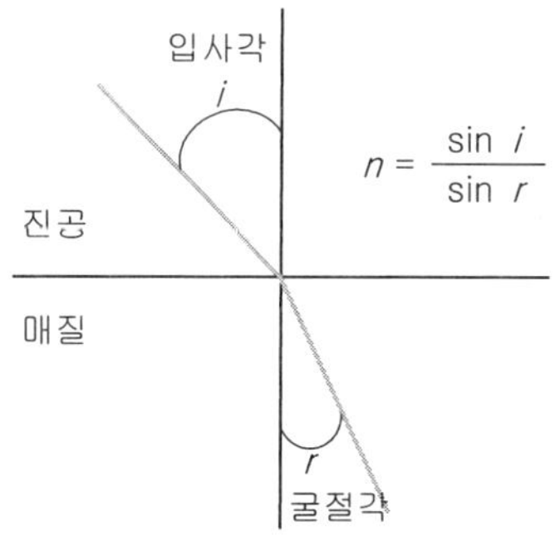

절대굴절률

[표 4-3] 여러 매질의 굴절률

매 질	굴절률[a]	매 질	굴절률[a]
진 공	1.00	보통유리	1.52
공기(STP)[b]	1.00029	소금결정	1.54
물	1.33	폴리스틸렌	1.55
아세톤	1.36	특수유리	1.65
에틸알코올	1.36	사파이어	1.77
설탕물(30%)	1.38	고밀도유리	1.89
비결정수정	1.46	다이아몬드	2.42
설탕물(80%)	1.49		

a : 파장 579 nm의 빛(나트륨 등의 노란색)에 대하여

b : STP : 표준상태(0℃, 1기압)

굴절률에 영향을 주는 요인

굴절률은 같은 물질을 측정하더라도 광원의 파장, 온도, 시료의 농도에 따라 다르다. 따라서 표준파장으로 스펙트럼 D선(589.29 nm), 표준온도 20℃로 측정한다.

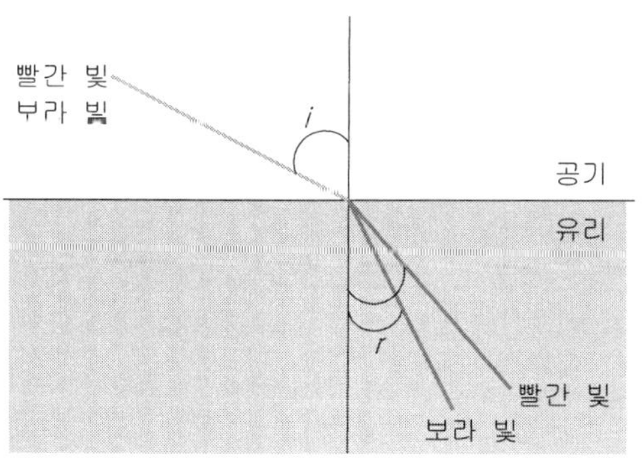

ND^{20} = 1.4896
n : 굴절률
20 : 측정온도(℃)
D : 측정광원의 파장인 스펙트럼 D선

굴절과 밀도 사이의 관계

빛은 굴절률이 더 큰 매질, 즉 비교적 밀(密)한 매질 쪽으로 일어난다. 굴절계 내부의 프리즘의 굴절률은 수용액보다 더 크다.

1. 아베 굴절계(Abbe refractometer)

1) 원리

아베굴절계(Abbe refractometer)에는 2개의 프리즘이 있고, 빛이 들어오는 면(프리즘 B)과 나오는 면(프리즘 A)은 평평하게 되어 있지만, 양 프리즘이 접하는 면은 프리즘 A는 평평하지만 프리즘 B는 거친 면으로 되어 있다.

프리즘 B면이 거칠기 때문에 양 프리즘 사이에 시료(액체)를 바르면 프리즘 B에서 나와 시료에 들어오는 빛은 난반사된다. 시료를 통과하고 프리즘 A에 여러 방향으로 향하게 된다. 그 중 프리즘 A와의 경계면에서의 입사각이 90°인 빛의 굴절각을 *r*이라고 할 때, 90° 이하의 입사각의 빛의 굴절각은 모두 *r*보다 작게 된다. 또 90° 이상의 각도로는 빛 들어오지 않기 때문에 결국 *r*보다 바깥쪽은 빛이 들어오지 않아 어두워지고, *r*보다 안쪽은 밝아지게 된다. 여기에서 명암의 경계가 *r*이 되고, 이것을 측정하면 i = 90°일 때의 *r*을 측정한 것이 된다.

프리즘 A는 시료보다 밀(密)한 매질일 필요가 있고, 중(重)프리즘 유리가 이용된다. 중프리즘글라스의 굴절률은 1.755(nD^{20})이고, 이것으로 부터 시료의 굴절률을 구할 수 있다. 굴절률은 같은 물질에서는 밀도에 정비례하기 때문에 용액의 굴절률을 측정하여 용액의 농도를 알 수 있다.

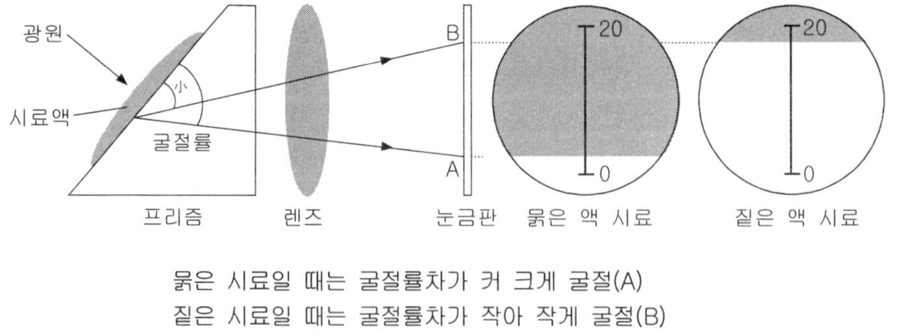

[그림 4-6] 굴절계의 원리

아베(Abbe)굴절계　　　　　　　　　　　　디지털굴절계

위　: 굴절시야

아래 : 굴절눈금(위 : 굴절률, 아래 : 당도)

[그림 4-7] 아베(Abbe) 굴절계와 디지털 굴절계

조　작

굴절계의 항온수 출입구와 온수조 사이에 고무관을 연결(20℃ 물 순환)

↓

굴절계에 광원램프를 꽂고, 전원 연결

↓

보조 프리즘 개폐핸들을 돌려 보조프리즘(위쪽)을 연다.

↓

주프리즘위에 시료 2~3방울 떨어뜨린 후 보조 프리즘을 닫는다.

↓

광원(아래쪽부분) 스위치를 켠다.

↓

대안렌즈를 보면서 눈금판 초점을 맞춘다.

↓

측정용나사를 돌려 밝은 부분과 어두운 부분의 경계선을 십자선 교차점에 맞추고 눈금을 읽는다(소수점 4째자리는 눈대중으로 읽음).

↓

다시 측정용나사를 돌려 3~5회 측정 후 평균값을 구함

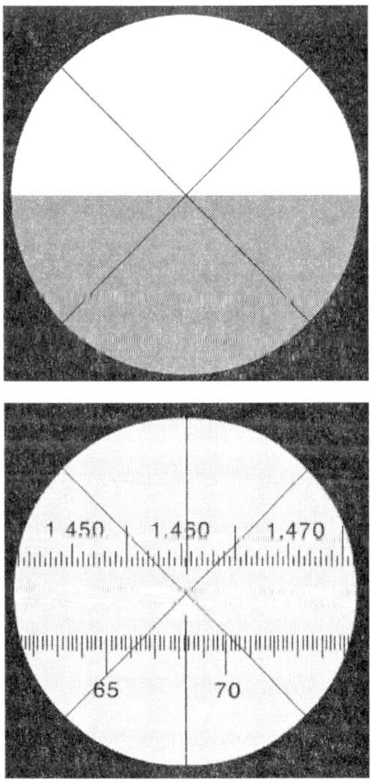

2) 식용유지의 굴절률 측정

굴절률은 유지의 항수로서 중요하며, 유지혼합물의 성분결정, 분산, 가열산화의 척도로 이용되며, 특히 요오드값과 굴절률은 비례적 관계에 있다.

식용유지는 일반적으로 1.45~1.47의 굴절률을 나타낸다. 일반적으로 동일 유지의 경우 산가가 높거나 저급지방산을 많은 유지는 굴절률이 낮으며, 가열산화된 유지는 굴절률이 높다. 한편, 불포화도가 클수록, 그리고 유지 지방산의 탄소수가 증가함에 따라 굴절률은 증가한다. 따라서 불포화도가 높은 유지인 어유 등을 수소를 첨가할 때 불포화도의 감소를 알아내는데 굴절률이 이용된다.

식용유지의 굴절률 측정온도

보통 20℃ 또는 25℃에서 측정한다. 여름철의 경우는 30℃ 혹은 35℃가 적당하다. 고체지방의 경우는 40℃ 고융점 지방의 경우는 60℃에서 측정한다.

계산 1. 20℃보다 높은 온도에서 측정하는 경우

굴절률(20℃) = (t℃에서의 굴절률) + (t-20)K

계산 2. 20℃보다 낮은 온도에서 측정하는 경우

굴절률(20℃) = (t℃에서의 굴절률) - (t-20)K

단 K는 지방상수(지방(고체상) = 0.000365, 유(액상) = 0.000385)

일부 식용유의 굴절률(refractive index, 25℃에서)

종 류	굴절률	종 류	굴절률
대두유	1.471~1.475	땅콩기름	1.468~1.471
옥수수기름	1.470~1.474	올리브유	1.466~1.469
채종유	1.470~1.474	고추씨기름	1.472~1.476
미강유	1.470~1.473	팜유	1.453~1.459(40℃)
참기름	1.471~1.474	팜핵유	1.449~1.452(40℃)
들기름	1.475~1.482	코코넛유	1.447~1.450(40℃)
홍화유	1.472~1.476	우지	1.448~1.460(40℃)
해바라기씨유	1.471~1.475	돈지	1.448~1.461(40℃)
면실유	1.470~1.472		

2. 간이굴절계

간단하게 당 함량을 비교할 수 있도록 한 간이 굴절계도 있다. 이것을 보통 간이당도계라고 한다. 사용방법은 굴절계와 같지만 접안경으로부터 망원경과 같이 하여 본다. 간이당도계의 눈금은 설탕 %로 표시되어 있다. 당농도의 측정은 설탕농도(%) 또는 브릭스(Brix)로 표시된다.

Brix(%) : 기본적으로 용액 100 g 중에 함유된 설탕의 g수를 말한다. 시료 중에 함유되어 있는 가용성 고형분의 %농도. 가용성 고형분에는 당, 염류, 단백질, 산 등 물에 녹는 물질들을 말한다.

보통 1형(0~32%), 2형(28~62%) 및 3형(58~90%)의 3개가 1세트로 구성되어 있다.

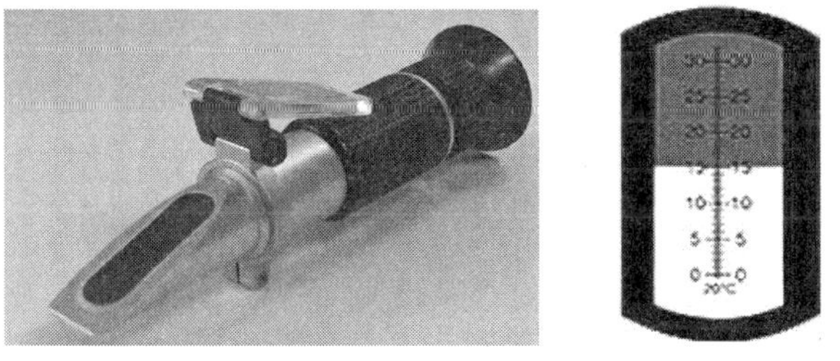

[그림 4-8] 간이굴절계

눈금의 규정

1) 1형(0~32%)

20℃의 증류수로 측정하여 만약 경계선이 0%에 일치하지 않을 때는 드라이버로 조정나사를 좌우로 돌려 조정한다. 이 때 프리즘부분에 손의 체온이 전달되지 않도록 주의한다.

2) 2형(28~62%)

포화식염수에 의해 보정한다. 포화식염수는 온도에 따라 굴절률이 변화하기 때문에 다음의 표 4-4에 따라 눈금을 맞춘다.

[표 4-4] 눈금의 보정

측정온도	맞춘눈금
15℃ 일 때	29.9%에 맞춘다.
20℃ 일 때	29.6%에 맞춘다.
25℃ 일 때	29.2%에 맞춘다.
30℃ 일 때	28.9%에 맞춘다.

3) 3형(58~90%, 45~82%)

굴절계의 프리즘 위에 굴절률이 높은 mobil oil, α-bromonaphrhalein 등을 소량 떨어뜨려 규정한다.

용 도

굴절당도계는 빛의 굴절현상을 이용하여 매우 간단한 조작으로 수용액의 농도를 측정할 수 있도록 한 광학측정기이다.

굴절은 물질의 농도에 관계하지만 특정 물질에 대해 일어나는 현상은 아니기 때문에 2개 이상의 물질이 혼합하여 있을 때는 정확히 농도를 측정할 수 없다. 특히 당도계로 측정하는 경우는 야외에서의 측정이 많고, 천연물을 직접 시료로 하기 때문에 정확한 결과를 기대할 수 없다.

과수원예 : 과실(사과, 감귤, 토마토, 가지, 수박, 메론, 포도, 복숭아, 딸기 등)의 Brix(주로 당분) 측정에 이용된다. 과수원에서 숙성도의 판정, 선별장에서의 당도 검사, 과실 가공장에서의 원료과실 검사 등에 널리 이용된다. 또 과실음료의 가용성 고형분의 검정, 채소 조직액의 농도 측정에도 이용된다.

식품공업 : 소프트드링크(주스, 콜라, 넥타, 유산음료 등)의 Brix(주로 당분) 측정에 널리 이용된다. 병조림, 통조림식품의 조미액의 농도 관리, 잼, 마멀레이드, 꿀, 물엿, 액당 및 각종 당액의 당도 측정에 이용된다. 또 양조, 발효 분야에서도 양조발효과정 중 용액의 농도, 술, 간장, 소스 등에도 응용되고 있다.

각종 공업 및 연구 분야 : 의약분야에서는 주사액의 농도 측정, 식물의 조직액 및 동물체액의 농도, 각종 약품의 농도, 화장품(액상)의 농도, 부동액 등의 농도 확인 등 모든 수용액의 농도 측정에 널리 이용되고 있다.

조 작

굴절계 덮개를 열어 프리즘면과 반사판면을 증류수로 닦음

↓

프리즘면에 시료 1~2방울을 적하하고 굴절계 덮개를 가볍게 닫는다.

↓

굴절계의 앞쪽을 밝은 방향으로 향하고
접안경을 본다.

↓

접안렌즈를 돌려
눈금이 확실히 보이도록 조절

↓

경계선의 눈금을 읽는다.

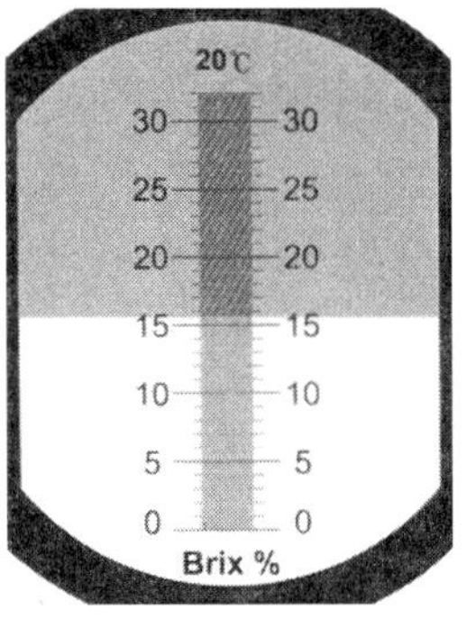

시야에 명암을 상하로 구분하는 경계선이 나타난다.

눈금은 시료의 Brix(당도 또는 가용성 고형분 %)를 나타낸다. 단 20℃ 이외의 온도에서 측정했을 때는 온도 보정이 필요하다.

온도보정

간이당도계로 액체를 측정하는 경우, 시료의 온도 차에 따라 측정치에 변화가 생긴다. 굴절계는 20℃에서 측정했을 때 정확한 수치가 얻어지도록 눈금이 만들어져 있다. 측정온도를 기준으로 당도 온도 보정표에 따라 보정한다(부록 당도 온도 보정표 참조).

[표 4-5] 굴절계의 온도 보정 방법

굴절계의 눈금	측정온도	보정치	보정된 측정치
12.6%	17℃	-0.20	12.4%
34.3%	29℃	+0.73	35.0%
61.7%	22℃	+0.16	61.9%

비 고

1. 굴절계 눈금 : 굴절계의 눈금은 용액 100 g 중에 함유되어 있는 설탕의 g수를 눈금으로 표시한 것으로, 설탕만으로 된 식품의 경우 비교적 정확한 값을 얻을 수 있다. 또 식물의 조직액, 또는 포도당 등의 당액의 경우도 비교적 정확한 값을 나타낸다.

   또 과실의 과즙이나 퓨레의 가용성 고형분 농도도 굴절계의 눈금으로 표시된다. 단 눈금은 중량 %이기 때문에 g/mL 또는 용량 %로 표시하고 싶을 때는 환산 그래프를 작성할 필요가 있다.

   이상에 속하지 않는 많은 물질에 대해서는 단순히 가용성물질 함유량 또는 브릭스(brix)로 하여 굴절계 눈금에 의한 측정치를 그대로 사용하여도 상관없다.

[표 4-6] 굴절당도계의 당도의 굴절률과의 관계(20℃)

당도(%)	굴절률	당도(%)	굴절률	당도(%)	굴절률	당도(%)	굴절률	당도(%)	굴절률
0	1.3330	18	1.3605	36	1.3922	54	1.4286	72	1.4703
1	1.3344	19	1.3622	37	1.3941	55	1.4308	73	1.4728
2	1.3359	20	1.3638	38	1.3960	56	1.4329	74	1.4753
3	1.3373	21	1.3635	39	1.3979	57	1.4352	75	1.4778
4	1.3388	22	1.3672	40	1.3998	58	1.4374	76	1.4804
5	1.3403	23	1.3689	41	1.4018	59	1.4396	77	1.4829
6	1.3418	24	1.3706	42	1.4037	60	1.4419	78	1.4855
7	1.3433	25	1.3723	43	1.4057	61	1.4442	79	1.4881
8	1.3448	26	1.3740	44	1.4077	62	1.4464	80	1.4907
9	1.3463	27	1.3758	45	1.4097	63	1.4488	81	1.4933
10	1.3478	28	1.3776	46	1.4118	64	1.4511	82	1.4960
11	1.3494	29	1.3793	47	1.4138	65	1.4534	83	1.4987
12	1.3509	30	1.3811	48	1.4159	66	1.4558	84	1.5014
13	1.3525	31	1.3829	49	1.4180	67	1.4572	85	1.5041
14	1.3541	32	1.3847	50	1.4200	68	1.4606	86	1.5068
15	1.3557	33	1.3866	51	1.4222	69	1.4630	87	1.5096
16	1.3573	34	1.3884	52	1.4232	70	1.4654	88	1.5123
17	1.3589	35	1.3902	53	1.4264	71	1.4678	89	1.5151
								90	1.5180

2. 굴절률과 물질의 농도 : 빛의 굴절은 당만이 아니고 식염, 알코올, 식초, 아미노산 등의 물질에 의해서도 굴절하므로 당질이외의 여러 물질이 혼합되어 있으면 오차가 크다.

이와 같은 이유로 10%의 식염수와 10%의 설탕용액은 같은 농도의 설탕용액과 소금용액의 굴절률은 각각 다르다. 예를 들어 소금용액은 실제의 농도보다 높게 측정된다. 따라서 당액 이외의 수용액의 농도를 측정하는 경우에는 환산 그래프를 작성할 필요가 있다.

[표 4-7] 각종 용액의 농도와 굴절률

식 염	농도(%)	4	8	12	16	20
	굴절률	4.8	9.5	14.0	18.4	22.8
솔비톨	농도(%)	2	4	6	8	10
	굴절률	1.9	3.2	4.9	6.9	8.6
알코올	농도(%)	2	4	6	8	10
	굴절률	0.8	1.7	2.6	3.6	4.5
글루탐산나트륨	농도(%)	1	2	4	8	10
	굴절률	1.1	2.1	4.3	8.9	11.0
초산	농도(%)	1	3	5	7	9
	굴절률	0.5	1.6	2.6	3.6	4.6

[표 4-8] 각종 당의 농도와 굴절률과의 관계

굴절률(20℃)	자당(%)	맥아당(%)	포도당(%)	유당(%)	덱스트린(%)
1.3342	1.00	1.00	1.00	1.00	1.00
1.3359	2.00	2.07	2.00	2.00	1.93
1.3403	5.00	5.07	5.00	5.13	4.87
1.3478	10.00	15.12	10.07	10.13	9.06
1.3557	15.00	20.17	15.06	15.13	14.13
1.3638	20.00		20.06		18.94
1.3723	25.00		25.00		23.71
1.3811	30.00		30.02		28.78
1.3902	35.00		35.03		
1.3997	40.00		40.05		
1.4096	45.00		45.00		
1.4200	50.00		50.03		
1.4307	55.00		55.02		
1.4418	60.00		60.01		
1.4532	65.00		65.01		
1.4561	70.00		70.00		
1.4774	75.00		75.00		
1.4901	80.00		80.00		
1.5033	85.00		85.00		
1.5170	90.00		90.00		

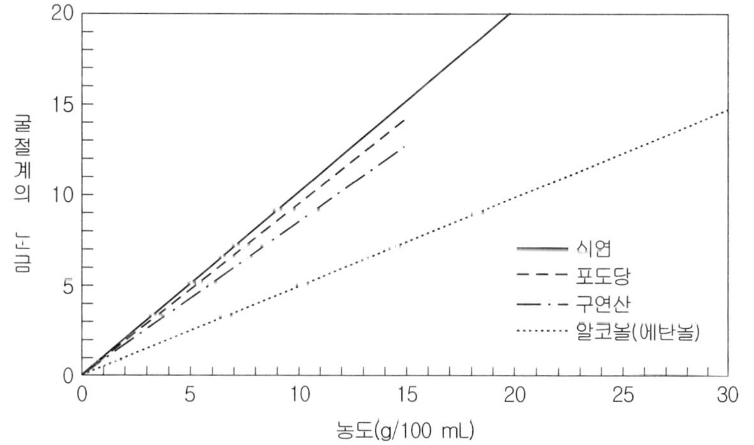

여러 화합물의 농도와 굴절률과의 관계

4.4. 분광광도계(spectrophotometer)

우리의 주변에는 빨간 꽃, 청색 잉크 등 여러 가지 색채를 볼 수 있는데 이는 빛이 물질에 닿았을 때 광의 반사, 굴절, 흡수, 산란 등의 현상의 결과로 느낄 수 있는 것이다. 비색분석법 또는 흡광광도법이란 그 중에서 특히 빛을 흡수하는 현상에 근거하여 분석하는 방법이다.

빛과 색의 관계에 대해보면, 우리가 눈으로 느낄 수 있는 소위 가시광선은 380~800 nm (3,800~8,000 Å)의 파장영역이다. 태양광선과 텅스텐램프 등의 소위 백색광선은 모든 파장을 포함하고 있다. 이것을 프리즘으로 분산시키면 여러 가지 색깔의 빛으로 나누어진다(표 4-9).

[표 4-9] 파장과 빛의 색

흡수파장 (nm)	흡수되는 색	투과되는 색(보색)	흡수파장 (nm)	흡수되는 색	투과되는 색(보색)
380~435	보라	황녹	560~580	황녹	보라
435~480	청	황	580~595	황	청
480~490	녹청	주황	595~650	주황	녹청
490~500	청녹	적	650~780	적	청녹
500~560	녹	자			

1. 색과 파장

용액이 색을 나타내는 것은 일부 백색광이 용액에 흡수되고 그 나머지 색이 용액의 색을 나타나기 때문이다. 예를 들면, 과망간산칼륨용액의 적자색은 500~560 nm 부근의 빛(녹색)을 흡수하고, 나머지 흡수되지 않고 투과한 색들이 합성되어 나타내는 것이다. 즉 우리의 눈에 보이는 것은 용액에 의해 흡수된 빛의 나머지이다.

즉, 용액 중에 500~560 nm 파장의 색(녹색)을 흡수하는 물질이 많을수록, 즉 과망간산칼륨농도가 진할수록, 녹색의 파장의 빛은 강하게 흡수되고 수용액의 적자색도 진해진다.

따라서 파장의 최대흡수를 나타내는 단색광을 용액에 투과시켜 이 단색광의 흡수정도(흡광도)를 측정하는 것에 의해 그 용액에 함유되어 있는 물질의 농도를 알 수 있다.

2. 람베르트-베르법칙(Lambert-beer law)

흡수되는 빛의 양과 용액 중의 색을 나타내는 물질의 양의 관계를 비교하면, 그 물질의 농도를 알 수 있다. 강도 I_o의 단색광이 농도 c(mol/ L), 액층의 두께 l(cm)의 용액 중을 통과하고 이 용액에 의해 흡수되기 때문에 입사각 I_0가 I로 감소되었다고 할 때 I_0와 I의 관계는 일반적으로 다음 식에 의해 나타난다.

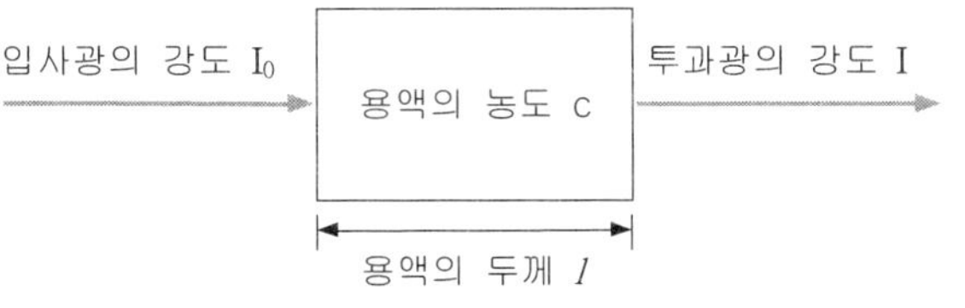

$$I = I_o e^{-kcl} \quad \cdots\cdots (1)$$

k(흡광계수, absorbance coefficient)는 조사하는 단색광의 파장의 종류, 용액의 성질에 따라 다른 상수이다. 이 관계는 람베르트-베르의 법칙이라고 한다.

(1)식을 상용대수의 형으로 바꾸면

$$\log_{10}(I/I_0) = -kcl \quad \cdots\cdots (2)$$

여기에서 I/I_0를 투과도(transmittance) T라고 하고 그 100배를 투과율이라는 T%로 표시한다. 또 투과율의 역대수를 흡광도(absorbance 또는 extinction)라 하고 E 또는 Abs로서 표시한다.

따라서 (2)식을 다음과 같이 변형할 수 있다.

$$E = \log_{10}(I_0/I) = \log_{10}(1/T) = -\log_{10}T = kcl \quad \cdots\cdots (3)$$

즉 $E = -\log T = kcl$이 되고 용액의 두께(l)을 일정하게 하면 흡광도는 용액에 녹아 있는 용질의 농도에 비례함을 알 수 있다.

람베르트-베르법칙이란?

흡광도가 물질 속의 광로의 길이에 비례한다고 하는 람베르트의 법칙과 용액의 농도에 비례하다고 하는 베르의 법칙을 조합한 법칙, 즉, 용액의 흡광도는 광로의 길이와 농도에 비례한다는 법칙이다.

람베르트-베르법칙에 어긋나는 경우

뷰광광도계에 의한 측정은 람베르트-베르(Lambert-Beer)의 법칙에 근거하고 있기 때문에 물질의 농도와 광의 흡수(-log T)가 비례하는 범위에서 측정해야만 한다. 상당히 낮은 농도에서는 측정 시의 상대오차가 커지므로 부정확하게 되고, 농도가 진해지면 비례관계를 얻을 수 없다.

람베르트-베르의 법칙이 성립하는 범위로서 흡광도가 0.1~1.5의 범위에서 사용하는 것이 좋다.

또한 단색광이 아닌 경우, 시료가 현탁되어 있는 경우, 형광을 동반하는 경우도 정확한 비례관계를 얻을 수 없다.

3. 분광광도 측정법

자외선(190~380 nm), 가시광선(380~780 nm), 적외선(780~3,000 nm) 등의 범위에서 빛을 흡수하는 물질로부터 얻어지는 흡광도를 측정하여 정성 분석 및 정량 분석에 이용하는 것을 분광광도 측정법이라고 한다. 이 목적을 위해 이용되는 장치가 비색계이고 단색광을 얻기 위해 프리즘과 회절격자를 갖는 장치로 측정하는 방법을 분광광전광도계, 필터(filter)를 이용하는 장치를 광전비색계라고 한다. 필터는 프리즘과 달리 엄밀한 의미에서 단색광을 얻을 수 없고 어떤 최대흡수를 갖는 파장을 중심으로 일정폭의 파장을 갖는 빛을 얻을 수 있다.

1) 비색법이란?

색소를 물에 녹이면 농도가 짙을수록 용액의 색이 짙어진다. 즉, 그 용액은 색조에 의해 특정 파장의 빛을 흡수하고, 그 색의 농도는 저농도 용액에서 용질의 농도와 비례한다(람베르트-베르법칙). 이것을 이용하여 용액의 색 농도를 빛의 흡광도(흡수 정도)를 측정하여 이것을 농도를 알고 있는 표준용액의 흡광도와 비교하여 물질의 농도를 구할 수 있다. 이것을 비색정량이라고 한다. 흡광도 측정에는 특정 파장을 갖는 빛을 선택할 수 있는 분광광도계가 이용되기 때문에 분광광도측정법이라고도 한다.

아미노산과 당질 등 식품성분에는 무색 물질인 경우가 대부분이다. 이것을 비색정량법으로 측정하려면 목적하는 성분(A)과 반응하여 색을 나타내는 반응생성물(C)을 형성하는 특이적 시약(B)를 이용한다. B를 가하여 생성된 반응생성물(C)은 정량을 목적으로 하는 A의 함량과 비례한다. 따라서 C의 흡광도를 측정하여 표준용액과 비교하면 A의 농도를 구할 수 있다. B와 같은 시약을 발색시약이라고 한다, 여러 물질에 적합한 특이적 시약이 개발괴고 있다. 근래에는 미량성분의 정량을 위해 목적하는 물질(A)에 형광을 나타내는 시약을 결합시켜 형광광도를 측정하는 측정법(형광법)도 개발되고 있다.

2) 분광광도계

분광광도계는 ①광원(光源), ②분광기, ③액층(시료), ④검지기(檢知器), ⑤메타(또는 기록기)전측정부 로 구성되어 있다.

① **광 원** : 광원에는 가시광선을 측정하기 위한 텅스텐램프와 자외선을 측정하기 위한 중수소방전관(重水素放電管)이 이용된다. 텅스텐램프에는 220~2500 nm 부근까지 측정할 수 있지만 보통 300~700 nm 부근의 측정이 이용된다. 중수소방전관을 이용하면 190~400 nm의 빛을 측정할 수 있다. 텅스텐램프와 중수소방전관의 전환은 거울에 의해 이루어진다.

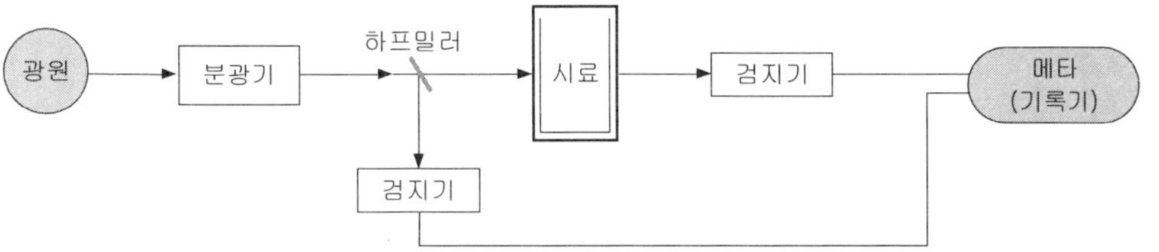

[그림 4-8] 분광광도계의 개요

② **분광기** : 착색물질은 특정 파장의 빛을 흡수하기 때문에 각각의 흡수하는 특정 파장의 빛을 이용할 필요가 있다. 이를 위하여 회절격자가 이용된다. 회절격자는 1 mm에 1000개 이상의 홈을 새긴 유리판으로 이것에 의해 특정 파장의 빛만을 투과하여 내보낸다.

③ **액 층** : 빛이 흡수되는 양은 빛의 투과하는 길이에 비례하기 때문에 액층의 두께는 정확히 해야 한다. 시료액을 유리 용기에 넣어 빛을 투과시킨다. 이 유리용기는 대부분 사각으로 되어 있으며, 셀(cell)이라고 한다. 셀은 홀다에 세워 기기 안에 넣는다. 한 개의 면에 광선이 직선으로 닿도록 하고 액층 두께가 정확히게 만들어져 있다.

10 mm의 셀(cell)이 가장 보편적이다.

유리는 자외선을 통하지 않기 때문에 자외선 흡수에는 석영 셀을 이용한다. 석영 셀은 고가이지만 가시부의 측정에도 이용할 수 있다. 유리 셀은 자외선 측정에는 이용할 수 없으며, 근적외부까지 이용된다. 시료액이 적을 때에는 마이크로 셀을 이용한다.

④ **검지기** : 투과한 빛의 양을 검출하는 데는 보통 광전자배증관이 이용된다. 빛을 받으면 빛의 양에 따라 전류를 발생하고 이것을 증폭하여 메타에 보낸다.

⑤ **메 타** : 메타는 전류계로 광의 투과율(T%) 또는 흡광도(E 또는 -logT)로 표시된다. 양자가 모두 표시되는 것도 많다. 최근에는 디지털 표시가 되어 기초 액에 대한 농도를 바로 표시한다.

기기의 보존

① 사용한 셀은 사용한 용매로 씻고 증류수로 세척한 후 건조하거나 증류수에 담가둔다. 장기간 증류수에 담가두면 곰팡이가 발생하므로 70% 알코올에 담가둔다.
② 지용성용매를 사용했을 때는 용매로 씻은 후 아세톤으로 씻고 에탄올로 씻어 둔다.
③ 셀은 빛을 통과하기 때문에 유리면을 상하지 않도록 한다.
④ 셀을 씻을 때는 솔을 사용하지 않는다. 오염이 떨어지지 않을 때에는 세제액에 담가 둔다. 측정 시 유리면을 닦을 때는 부드러운 가제로 닦는다.

4.5. 크로마토그래피(chromatography)

크로마토크래피(chromatigraphy)는 혼합물로부터 그 성분들을 순수하게 분리하거나 확인, 정량하는 데 사용되는 편리한 방법이다.

크로마토그래피는 분리양식에 따라 이하의 4가지로 분류된다.

① **흡착(adorption) 크로마토그래피** : 실리카젤 등의 흡착제를 고정상으로서 시료성분을 흡착시킨 후 흡착력의 차이에 따라 분리하는 방법.

② **분배(distribution) 크로마토그래피** : 담체표면에 고정되어 있는 용매의 고정상과 그 용매에 섞이지 않는 용매를 이동상으로 하여, 시료성분의 양쪽의 분배비율(分配比率)의 차이에 의해 분리하는 방법. 즉 이동상과 고정상 어느 쪽에 시료성분이 용해하기 쉬운가에 따라 분리한다.

③ **이온교환(ion exchange) 크로마토그래피** : 이온 교환능을 갖는 고분자화합물을 이온교환체로 하여 시료성분(이 경우 성분은 전해질)의 이온결합체와의 이온 결합력의 차이로 분리하는 방법

④ **젤여과(gel filtration) 크로마토그래피** : 고정상으로 망목구조 또는 적당한 세공(細孔)을 갖는 고정상을 이용하여 그 내부에 있는 공간으로 시료성분을 넣어 분리하는 방법. 분리는 분자량의 크기에 의한다.

한편 전개방법의 차이에 따라 칼럼 크로마토그래피, 여지 크로마토그래피, 박층크로마토그래피, 가스크로마토그래피 등으로 분류된다.

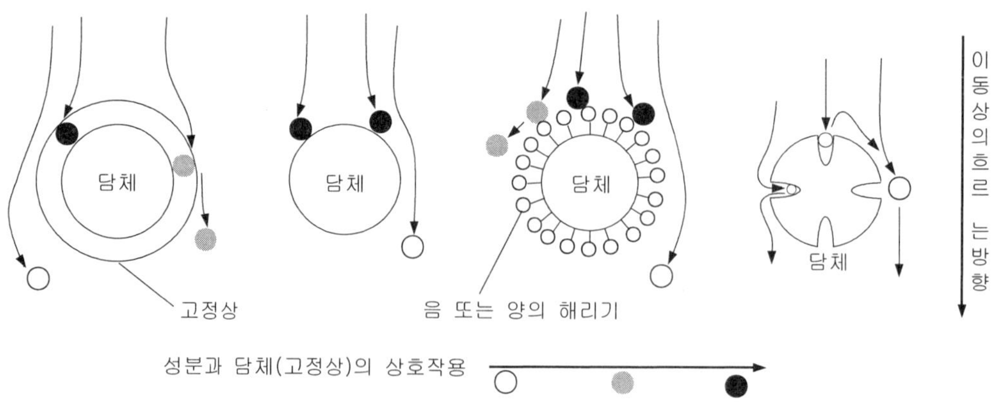

[그림 4-9] 분리양식의 개요

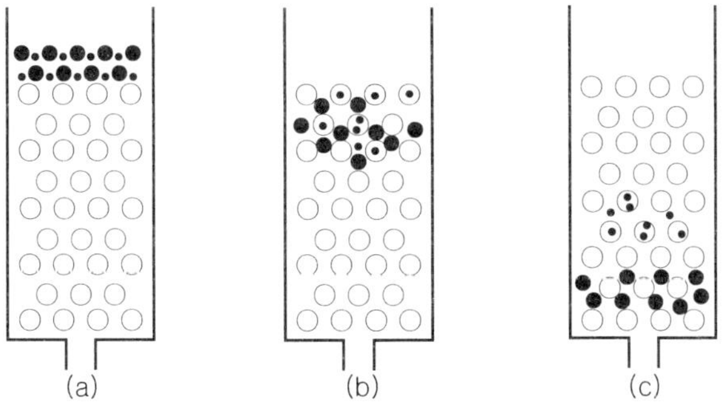

[그림 4-10] 젤여과 크로마토그래피의 원리

1. 여지크로마토그래피(paper chromatography)

여지를 지지체로 하는 여지크로마토그래피는 검출감도, 분리능, 소요시간 등의 면에서 박층크로마토그래피보다 떨어지지만, 당류, 아미노산, 펩타이드, 지방산 등의 각종 화합물의 분리, 동정(同定)에 사용되고 있다. 여지에 고정되어 있는 물을 고정상으로, 물에 섞이지 않는 유기용매를 이동상으로 하여, 시료성분의 고정상과 이동상에 대한 분배비(分配比)의 차이에 의해 분리하는 분배형, 유기용매를 고정상으로 하는 역상분배형이 있다. 일반적으로 널리 이용되는 방법은 물을 고정상으로 한 분배형 여지크로마토그래피이다.

1) 분배형 여지크로마토그래피의 원리

여지에 물이 흡착되기 때문에(약 20%), 물이 고정상이 되고, 유기용매가 이동상이 된다. 따라서 시료를 전개시키면 유기용매에 녹기 쉬운 성분은 물에 녹기 어렵기 때문에 이동상의 용매와 함께 위쪽으로 이동한다. 한편 유기용매에 녹기 어려운 성분은 여지위의 물(고정상)에 친화력이 강하기 때문에 그다지 이동하지 않는다.

이같이 시료 중의 각 성분의 물과 유기용매에 대한 용해도의 차이, 분배비의 차이에 의해 성분을 분리한다.

2. 박층크로마토그래피(TLC, thin layer chromatography)

박층크로마토그래피는 색소, 아미노산, 당류, 펩타이드 등 많은 물질의 분리 확인에 이용되고 있다. 그 특징으로서 여지크로마토그래피보다 조작이 간단하며 전개시간(20~40분)이 짧고 분리성이 좋고 예민성(10^{-9} g 까지 검출 가능)이 높기 때문에 미량의 시료에서 분리검출이 가능하다.

1) 원리

유리판에 흡착제를 도포하고 건조 활성화하여 고착시킨다. 이것에 시료를 점적(spot)하여 밀폐용기 중에 하단을 전개제로 만들어 전개하면 시료성분이 흡착성의 차에 의해 이동률에 차를 나타내어 분리된다. 현재에는 분배, 이온교환 등의 원리에 의한 박층크로마토그래피도 사용되고 있다.

2) 흡착제

① 실리카겔 : 실리카겔의 흡착은 주로 SiOH기와 흡착분자간의 수소결합력에 의한다고 할 수 있다. 일반적으로 중성 또는 산성 물질에 이용되지만, 용매의 선택에 따라 염기성의 물질도 이용되어 용도는 매우 광범위하다.

② 알루미나 : 실리카겔과 같이 널리 이용되는 흡착제이다. 반델발스력, 이온교환 등에 의해 흡착된다고 할 수 있다. 일반적으로 염기성 물질의 분리에 이용된다.

③ 규조토 : 흡착력이 약하기 때문에 주로 분배크로마토그래피에 사용되며, 친수성화합물, 양성화합물에 이용된다.

④ 기타 : 셀룰로오스, 폴리아마이드(polyamide), 덱스트란겔(dextran gel) 등이 있다.

3) 전개 용매

지용성 화합물을 분리하는 경우는 유기용매, 또는 그 혼합물을 사용하고 극성이 큰 화합물은 일반적으로 극성이 큰 전개제를 사용하지만, 극성이 작은 용매를 사용하여 하룻밤 공기 중에 방치하여 활성을 저하시킨 용매를 사용하는 경우도 있다.

조 작

시료를 plate 하단에서 1.5~2.0 cm 위치에 spot	시료는 마이크로피펫 또는 모세관으로 가능한 spot(점적)한다.
↓	
시료를 전개조에 넣고 밀폐하여 전개	시료가 불투명한 경우에는 여과지로 여과하여 사용
↓	
용매가 원점에서 10~15 cm에 도달하면 plate를 꺼내 풍건	

① Plate의 양단(兩端)은 중앙부에 비해 수정치가 커지는 경향이 있으므로 양단에서 1.5 cm 이내에 시료를 점적(spot)하지 않는다.

② 전개조(chamber)에는 용매를 깊이 약 0.5 cm가 되도록 넣는다.

③ 전개조 내벽에 전개용매를 적신 여지를 붙여 밀폐하여 용매의 포화를 돕는다.

4) 검 출

검출은 유색물질의 경우 그대로 각 성분의 존재위치를 확인할 수 있지만 무색물질의 각 성분의 검출에는 화학적 검출방법, 물리학적 검출방법, 생물학적 검출방법 등이 이용된다.

화학적 검출방법에는 정색시약을 분무하는 방법과 시약용액에 담그는 방법이 있다.

물리학적 검출방법이란 자외선, X-선 등을 이용하여 검출하는 방법이다. 생물학적 검출방법이란 항생물질, 보효소, 비타민 등의 검출에 사용되어 미생물의 발육상태를 비교하여 검출하는 방법이다. 또 흡착제가 무기질인 경우는 황산, 질산, 중크롬산 등을 분무하여 점적된 유기물을 태워 착색할 수도 있다.

5) 물질의 동정

원점으로부터 이동한 시료의 거리를 acm라고 하고, 시료를 점적한 원점에서부터 이동한 용매의 거리를 b라고 하면 a/b가 성분의 이동률인 Rf치(Rf value)가 된다.

$$R_f = \frac{\text{성분의 이동거리(a)}}{\text{전개용매의 이동거리(b)}}$$

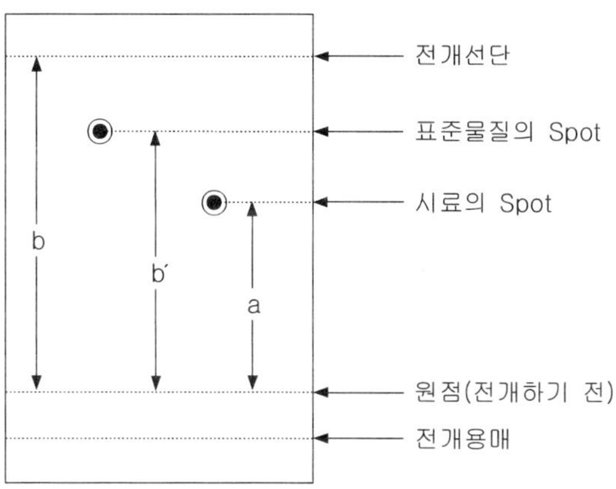

[그림 4-11] R_f값의 측정

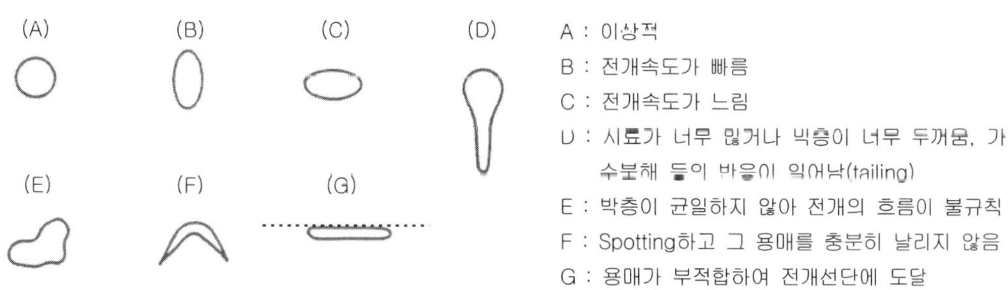

[그림 4-12] Spot의 형상

실험 4-5. 박층크로마토그래피(TLC)에 의한 수용성 식용색소 분리

원 리

흡착제와 용매사이의 물질의 흡착력 및 분배능의 차이를 이용하여 분리하는 방법이다.

시 료

식용적색 2호, 식용적색 3호, 식용적색 102호, 식용색소 적색 105호, 식용황색 4호, 식용녹색 3호, 식용청색 1호, 식용녹색 3호, 식용청색 1호는 0.5% 수용액으로, 나머지는 0.1% 수용액으로 한다.

장치 및 기구

박층그로마토그래피 전개조, 실리카겔 G의 박층판(20 × 20 cm)

전개용매

메탄올 : 진한 암모니아수용액(9 : 1, V/V), 또는 n-아밀알코올 : 에탄올 : 진한 암모니아수용액(10 : 10 : 1)을 사용한다.

조 작

시료를 plate 하단에서 1.5~2.0 cm 위치에 spot	시료는 마이크로피펫 또는 모세관으로 가능한 spot(점적)한다.
↓	
시료를 전개조에 넣고 밀폐하여 전개	
↓	
용매가 원점에서 10~15 cm에 도달하면 plate를 꺼내 풍건	전개용매의 침투선단을 연필로 표시하고 풍건
↓	
Spot의 색을 관찰하고 Rf값을 구한다.	
↓	
표준색소의 Rf값과 비교하여 시료의 색소를 판정	

실험 4-6. 박층크로마토그래피(TLC)에 의한 아미노산 분리

시 료

화학조미료을 소량의 물에 녹인 것 및 아미노산혼합액

장치 및 기구

TLC 전개조, 실리카겔 G의 박층판(20 × 20 cm)

전개용매

n-부탄올 : 빙초산 : 물(4 : 1 : 1, V/V/V)용액, 또는 n-프로판올(propanol) : 28% 암모니아수(7 : 3, V/V)용액.

발색제

닌하이드린-질산구리시약

① 제1액 : 에탄올 50 mL, 빙초산 10 mL, 2,4,6-collidine(2,4,6-트리메틸피리딘) 2 mL의 혼합용액에 0.2% 닌하이드린(Ninhydrin)을 함유한다.

② 제2액 : 1% 질산구리($Cu(NO_3)_2 \cdot 3H_2O$) · 에탄올용액

①② 두 용액을 사용직전에 5 : 3의 비율로 혼합한다.

조 작

전개는 실험 5-3과 동일하게 행한다.

↓

전개 후 박층판을 전개조에서 꺼내
전개용매의 침투선단을 연필로 표시

↓

박층판을 110℃ 건조기에서 건조

↓

발색제를 분무하고 나서
건조기에서 발색시킨다. — 발색제는 분무기로 분무

↓

표준아미노산의 Rf값과 비교하여
시료의 아미노산을 판정

3. 고속액체크로마토그래피(HPLC)

고속액체크로마토그래피는 액체(용매)를 이동상으로 이용하는 방법이다. 빠르고 높은 분리능이 우수하고, 또 고감도로 재현성도 좋기 때문에 가스크로마토그래피와 함께 널리 이용되고 있다. 장치의 특징으로는 물(또는 완충액)이나 유기용매에 용해할 수 있는 성분은 기본적으로 모두 분리, 분석할 수 있다. 특히 유사한 성질과 구조를 갖는 성분의 상호 분리, 정량에 적합하다.

1) 적용범위

① **탄수화물** : 포도당 등과 같은 단당류로부터 올리고당, 다당류끼리 분리할 수 있다. 중성당 뿐 아니라 펙틴 등의 산성 당과 아미노산도 분리할 수 있다. 분리 양식은 주로 분배와 젤(gel filteration)이 이용된다. 검출은 RI 검출기 등으로 행한다.

② **단백질** : 각종 단백질 뿐 아니라 아미노산, 펩타이드도 분리 가능하다. 분리양식은 주로 분배, 이온교환, 젤여과가 이용된다. 검출은 UV 검출기가 이용된다.

③ **지질** : 트리글리세라이드, 스테로이드류 등을 분리할 수 있다. 검출은 RI 검출기 등으로 행한다.

④ **비타민** : 수용성(비타민 B군, 비타민 C 등) 및 지용성 비타민(비타민 A, 비타민 D, 비타민 E 등)의 각종 비타민을 분석할 수 있다. 분리양식은 주로 분배가 이용된다. 검출은 UV 검출기, 형광검출기 등으로 행한다.

⑤ **핵산관련 물질** : 각종 핵산염기, 뉴클레오타이드, 뉴클레오사이드 등을 분석할 수 있다. 분리양식은 주로 분배, 이온교환이 이용된다. 검출은 UV 검출기 등으로 한다.

⑥ **유기산** : 초산, 락트산(lactic acid), 구연산 등 각종 유기산을 검출할 수 있다. 분리양식은 주로 이온교환이 이용된다. 검출은 UV 검출기 등이 이용된다. 또 이온크로마토그래피라는 방법이 있고, 이온교환 후에 전기전도도 검출기에 의해 보다 고감도로 검출할 수 있다.

2) 기기의 개요

장치의 구성은 송액(送液) 펌프, 시료주입부(injector), 분리칼럼, 검출기(detector), 기록기(integrator)의 구성을 기본으로 한다. 고정상을 지지하는 담체(충진제라고도 함)는 칼럼(가늘고 긴 주로 스테인레스제)에 충진되어 사용되며, 필요에 따라 탈기장치(이동상 중의 기포를 제거하는 장치), 오토샘플러(autosampler, 다수의 시료를 순차적으로 주입하는 기기), 칼럼오븐(칼럼을 일정온도로 유지하는 항온기), fraction collector(분리한 성분을 함유하는 용액을 회수하는 기기) 등도 이용된다(그림 4-13). 성분과 농도가 다른 2종류 이상의 이동상을 이용하여 분리하는 경우가 많다. 이 경우에는 혼합비율을 조절하는(濃度句配를 작성한다.) 기능을 갖는 송액(送液) 펌프를 준비한다. 분리칼럼은 분리양식에 따라 많은 종류가 있기 때문에 시료성분에 맞게 선택해야 한다. 또 검출기에도 굴절률, 자외선흡수 등 각종 검출방법이 있다(표 4-5).

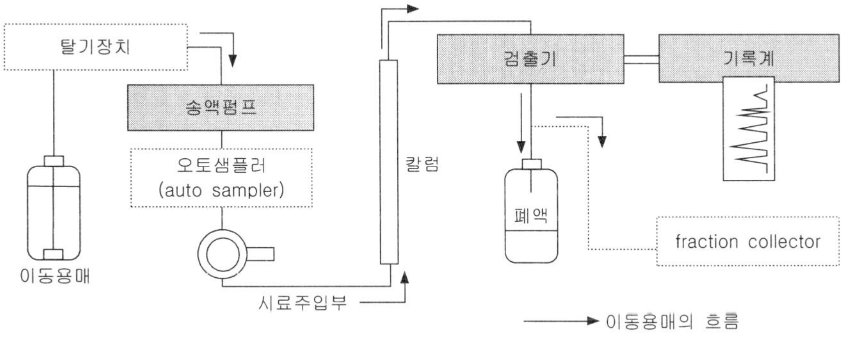

[그림 4-13] HPLC 장치의 개요

[표 4-10] 각종 검출기(detector)

검출기	검출 원리	특징
흡광도 검출기	빛의 흡수	-자외선(UV)이 많이 이용된다. 온도의 영향이 적고, 비교적 감도가 좋다.
시차굴절계	굴절률(RI)의 차	-어떤 시료에도 적용할 수 있다. 온도의 영향이 크고 감도가 낮다.
형광검출기	형광의 발생	-형광성 성분에 이용된다. 감도가 좋다.
전기전도도검출기	비전도도(比傳導度)의 차	-온도의 영향이 크다. 이온크로마토그래피에서 유기산 분석에 이용
전기화학검출기	산화환원전류	-감도가 높다. 이온교환 크로마토그래피에서 탄수화물 분석에 이용

3) 조작방법

(1) 장치의 준비

이동상(mobile phase)은 HPLC용을 사용하고, 완충액을 조제한 경우, 여과가 가능한 것은 0.2~0.45 μm(pore size)의 필터여과를 한다. 고속액체크로마토그래피에서는 성분은 최종적으로 기록계에서 피크(peak)로 기록되어, 이 피크로부터 정보를 얻기 때문에 무신호상태(baseline)를 미리 확인해 둔다. 그 것을 위하여 각 장치의 전원을 넣은 후 실제로 분석을 행하는 조건에서 송액펌프, 기록계를 작동시켜 baseline이 안정할 때 가지 기다린다. 이 조작은 정지해 있던 송액펌프를 운전할 때는 매회 행하는 것이 좋다.

(2) 시료의 조제

분석시료를 조제할 때에 주의해야 할 점은 목적으로 하는 성분의 농도, 검출을 방해하는 불순물의 유무, 칼럼의 막힘을 일으키는 불용성 물질의 유무 등 이다. 보통은 전처리로서 목적하는 성분의 추출, 농축 또는 희석하고, 0.2~0.45 μm의 필터로 여과한다.

(3) 시료의 주입과 분석

조제한 시료를 일정량 전용 주입기(syringe)로 취하여 주입부에 주입하여, 샘플루프에 대기시킨다. 그 후 시료가 칼럼으로 보내지도록 밸브를 전환하면 동시에 기록계를 작동시켜 분석을 개시한다(농도구배를 이용하는 경우는 송액펌프의 혼합 프로그램도 동시에 개시된다). 오토샘플러(autosampler)를 이용하면 많은 시료의 작업을 대행할 수 있고, 자동운전이 가능하다.

조 작

전원 스위치 ON ↓	본체뿐 아니라 필요한 부속장치의 전원을 ON
분석조건 설정 ↓	펌프, 칼럼오븐, 검출기, 기록기 등의 운전 조건을 설정
송액(送液) 개시 ↓	기본적으로 송액은 분석종료까지 멈추지 않는다.
기록 개시 ↓	Baseline의 안정을 확인한다.
기록 정지 ↓	분석대기상태로 대기시킨다.
시료 주입 ↓	시료를 시료주입구로부터 주입한다(시료는 샘플루프에서 대기).
밸브 전환 ↓	보통 "Load"에서 "Inject"로 전환(시료를 칼럼으로 보낸다.)
기록 개시 ↓	필요에 따라 농도구배(濃度句配) 프로그램도 개시한다.
기록 정지 ↓	분석을 계속하려면 시료주입 으로 되돌아 간다.

송액 정지

↓

전원 스위치 OFF

유리당 분석 조건의 예

칼 럼 : Shodex Asahipak NH_2P-50 4E(300 mm × 3.9 nm, 10 μm)

검 출 기 : RI detector

컬럼 온도 : 30℃

이동상용매 : Acetonitrile : H_2O(75 : 25, v : v)

주 입 량 : 20 μL

유 속 : 1.0 mL/분

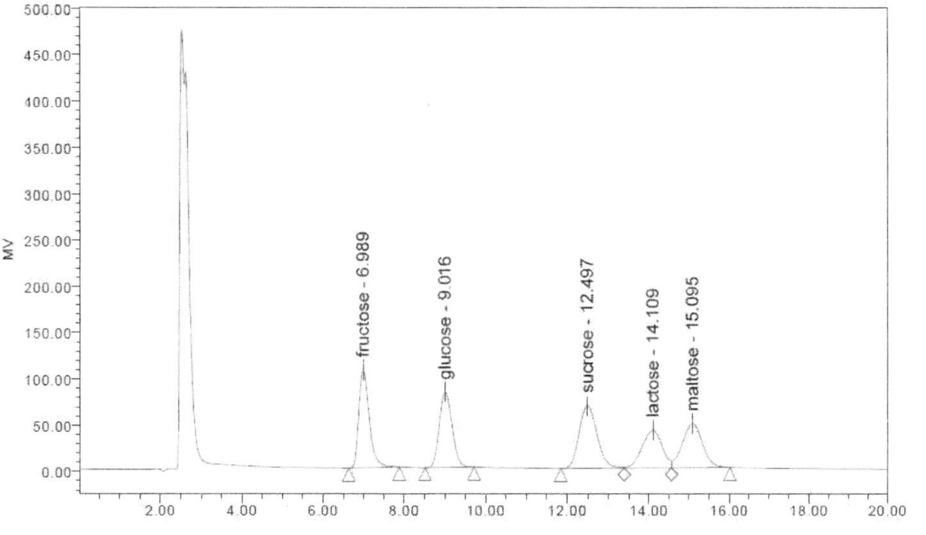

유리당 표준물질의 크로마토그램

비타민C 분석 조건의 예

칼 럼 : Waters Spherisorb® 10μm(4.6 × 250 mm Analytical)

검 출 기 : UV-Vis detector

컬럼 온도 : 25℃

이동상용매 : 0.05M KH_2PO_4

주 입 량 : 20 μL

유 속 : 1.0 mL/분

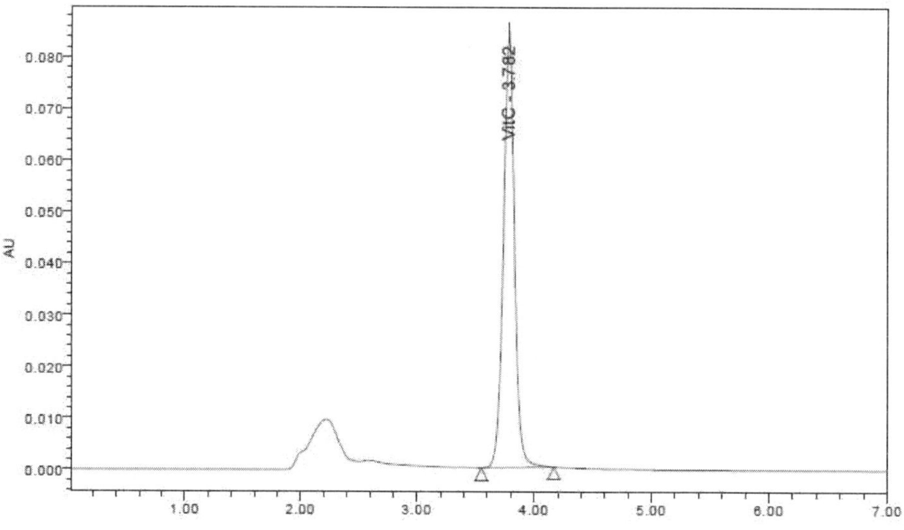

비타민C 표준용액의 크로마토그램

(4) 결과의 해석

고속액체 크로마토그래피는 누구나 용이하게 취급할 수 있는 분석기기이지만 분석자의 지식과 기량에 따라서도 장치의 성능이 좌우된다. 여기에 몇 가지 주의점을 논한다.

① **시료** : 분리 및 검출을 방해하는 물질과 충진제에 강하게 흡착하여 분리능을 저하시키는 물질이 공존하는 경우에는 분석 전에 제거해야 한다. 또 검출한계 이하의 미량성분을 분석해야 하는 경우에는 농축한다. 분석칼럼의 성능을 유지하기 위해서는 0.2~0.45 μm로 시료를 여과한다.

② **송액부(送液部)** : 이동상인 용매는 탈기하고, 시료와 같은 사이즈 정도의 필터로 여과한다. 배관(配管), 송액펌프 등을 상하게 할 수 있는 용매(산, 알칼리, 염 등)를 사용한 경우는 세척이 필요하다. 기기에 따라 내압(耐壓)능력이 결정되기 때문에 그 용적범위에서 운전한다.

③ **분리칼럼** : 동일 충진제라도 제조회사, 제품번호에 따라 분석결과가 다른 경우가 있다. 분리 칼럼은 소모품이지만 그 수명은 사용시간 뿐 아니라 사용조건(이동상 용매의 종류, pH, 시료에 존재하는 물질)등에 따라 다르다. 어떤 물질, 어떤 사용조건이 분리 칼럼의 수명을 단축하는 가는 충진제에 따라 다르기 때문에 구입할 때 확인해 둔다.

④ **검출기** : 오염물의 부착, 기포의 생성이 있으면 검출기의 감도가 저하된다. 또 일반적으로 검출감도를 올리면 baseline의 변동이 커지게 된다. RI 검출기는 특히 온도의 영향을 받기 쉽다.

⑤ **기타** : 분석결과가 당초 예상만큼 좋지 않는 경우가 있다. 이 경우는 시료의 전처리, 이동상의 조성, 분리칼럼과 검출기의 선택 등 분석에 관한 조건을 재검토한다.

4. 가스크로마토그래피(GC)

가스크로마토그래피는 원리적으로 액체크로마토그래피와 유사하지만, 이동층(移動層)에 액체 대신 가스를 이용한다는 점이 특징이다. 이 기체는 액체크로마토그래피에 있어서 이동상 용액, 여지크로마토그래피와 박층크로마토그래피에서의 전개제(액)에 해당하고, 캐리어가스(carrier gas)라고 한다. 캐리어가스에는 질소가스, 헬륨(helium)가스가 이용된다. 칼럼은 내경 2.5~3 mm, 길이 1~2 m의 스테인레스 또는 글라스(glass)칼럼이 이용된다. 한편 고정상용(固定相用)의 충진제에는 고체의 흡착제(실리카젤, 활성탄, 알루미나 등)을 이용하기도 하지만, 대부분 고체분말(규조토, 석영 등)에 증발하기 어려운 액체(실리콘, 에틸렌글리콜 등)를 코팅하여(液相) 사용한다. 전자의 흡착제를 이용하는 경우를 흡착 가스크로마토그래피, 후자를 분배 가스크로마토그래피라고 한다. 또 긴 모세관(내경 0.1~0.5 mm, 길이 10~100 m)의 내벽에 고정상(固定相) 액체막으로 씌워 사용한다. 이 경우, 충진제는 채우진 않는다. 칼럼의 길이가 길어 석유제품 분석에 적합하다.

1) 적용범위

가스 크로마토그래피는 휘발성이 높은 성분 분석에 적당하지만, 불휘발성 성분에서는 휘발성 유도체로 바꾸어 분석할 수 있다. 야채, 과실류, 양조식품의 향기성분, 또, 유지식품의 지방산분석에 매우 많이 사용되고 있다.

① **향기성분** : 터펜류(terpenes), 에스터류(ester), 알코올류 등은 증발 기화하기 쉽기 때문에 유도체를 만들지 않고 그대로 분석할 수 있다.

② **지방산** : 지방산은 그대로도 분석할 수 있지만, 중급, 고급지방산의 경우는 메틸유도체로 만들어 분석하는 경우가 많다.

③ **아미노산** : 아미노산은 가열하면 열분해하여, 그대로는 분석할 수 없다. 아미노산의 카복실기를 메틸에스터화하고, 아미노기를 TFA(trifluoroacetyl)화하면 기화하기 쉬워 분석이 가능해진다.

④ **당** : 단당류, 이당류, 삼당류, 사당류는 TMS(trimethylsilyl)화하면 기화되기 쉬워져 대부분 분석할 수 있다. 그러나 오당류 이상의 당에 대해서는 TMS화 해도 분석할 수 없는 경우가 많다.

2) 기기의 개요

장치의 개요는 그림 4-14에 나타내었다. 항온조는 온도 programer에 의해 일정 온도 또는 승온(저온에서 고온으로의 연속변화)의 조건으로 설정할 수 있다. 봄베 중의 가스는 일정한 압력으로 유지된 후 유량계를 결쳐 칼럼 입구로 들어간다. 이 입구에 시료 주입구가 있고, 주입된 시료는 기체화되어 캐리어가스(carrier gas)와 함께 칼럼을 결쳐, 검출기를 통과하여 대기 중에 방출된다.

검출기에는 여러 성분에 대해 같은 정도의 반응을 하는 것과, 특수성분에 대해서만 감도가 높은 것이 있다.

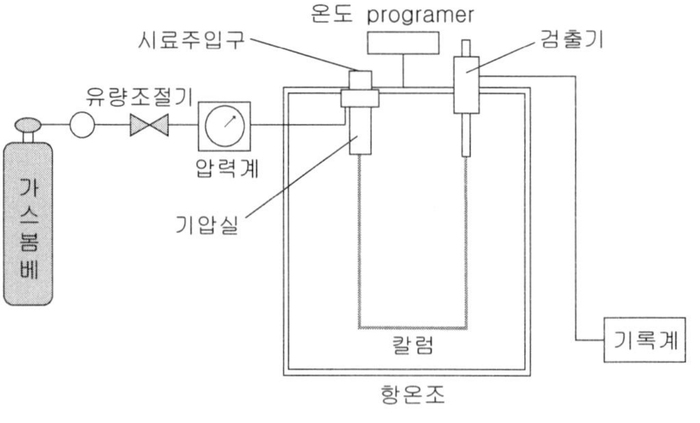

[그림 4-14] 가스 크로마토그래피의 개요

(1) 열전도도 검출기(Thermal Conduct Detector, TCD)

예로부터 이용되어져 온 검출기로 캐리어 가스보다도 열전도도가 낮은 물질이 검출소자(檢出素子)를 통과하면 전기저항이 증가한다. 이때의 전위차를 응답 시그날(signal)로 뽑아내어 기록한다. 일반적으로 캐리어 가스로서 헬륨을 사용하며, 헬륨과 같은 열전도도를 나타내는 물질을 제외하고는 대부분 검출이 가능하지만, 감도는 다른 검출기에 비해 떨어진다.

(2) 수소염이온화검출기(Flame Ionization Detector, FID)

탄소를 함유하는 유기화합물을 수소염(水素炎, 酸化炎) 중에서 연소시키면 이온화한다. 이 때 염(炎)은 전도성을 갖게 되고, 전압을 걸면 전류가 흐른다. 즉, 전류의 증가량을 측정하는 것에 의해 칼럼으로부터 물질(유기화합물)이 유출되는 양을 검출할 수 있다.

(3) 알칼리염 이온화검출기(Flame Thermionic Detector, FTD)

기본적으로 FID(수소염이온화검출기)와 거의 같다. 수소염 근처에 알칼리염을 놓고, 수소염으로 가열된 알칼리 금속이온과 인(P)이나 질소와의 특이적인 반응에 의해 생긴 이온 전류를 측정한다. 대부분의 유기화합물에 대한 감도가 매우 좋다.

(4) 염광광도 검출기(Flame Photometric Detector, FPD)

인과 황을 함유하는 화합물은 수소염(還元炎) 중에서 각각 특유의 염광(炎光)을 발한다. 광필터를 통과한 후 이 빛의 감도를 광전자증배관으로 측정한다. 인과 황화합물에 대해 예민한 반응을 하기 때문에 잔류 농약과 대기오염 황화합물 분석에 적합하다.

(5) 전자포획 검출기(Electron Capture Detector, ECD)

검출기내에 들어 있는 캐리어 가스는 방사선에 의해 이온화되어 양이온과 음이온으로 나누어진다. 이 안에 정부(正負)의 전극을 놓고 전압을 걸면 전류가 흐른다. 검출기에 시료를 넣으면 시료는 전자를 포획하여 음이온이 되고, 이 음이온은 이동속도가 느리며, 양이온과 재결합한다. 이 때문에 전류의 흐름이 저하된다. 이 전류의 감소량으로부터 시료를 측정할 수 있다. 산소와 할로겐을 함유하는 화합물, 즉 나이트로화합물, 유기수은 등을 고감도로 검출할 수 있다.

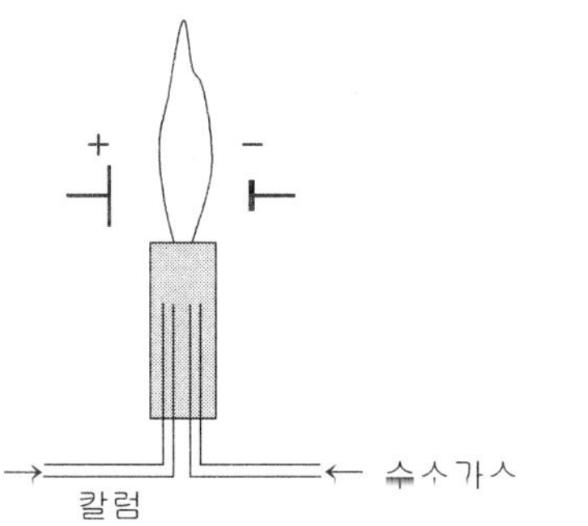

[그림 1-15] 수소염이온화 검출기

3) 조작

분배 가스크로마토그래피의 예를 설명한다. 규조토 미립자(微粒子)에 폴리에틸렌글리콜을 도포한 것을 미세한 금속이나 유리칼럼에 채운다. 질소가스를 흘리면서 이 칼럼을 90℃로 가열하고, 칼럼 입구에 메틸알코올(64.7℃), 에틸알코올(78.5), n-프로필알코올(97.2℃)의 혼합물을 소량 주입하면, 3개의 성분은 가열되어 증발, 기화한다. 질소가스를 흘리면서 이들 알코올은 규조토 표면을 덮고 있는 폴리에틸렌글라이콜과의 사이에서 용해, 증발을 반복하며 이동한다. 이동속도는 일반적으로 비점(沸點)이 낮은(증발하기 쉽다)것 일수록 빨라진다.

즉 그림 4-16과 같이, 메틸알코올, 에틸알코올, n-프로필알코올의 순으로 이동한다. 칼럼에서 나온 3개 성분은 검출기로 들어가 각 성분량을 기록한다. 기록된 그림을 크로마토그램(chromatogram)이라고 한다. 일정조건하에서의 성분의 이동속도는 성분마다 일정하기 때문에 미지의 성분과의 이동속도를 비교하여 시료 중의 성분을 정성 분석할 수 있다. 또 성분량과 검출강도(크로마토그램의 피크면적이나 높이)와 일반적으로 비례관계에 있기 때문에 시료 중의 성분을 정량 분석할 수 있다.

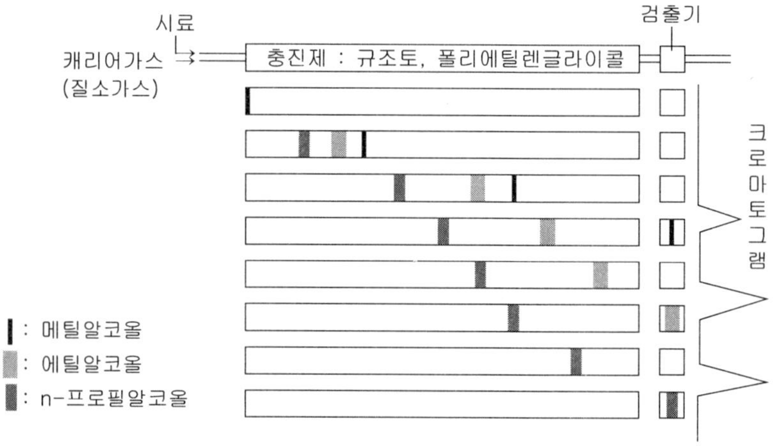

[그림 4-16] 가스 크로마토그래피의 원리

조 작

조작	비고
칼럼을 가스크로마토그래피 장치에 장착	새로운 칼럼을 사용할 때는 허용온도보다 약간 낮은 온도에서 12~24시간 가열(이때 검출기 쪽은 개방해 둔다.)
↓	
캐리어가스(헬륨 또는 질소) 봄베의 뚜껑을 연다.	봄베 2차압은 7~8 kg/cm^2
↓	
캐리어 가스 봄베의 2차 stop cock를 연다.	
↓	
캐리어 가스를 흘린다.	가스크로마토 본체의 1차압은 6 kgcm^{2}으로 하고, 캐리어 가스의 유량을 조절한다(40~60 mL/min).
↓	
시료기화실, 검출기의 온도를 설정	승온(昇溫)분석인 경우, 칼럼의 초기온도를 약 50℃로 한다.
↓	

파워스위치 ON	
↓	
검출기(FID)에 수소, 공기를 공급	수소봄베 2차압은 약 3 kg/cm_2 수소 0.9~1.0 kg/cm^2. 공기 0.1~0.5 kg/cm^2.
↓	
검출기에 점화한다.	
↓	
수소, 공기의 유량(流量)을 적정량으로 조절	수소 0.4~0.7 kg/cm^2. 공기 0.5~0.7 kg/cm^2
↓	
기록기, 데이터처리장치의 스위치 ON	
↓	
칼럼오븐을 필요온도로 한다.	승온분석의 경우, 초기온도를 설정한다.
↓	
칼럼오븐의 온도가 안정한가를 확인한다.	승온분석인 경우, 승온온도, 최종온도를 설정한다. Baseline의 안정을 확인한다.
↓	
시료를 주입한다.	동시에 기록 개시
↓	
종료, 기록중지	전원을 OFF로 하는 동시에 본체의 캐리어 가스, 수소 가스, 공기의 각 압력을 0으로 되돌리고 봄베의 모든 밸브를 잠근다.

* Capillary column을 사용하는 경우는 상기의 조건이 다소 변한다.

실험 4-7. 가스크로마토그래피를 이용한 지방산 조성

지방산은 그대로도 분석할 수 있지만, 중급, 고급지방산의 경우는 메틸에스터로 만들어 분석한다.

시료용액의 조제(지방산 메틸에스터의 조제방법)

원 리

$$\begin{array}{l} CH_2OCOR_1 \\ | \\ CHOCOR_2 \\ | \\ CH_2OCOR_3 \end{array} + 3\ CH_3OH \xrightarrow[BF_3]{} \begin{array}{l} CH_2OH \\ | \\ CHOH \\ | \\ CH_2OH \end{array} + \begin{array}{l} R_1COOCH_3 \\ R_2COOCH_3 \\ R_3COOCH_3 \end{array}$$

유지분자 메탄올 글리세롤 지방산의 메틸에스터

시 약

① 14% BF_3-메탄올시약 : 시판용
② 0.5N 수산화나트륨-메탄올용액 : 수산화나트륨 2 g을 100 mL 메탄올에 녹인다.
③ 포화 염화나트륨용액 : 과포화 염화나트륨용액의 상등액을 사용
④ n-헥산(n-hexane)
⑤ 무수황산나트륨(sodium sulfate anhydrous)

조 작

식용유지 500 mg을 50 mL 공전플라스크에 취함
↓
0.5N NaOH-메탄올용액 6 mL 가하고 가열(5~10분) — 냉각관를 부착하여 비등가열
↓
14% BF_3-메탄올시약 7 mL 가하고 가열(2분)
↓
헥산 5 mL 가하고 가열(1분)후 냉각
↓
포화 NaCl용액 가함 — 위쪽의 헥산층이 플라스크 목부분에 도달할 때 까지
↓

헥산층 1 mL를 시험관에 옮김

↓

무수황산 나트륨을 소량 가하여 탈수함 | 조제된 지방산메틸화에스터는 가능한 빨리 분석

지방산 분석 조건의 예 1

칼　　럼 : SP™-2560 Capillary Column(100 m × 0.25 mm × 0.2 μm)
검 출 기 : FID
주입부온도 : 225℃
오븐 온도 : 초기온도 100℃ at 4min
　　승온온도 3℃/min
　　최종온도 240 at 15min
검출기온도 : 285℃
캐리어가스 : He 가스, 1.0 mL/min
Split ratio : 100 : 1

지방산 분석 조건의 예 2

칼　　럼 : HP-INNO Wax(polyethylene glycol)(30 m × 0.25 mm × 0.25 μm)
검 출 기 : FID(Flame Ionization Detector)
주입부 온도 : 220℃
오 븐 온 도 : 초기온도 50℃ at 3min
　　승온온도 10℃/min.
　　최종온도 250℃ at 5min
검출기 온도 : 275℃
캐리어가스 : He, 1.0 mL/분
split ratio : 10 : 1

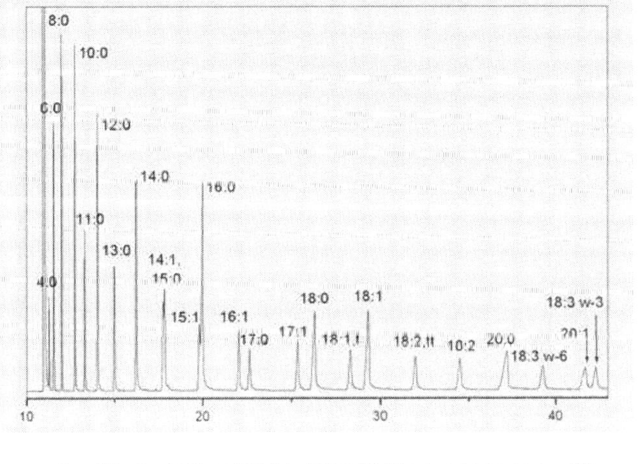

[그림 4-17] 지방산 표준물질의 크로마토그램

비 고

시료(mg)	0.5N 수산화나트륨용액(mL)	14% BF_3-메탄올시약(mL)
100~250	4	5
250~500	6	7
500~750	8	9
750~1000	10	12

4.6. 원자흡광분석법에 의한 무기질 분석

원 리

시료를 불꽃 속에 분무하여 기저상태로 해리시킨다. 이것에 동일 원소에서 방산된 특정파장의 빛을 통과시켜 외측 전자의 여기상태에 근거하는 흡수를 측정한다. 흡수강도에 따라 원소의 정량을 할 수 있다. 정량에 적용되는 원소는 원자상태로의 해리가 용이하여 여기와 이온화가 일어나기 쉬운 원소이다.

시 약

(1) 측정저해방지액(Ca, Mg의 P, Al에 의한 간섭을 제거한다.)

① 스트론튬(Sr, strontium)액

Sr로서 5,000 ppm이 되도록 물 또는 1% HCl에 $SrCl_2$을 녹여 검액에 최종 농도 500~1,000 ppm 첨가한다.

② 란탄(란타넘, lanthanum La)액

La_2O_3 58.65 g을 증류수에 적시어 진한염산 250 mL를 서서히 가하여 녹인다. 이것을 증류수를 가하여 1,000 mL로 한다. 이 액은 Lark 5% 함유되어 있어, 검액에 최종 농도 1%가 되도록 첨가한다. 란탄원액은 Ca 0.4 ug/mL, mg 0.04 ug/mL 함유하기 때문에 보정할 필요가 있다.

- 검액으로의 첨가량은 양 용액 모두 총 농도 1000~10,000 ppm이 되도록 첨가하면 모든 시료에 적용할 수 있지만, 식품의 경우에는 500~1,000 ppm 첨가로 충분하다. 식품에서는 인산의 영향을 고려하면 좋다.

[표 4-11] 원자흡광분석에 의한 원소의 파장과 감도

원소	파장(Å)	감도(ppm)	원소	파장(Å)	감도(ppm)
Al	3093	0.5	Mg	2852	0.03
As	1890	0.5	Mn	2795	0.02
Ca	4227	0.03	Na	5890	0.005
Cu	3248	0.02	Pb	2170	0.2
Fe	2483	0.04	Sn	2246	0.5
K	7665	0.01	Zn	2139	0.005

표준용액의 조제

각 원소의 표준액은 다음의 표 4-12와 같이 조제한다. 각각의 표준원액을 희석하여 표준곡선 작성용 용액으로 한다.

[표 4-12] 원자흡광분석용 원소의 표준액 조제법

원소	공시금속	칭량(g)	용액(전체량은 증류수로 1,000 mL)
Ca	$CaCO_3$	2.497	3N 염산 소량
Cu	Cu(금속)	1.000	진한 질산 5 mL
Fe	Fe wire	1.000	진한 질산 5 mL
K	KCl	1.907	물
Mg	MgO	0.829	진한 질산 10 mL
Mn	MnO_4	1.388	진한 염산 10 mL
	MnO_2	1.583	진한 염산 10 mL
Na	NaCl	2.542	물
Pb	$Pb(NO_3)_2$	1.599	진한 질산 10 mL
Zn	Zn(금속)	1.000	진한 질산 10 mL

표 4-12 중의 표준액에는 각각의 원소가 1,000 mg/1,000 mL(Mg만 500 mg/1,000 mL)를 함유한다.

Ca 및 Mg 표준액에는 Sr, La 모두 저해방지액을 첨가한다.

시료의 조제

(1) 건식회화와 용해

도가니(백금접시, 석영접시)에 일정량의 시료를 넣고 건조(100℃ 이상)한 후 회화(550℃ 전후)

↓

회화물은 냉각 후 소량의 물로 적신 후 염산(1:1) 10 mL를 가하고 수욕조상에서 완전히 가열 건조

↓

건조물에 염산(1:3) 5 mL, 물 10 mL를 가한 후 따뜻하게 하여 녹이고 50 mL 또는 100 mL 용량플라스크에 넣고 증류수로 정용

↓

여과한 후 여과액을 시료액으로 한다.

- 회화온도가 600℃를 넘으면 회분이 용융하여 용기에 부착되거나 인산이 분해, 휘발될 우려가 있다. 회화가 곤란한 경우는 차가울 때 물에 적시고 난 후에 재차 회화하는 것이 좋다. 이것을 반복해도 불완전할 때는 차가울 때 소량의 과산화수소를 가하여 건조시킨 후 회화한다.

(2) 습식회화

시료가 매우 소량이거나 건식회화가 곤란한 경우(건식회화할 때 도가니에 넘치는 시료나 강한 산성으로 회화가 어려운 경우)에는 습식회화를 행한다. 단, 당질이나 지질을 다량 함유하는 것에는 적합하지 않다.

시료의 일정량을 킬달플라스크(200~300 mL 용량)에 취한 후 진한 질산 10 mL를 가하고 완만하게 가열 — 가끔 온도를 내려 반응이 과도하게 되지 않도록 한다.

↓

전체가 황갈색의 투명액이 되면 가열을 중단하고 진한 황산 3 mL를 조심스럽게 가한다.

↓

갈색 가스의 발생이 끝날 때 까지 계속 가열

↓

하얀 황산의 연기가 발색하기 시작하면 가열을 중단하고, 진한 염산 2 mL를 가하고 이것을 반복

↓

최종적으로 갈색가스가 감소하고 황산의 백색연기가 나오는 시점(액은 흑색이 되지 않음)에서 가열을 중단하고 냉각

↓

60% 과염소산(porchloric acid, $HClO_4$) 1 mL를 가하고 가열 (액은 황색 → 담황색 → 무색이 됨)

↓

백색연기가 거의 없어지면 냉각

↓

증류수 10 mL를 가하고 용량플라스크에 옮겨 증류수로 정용

측 정

원자흡광분석의 경우에는 표준물질의 일정농도와 비교하여 측정할 필요가 있기 때문에 표준액을 다음과 같이 희석해 둔다.

Ca : 0, 2, 4, 6, 8, 10 ppm
Cu, Fe, Mn : 0, 2, 4, 6, 8, 10 ppm
K : 0, 1, 2, 3, 4, 5 ppm
Mg : 0, 0.2, 0.4, 0.6, 0.8, 1.0 ppm
Zn : 0, 1, 2, 3, 4, 5 ppm

희석표준액과 비교하면서 검액으로 측정한다. 정량범위를 넘는 경우에는 적당히 희석하여 행한다. 표준액의 검량선으로 부터 검액의 농도를 구한다.

일반적으로 원자흡광분석에서는 염산용액으로 행한다. 특히 Mn의 경우 질산에 녹이면 흡광도가 약 절반정도로 저하되고, Ca, K도 약간 저하된다. K, Na의 경우에는 회화가 불충분해도 결과에 거의 차이가 없지만, Mn의 경우에는 큰 차이가 있다.

음료와 같이 액체이며, 점도가 낮은 시료는 염산산성으로 하여 여과한 후, 그 여과액을 직접 측정할 수 있다.

실험 예

(1) 식물의 잎의 건조물

1 g을 건식회화하여 특급염산 1 mL에 녹이고 50 mL 플라스크에 물을 가하여 채운다.

이 액 1 mL를 100 mL로 희석하여 Cu, Fe, Al를 정량한다. 또 원액 1 mL를 100 mL 용량플라스크에 넣고 20,000 ppm의 Sr액 2.5 mL를 가하고 증류수로 100 mL로 하고 K, Ca, Mg. Na를 정량한다.

(2) 감귤류

밀감과피, 과육을 각각 50 g을 건식회화하여 1% 염산에 따뜻하게 하여 녹여 25 mL로 한다. 실험 측정치의 예는 다음과 같다.

	Na	K	Mg	Fe	Ca	Mn	Zn
밀감 과피	23.5	2,250	282	4.52	1,316	1.54	1.70
밀감 과육	15.5	1,751	143	1.11	129	0.41	0.56

4.7. 당산비(糖酸比)에 의한 과실, 과즙의 품질평가

당산비(糖酸比, sugar-acid ratio) : 당의 농도를 산의 농도로 나눈 값 가용성고형물량(일반적으로는 당용굴절계 눈금)을 산함량으로 나눈 값을 당산비라도 한다. 당산비는 감산비(甘酸比) 또는 감미율(甘味率)이라고도 하며, 과실이나 과즙의 감산미를 나타내는 것으로 품질평가에 사용된다.

$$당산비 = \frac{당의\ 농도}{산의\ 농도}$$

당의 함량은 일반적으로 간이 당도계(굴절계)로 얻어진 당도를 이용한다.

1) 과즙, 과실의 품질과 당산비

일반적으로 과실의 품질은 외관, 맛, 향기, 조직감, 색 등에 좌우되며, 과즙의 품질은 맛, 향, 색 등이 관여한다. 이 중에서 맛은 과실과 과즙 중의 유리당(단맛), 유기산(신맛)와 아미노산(감칠맛)이 주로 관계하지만, 당과 산이 다른 성분에 비해 함량이 많아 가장 크게 관여한다.

과실은 성숙됨에 따라 당산비가 증가하여 거의 일정 수치가 되어 수확적기가 된다. 당산비는 과실의 종류에 따라 다르다. 단맛과 신맛이 잘 조화된 당산비는 여름밀감의 경우 7~8로 작고 온주 밀감은 10~14, 포도는 20 전후로 크다.

당산비는 당과 산의 농도를 아는데 매우 중요하지만, 단지 당과 산의 비를 아는 것만으로 식미를 평가하는 데는 한계가 있다. 예를 들면 (1) 당, 산의 농도가 모두 높은 경우와 (2) 당, 산의 농도가 모두 낮은 경우, 당산비는 비슷하지만, 전자는 식미가 진하고 후자는 식미가 담백하다. 또한, 당산비의 비율이 적당해도 당이나 산의 농도가 너무 높거나 낮으면 바람직한 식미를 나타내지 못한다.

또 과실을 그대로 먹는 경우와 과즙으로 먹는 경우의 식미가 다르며, 과즙의 경우는 생식에 비해 당산비를 높게 하지 않으면 강한 신맛이 나타난다.

2) 당산비 구하는 법

(1) 당도(당함량)

과실의 경우는 착즙한 과즙을 취하여 간이당도계로 측정한다(4.3. 굴절계 측정 참조). 과즙이 많은 과실은 과육을 직접 당도계의 유리면에 짜서 측정할 수 있다.

용액을 취하기 어려운 과실이나 가공품의 경우는 동량의 물을 가하여 교반한 후 용액을 취하여 측정하며, 그 측정수치를 2배로 한다. 또 시료를 면(綿)에 적시어 스며든 액을 짜서 측정해도 좋다.

굴절 당도계와 당의 농도 : 굴절당도계는 가용성 고형분의 농도를 나타내기 때문에 정확한 당의 농도를 나타내는지 못한다.

과실의 종류에 따라 굴절당도계와 화학분석에 의해 구한 총 당 함량과의 차이가 있는 경우도 있다. 예를 들어 산 함량이 매우 높은 과실(레몬, 매실 등)의 굴절당도계의 수치는 총 당보다는 총 당과 산과의 함량의 합계에 가깝다.

동일 과실을 비교하는 경우에는 큰 문제가 없지만 다른 과실과 비교하는 경우에는 주의할 필요가 있다. 즉, 단맛에 직접 관계하는 총 당을 동시에 정량하는 것이 바람직하다.

(2) 산도(산함량)

과즙 2~5 mL를 증류수 10~15 mL, 페놀프탈레인 지시약을 가한 후 0.1N NaOH용액으로 적정하여 구한다. 0.1N NaOH 1 mL는 구연산 6.40 mg, 사과산 6.71 mg, 주석산 7.50 mg에 해당한다.

3) 측정 예

온주 밀감 과즙 5 mL를 0.1N NaOH용액으로 중화했을 때, 적정량이 0.8 mL이었다. 밀감 과즙의 주요 유기산은 구연산이기 때문에 6.4 × 8.0 = 51.2 mg의 구연산이 5 mL에 존재한다.

따라서 (51.2 mg/5000 mg) × 100 = 1.02%가 되어 산도는 1.02가 된다.

4) 음료의 당산비

음료에는 당산비가 청량감에 크게 관여한다. 그러나 과즙의 함유량에 따라 적정 당산비는 다르다. 감귤과즙에서 당도 13%의 경우의 당산비를 아래 표에 나타냈다. 과즙함유량이 낮을수록 당산비는 높은 것이 식미가 좋다. 이것은 과즙 중의 당과 산 이외에 정미성분과 같이 완충작용을 갖는 물질의 공존으로 신맛이 완화되기 때문이다. 또 넥타는 과즙보다도 당산비가 상당히 높다.

감귤과즙의 과즙함유량과 당산비(당도 13%)

과즙함유량(%)	당산비
0	130~163
10	37~39
30	28~31
50	25~27

제 5 장

식품성분의 정성반응

5.1. 탄수화물의 정성반응
5.2. 지방의 정성반응
5.3. 단백질의 정성반응
5.4. 식물성 색소의 정성반응

5.1. 탄수화물의 정성반응

탄수화물은 $C_m(H_2O)_n$이 되는 일반식으로 표시되며, 분자 중에 2개 이상의 알코올기(OH)를 가지며 알데하이드기(CHO)나 케톤기(C=O)를 갖는 화합물 또는 그 축합물을 말한다.

관능기로서 알데하이드기를 갖는 당을 알도오스(aldose), 케톤기를 갖는 당을 케토오스(ketose)라고 한다. 또한 분자 중에 함유되어 있는 탄소원자의 수에 따라 삼탄당, 사탄당, 오탄당, 육탄당으로 분류된다. 이들 당은 각각 화학적으로 다른 성질을 갖고 있고, 그 성질의 차이에 의해 각종 검출반응을 이용하여 구별할 수 있다.

특히 일부 당류는 알칼리성용액 중에서 Cu^{2+}(Fehling 반응)이나 Ag^{+}(은경반응) 등을 환원시켜 각각 산화동(Cu_2O), 금속염(Ag)을 생성하고, 당 자신은 산화되어 카복실산(carboxylic acid)으로 된다. 이 같은 환원작용은 단당류뿐 아니라 유리 알데하이드기나 글라이코사이드(glycoside)성 수산기를 갖는 이당류에서도 일어나고 이러한 당을 환원당(reducing sugar)이라고 한다. 이 성질은 환원당의 정성 및 정량분석방법이 널리 이용되고 있다.

천연에 존재하는 주요 당류는 대개 다음과 같이 분류된다.

1) 단당류 : 포도당, 과당, 갈락토오스
2) 소당류 : 설탕, 맥아당, 유당(락토오스)
3) 다당류 : 전분
4) 유도당질 : 솔비톨, 굴루쿠론산(glucuronic acid)

실험 5-1. 탄수화물의 정성시험에 의한 당류의 확인

당류는 탄수화물 중에서 섬유를 제외한 것을 말한다. 식품 중에 존재하는 당류 중 동물에 주요한 에너지원이 되는 포도당 및 그 축합물인 전분은 특히 영양학적으로 중요한 의의를 갖는 당류이다. 그 외에 벌꿀 등에 함유되어 있는 과당, 감미료로서 조리 및 식품가공에 이용되는 설탕, 물엿 등의 성분인 맥아당 및 우유 중에 다량 존재하는 유당 등이 일반적으로 알려져 있다. 이들 당은 각각 화학적으로 다른 성질을 가지고 있으며 그 성질의 차이에 의해 각종 검출반응을 이용하여 구별할 수 있다. 몇 개의 검출반응을 통하여 당류의 화학적 성질의 차이를 알 수 있으며, 또한 미지의 당을 확인할 수 있다.

시 료

1%용액(포도당, 과당, 설탕, 맥아당, 수용성전분 용액, 증류수)

1) 몰리쉬(Molisch) 반응(당류 전반의 반응)

- **원리** : 당 및 당을 함유한 모든 물질에 양성반응을 나타낸다. 진한 황산의 작용에 의해 퍼퓨랄(furfural) 유도체로 되고, 이것이 계속하여 α-나프톨(α-naphthol)과 반응하여 적자색으로 변한다.

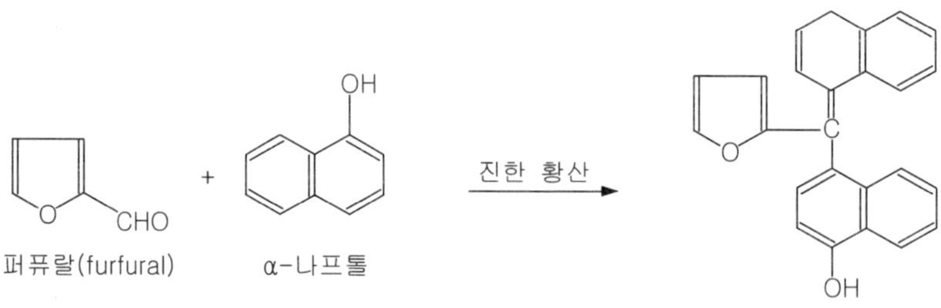

α-나프토 메틸 퍼퓨랄
(α-naphtho methyl furfural, 적색)

시 약

① 몰리쉬(Molisch)시약 : α-나프톨 1 g을 95% 에탄올에 녹여 20 mL로 한다(갈색병에 보관).

② 진한 황산

조 작

시험관에 시료용액 1 mL, Molisch용액 2~3방울 넣고 잘 혼합	
↓	
진한 황산 1~2 mL를 스포이드를 이용하여 넣음	시험관을 기울여 조심해서 넣는다.
↓	
2층으로 분리	하층은 진한 황산층
↓	
두층의 경계면에 적자색이 나타나면 당류 존재	

2) 안쓰론(Anthrone) 반응(당류전반의 반응)

- **원리** : 이 반응은 환원낭은 물론 다당류, 배당체등 당류 전반에 적용할 수 있다. 반응은 대단히 예민하여 정량법으로노 이용할 수 있다. 단백질과 비다민 C 등은 적색을 나타내며, 당류이외의 유기화합물은 갈색을 나타낸다. 진한 황산의 탈수작용에 의해 당류는 furfural유도체를 생성하고 이것이 anthrone에 작용하여 녹색의 정색반응을 나타낸다.

시 약

① 안쓰론(Anthrone)시약 : 안쓰론 0.1 g을 95% 황산 50 mL에 용해한다(물 2.5 mL에 특급황산 47.5 mL를 조금씩 가해 용해, 발열이 심하므로 주의).
황색이지만 방치하면 점점 갈색을 띠게 된다.
냉장고에 보관하며 장기간 두지 않는다(2~3일 정도 착색병에 보관).

조 작

시험관에 시료용액 2~3방울(또는 0.1 mL), 안쓰론시약 2 mL 넣고 잘 혼합
↓
당류 존재 시 처음에는 녹색을 띄고 점차 청녹색으로 변함

3) 요오드반응(전분의 반응)

- **원리** : 전분용액에 KI(요오드화칼륨)를 가하면 청자색을 나타낸다. 이것은 전분을 구성하는 아밀로오스에 의한 정색이다. 아밀로펙틴은 적갈색을 나타낸다.

시 약

① 요오드시약 : KI용액(KI 0.7 g을 물 15 mL 용해)에 요오드(I_2) 0.3 g을 녹인 후 증류수를 가하여 전체 100 mL로 한다.

* 먼저 KI(요오드화칼륨)를 녹이고 난 후 I_2(요오드)를 녹이면 잘 녹는다(I_2는 물에 잘 안 녹지만 KI용액에는 잘 녹는다).

조 작

시험관에 시료용액 2~3방울(또는 0.1 mL), 요오드시약 1~2방울 가함

↓

전분 존재 시 진한 청색

4) 바포드(Barfoed) 반응(단당류의 반응)

- **원리** : 환원력의 강도의 차이에 의해 단당류와 환원성의 이당류를 구별하는 반응이다. 단당류가 약산성조건에서 $Cu(CH_3COO)_2$(아세트산구리)의 Cu^{2+}를 환원하여 Cu_2O의 적색침전을 생성한다.

가열을 계속하면 이당류 등에도 반응이 일어나기 때문에 주의를 요한다.

$$2\ Cu(CH_3COO)_2 + \text{환원당} \xrightarrow{\text{약산성}} 2\ CH_3COOCu + 2CH_3COOH + \text{환원당 산화물}$$

$$2\ CH_3COOCu + H_2O \longrightarrow \underset{\text{적색 침전}}{Cu_2O\downarrow} + 2\ CH_3COOH$$

시 약

① 바포드(Barfoed)시약 : 아세트산구리($Cu(CH_3COO)_2 \cdot H_2O$) 24 g을 끓는 물 450 mL에 녹이고 즉시 8.5%의 유산(lactic acid) 25 mL를 가하여 교반 냉각한 후 500 mL로 희석하여 여과한다.

* 시약이 약한 산성이므로 주로 단당류에 의해서만 환원

조 작

시험관에 바포드시약 5 mL를 넣고 끓는 수욕조에서 가열

↓

여기에 시료용액 1 mL 넣고 다시 가열

↓

단당류 존재 시 1분내 적색침전(Cu_2O) 생성 — 1분 이상 가열시 이당류도 가수분해되어 양성반응을 나타낼 수 있다.

5) 톨렌스(Tollens) 반응(환원당의 반응)

- **원리** : 환원당, 알데하이드 등에 의해 암모니아성 질산은용액 중의 은이 환원되어 금속 은(Ag)이 시험관벽에 석출하여 은경(銀鏡)을 만든다.

$$2AgNO_3 + 6NH_3 + 2H_2O \xrightarrow{\text{가열}} 2Ag(NH_3)_2OH + 2NH_4NO_3$$

$$2Ag(NO_3)_2OH + \underset{\text{환원당}}{RCHO} \longrightarrow 2Ag\downarrow + RCOONH_4 + 3NH_3 + H_2O$$

시　약

0.1N 질산은($AgNO_3$)용액, 1% 암모니아수(25~28% 암모니아수를 희석하여 만든다.)

조　작

시험관에 0.1N 질산은용액 3 mL 가함

↓

여기에 1% 암모니아수를 조금씩 적하 — 처음에 침전이 생성, 계속 적하하여 침전이 용해되면 적하를 중지

↓

시료용액 1 mL를 가하고
끓는 수욕조에서 서서히 가열

↓

환원당 존재 시 은경이 생성 — 형성된 은경(銀鏡)은 질산에 의해 쉽게 제거된다.

6) 펠링(Fehling) 반응(환원당의 반응) : 적갈색 침전

- **원리** : 황산구리($CuSO_4$)는 알칼리를 가하여 가열하면, 황산구리가 환원되어 $Cu(OH)_2$로 된다. 환원당에 이 알칼리성 구리용액(Fehling용액)을 가하고 가열하면 구리가 환원되어 아산화동(Cu_2O)의 적갈색 침전을 생성한다.

$$\text{Fehling}\begin{bmatrix} \text{A용액} & CuSO_4 \\ \text{B용액} & \begin{matrix} CH(OH)COONa \\ | \\ CH(OH)COOK \end{matrix} \end{bmatrix} + NaOH \longrightarrow Cu\begin{matrix} \diagup O\ CHCOONa \\ \diagdown O\text{-}CHCOONa \end{matrix}$$

$$Cu\langle^{O-CHCOONa}_{O-CHCOONa} + 2H_2O \longrightarrow Cu(OH)_2 + \begin{matrix} CH(OH)COONa \\ | \\ CH(OH)COONa \end{matrix}$$

$$\underset{\text{환원당}}{RCHO} + 2Cu(OH)_2 \longrightarrow RCOOH + \underset{\text{아산화구리}}{Cu_2O \downarrow} + 2H_2O$$

시 약

① 펠링 A용액 : 황산구리($CuSO_4 \cdot 5H_2O$) 7 g을 물에 녹여 100 mL로 한다.

② 펠링 B용액 : 주석산나트륨칼륨(Rochelle염, $KNaC_4H_4O_6 \cdot 4H_2O$) 35 g과 수산화나트륨 10 g을 물에 녹여 100 mL로 한다.

조 작

시험관에 펠링 A용액 1 mL, 펠링 B용액 1 mL을 넣고 혼합

↓

시료액 1 mL 가하고 끓는 수욕조에서 가열

↓

환원당 존재 시 적색침전

↓

환원당 존재 시 은경이 생성

당 함량이 적은 경우에는 용액 색이 황녹색.
이때 잠시 방치하여 시험관 바닥의 적색침전을 확인.

7) 셀리바노프(Seliwanoff) 반응(케토오스의 반응)

- **원리** : 케토오스 또는 케토오스를 함유하는 당의 존재에 의해 적색을 형성한다. 일반적으로 케토오스는 알도오스보다 황산이나 염산에 의해 더 빨리 탈수반응을 일으켜 furfural 유도체로 되고 이것이 레소신올(resorcinol)과 반응하여 적색의 축합물을 형성한다.

케토오스(과당) Hydroxymethyl furfural (HMF)

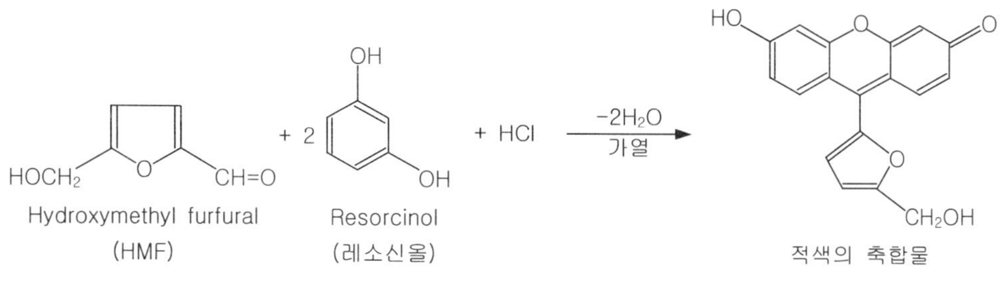

시 약

① 레소신올(Resorcinol)시약 : 0.5% 레소신올수용액 3.5 mL에 진한 황산 12 mL, 물 19.5 mL를 가한다.

조 작

시험관에 시료용액 1 mL, 레소신올시약 5 mL를 넣는다.
↓
끓는 수욕조에서 가열
↓
케토오스가 존재하면 5~10분에 적색

8) 프로로글루신(Phloroglucin) 반응(pentose의 반응)

- **원리** : 알도펜토오스에 대한 특이적 정량법이다. 펜토오스의 존재에 의해 적자색과 흑색침전이 생긴다. 헥소오스에 대해서는 황색을 걸쳐 암적색 또는 갈색이 된다.

시 약

프로로글루신(Phloroglucin)시약 : 진한염산 10 mL에 2% 프로로글루신 2 mL, 물 6 mL를 가한다.

조 작

시헌관에 시료용액 1 mL, 프로로글루신시약 3 mL를 넣는다.	
↓	
끓는 수욕조에서 가열	
↓	
펜토오스 존재 시 5분 정도로 적자색, 이어서 흑색 침전 생성	가열을 계속하면 상등액은 녹색을 나타낸다.

미지의 시료 시험표

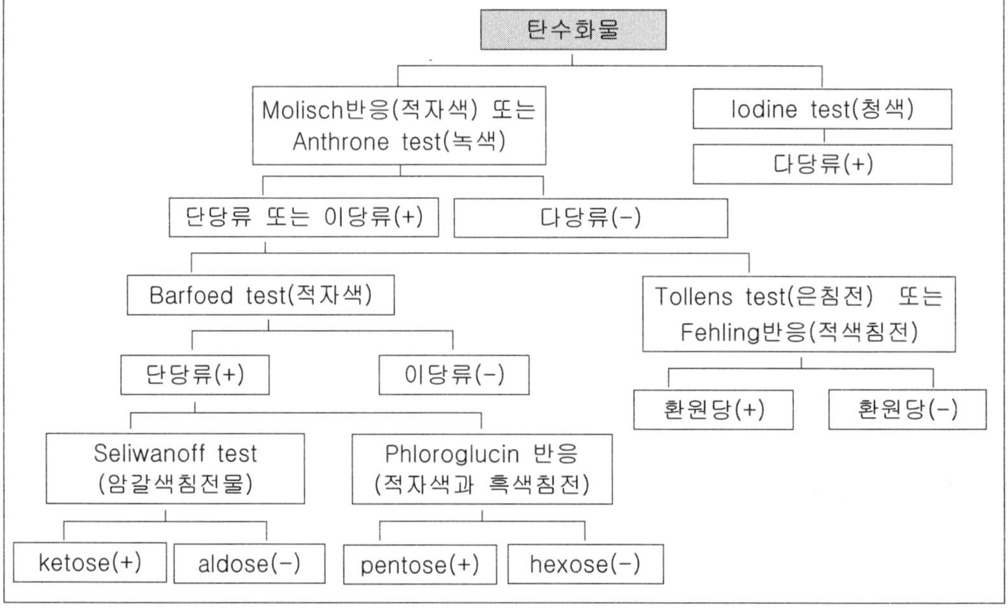

결과 및 고찰

각각의 미지시료 당의 정성반응의 관찰결과를 기록하고 반응의 +, -를 판단하여 아래 표에 기입하시오.

	Anthrone 반응	요오드 반응	Barfoed 반응	Tollens 반응	Seliwanoff 반응
미지시료(A)					
미지시료(B)					
미지시료(C)					
미지시료(D)					
미지시료(E)					
미지시료(F)					

이상의 결과로부터 각각의 미지시료에 함유되어 있는 당을 동정하시오.

5.2. 지질의 정성반응

지질(lipid)은 식품학, 영양학에서는 다음과 같이 정의하고 있다.

① 물에 불용이고, 클로로포름, 에테르, 벤젠 등의 소위 유기용매에 가용이다.
② 지방산과 에스터결합을 하거나 또는 할 수 있는 것이다.
③ 생체에서 이용할 수 있는 것이다.

지질은 거의 모든 식품에 함유되어 있지만 특히 지질함량이 많은 식품에서는 이들을 분리하여 식용유지 등으로 이용하고 있다.

유지는 그 성상에 따라 고체지방(脂, fat), 액체지방(油, oil)로 분류된다. 또 건성유, 반건성유, 부건성유, 고체지방 등으로 구별되는 것도 있다. 유지의 기원으로 부터 식물성유지, 동물성유지로 분류하는 경우도 있다.

지질의 화학성분에 따른 분류는 일반적으로 다음과 같다.

① 단순지질 : 지방산과 각종 알코올의 에스터결합(중성지질, 밀납)
② 복합지질 : 지방산과 알코올 외에 인, 질소화합물 등이 결합한 것(인지질, 당지질 등)
③ 유도지질 : 단순지질, 복합지질의 가수분해물 기타(지방산, 알코올, 스테롤 등)

실험 5-2. 지질의 정성시험

1) 아크롤레인(acrolein)반응

- **원리** : 글리세롤을 오산화인, 황산수소칼륨($KHSO_4$) 등의 탈수제와 가열하면 다음식의 반응이 일어나 자극취가 있는 아크롤레인이 생성된다 이 반응에 의해 글리세롤의 존재 유무를 확인할 수 있다. 한편 유지의 경우도 분지 내에 글리세롤을 함유하고 있기 때문에 아크롤레인을 형성한다.

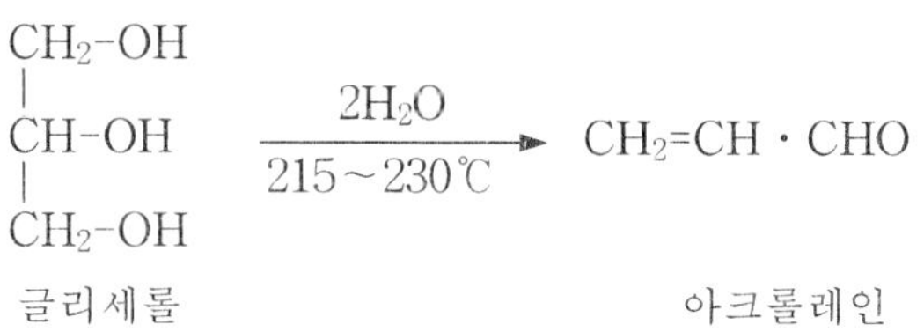

글리세롤 아크롤레인

시 료

글리세롤, 유지

시 약

황산수소나트륨(Potassium bisulfate, $KHSO_4$)

조 작

시료를 시험관에 소량(수방울)씩 취함
↓
각각의 시험관에 0.5 g의 황산수소칼륨 분말을 가함
↓
약한 불꽃위에서 가열하면 백색의 연기 발생
↓
이때의 냄새를 맡아 확인

2) 지방산에스터의 반응

유지 중에 지방산이 알코올과 에스터 결합하고 있는 것을 확인한다.

(1) Hydroxyamic acid법

- **원리** : 카복실산의 에스터, 아미드, 염화물, 무수물 등을 알칼리성에서 하이드록시아민을 작용시키면 하이드록시아미산(hydroxyamic acid)가 생성된다. 이것을 산성으로 하여 염화제이철($FeCl_3$)을 가하면 착염을 만들어 적자색을 나타낸다. 이 반응을 이용하여 유지중의 지방산이 알코올과 에스터 결합한 상태인지 또는 유리형태로 존재하는지를 확인할 수 있다.

$$RCO \cdot OR' + NH_2OH \xrightarrow{\text{알칼리성}} RCO \cdot NHOH + R'OH$$

$$3RCO(NHOH) + FeCl_3 \xrightarrow{\text{산성}} 3HCl + Fe[RCO(NHO)]_3$$

시 료

유지, 초산에스터

시 약

염산하이드록시아민 · 에탄올포화용액, 1N NaOH · 에탄올용액, 0.5N HCl · 에탄올용액, 1% 염화 제2철($FeCl_3$)용액

조 작

시료를 시험관에 수 방울 취함	
↓	
염산하이드록시아민 · 에탄올용액을 수 방울 가하고 잘 혼합	
↓	
1N NaOH · 에탄올용액을 수 방울 가하여 약한 불에서 가열	알칼리성으로 되어 하이드록시아민이 하이드록아미산으로 됨
↓	
0.5N 염산에탄올용액을 가함	산성조건에서 하이드록아미산이 염화제2철과 반응
↓	
1% 염화 제2철용액을 수 방울 가하여 착색을 본다.	적자색이 나타나면 에스터결합 존재

3) 불포화지방산의 반응

유지에 함유되어 있는 지방산에는 불포화지방산과 포화지방산이 있다. 일반적으로 동물성유지는 포화지방산의 결합이 많지만 식물성유지는 불포화지방산이 많다. 단 어유에는 고도불포화지방산이 많이 함유되어 있다. 불포화지방산이 이중결합의 부분에서 할로겐화원소(ICl 또는 IBr)을 흡수하여 요오드의 색을 퇴색시키는 반응을 포화지방산의 경우와 비교한다.

시 료

포화지방산, 불포화지방산, 식물성유지, 동물성유지

시 약

사염화탄소(CCl_4), 요오드용액(I_2 2 g과 KI 6 g을 물 100 mL에 녹인다.)

조 작

시험관에 시료를 약 0.5g 씩 취함

↓

각 시험관에 사염화탄소 2 mL를 넣고, 잘 흔들어 지방을 용해

↓

요오드용액 3방울을 가하여 혼합한 후 30분~1시간 방치

↓

퇴색의 양상을 관찰 — 퇴색되면 불포화지방산 존재

4) 스테롤의 반응

유지를 알칼리로 검화했을 때, 검화하지 않고 남은 물질을 불검화물이라고 한다. 스테롤류는 불검화물의 대표적인 물질로서 물에 불용이지만 에테르, 알코올 등에는 가용이다. 식물체 중에는 어고스테롤(ergosterol, 프로비타민 D_2) 등, 동물체 중에는 콜레스테롤 등이 함유되어 있다.

(1) Liebermann-Burchard 반응

시 료

콜레스테롤, 스테롤을 함유한 유지

조 작

소량의 콜레스테롤 및 스테롤을 함유한 유지 0.5 mL를 시험관에 취함

↓

클로로포름 2 mL를 가하여 용해

↓

무수초산 2 mL를 가하고 진한 황산을 적하

↓

홍 → 자 → 청 → 청녹색으로 변함 — 스테롤이 많으면 반응이 빨리 진행되어 도중의 색의 변화를 확인할 수 없다.

(2) Salkowski 반응

조 작

소량의 콜레스테롤 및 스테롤을 함유한 유지 0.5 mL를 시험관에 취함

↓

클로로포름 2 mL를 가하여 용해

↓

진한 황산 2 mL를 시험관 벽에 대고 서서히 가하여 2층을 분리시킨다.

↓

시험관을 흔들고 먼저 황산층(하층)의 형광을 관찰

암소에서 자외선을 쪼이면 강한 녹색의 형광을 볼 수 있다.

(3) 디지토닌(digitonin)침전 반응

스테롤과 디지토닌을 반응시키면 난용성의 디지토나이드(digitonide)가 생성된다. 이 반응은 스테롤의 분리, 정제, 정량 등에 이용된다. 에스터 형태의 스테롤은 반응하지 않는다.

Sterol + Digitonin ⟶ cholesterol digitonin 또는 sitosterol digitonin
(백색침전)

예) $C_{56}H_{92}O_{29}$ (digitonin) + $C_{27}H_{46}O$ (cholesterol) ⟶ $C_{56}H_{92}O_{29} \cdot C_{27}H_{46}O$ (digitonide)

시 약

아세톤-에탄올혼합액(1 : 1), 1% 디지토닌-80% 에탄올용액

조 작

소량의 콜레스테롤 및 스테롤을 함유한 유지 0.5 mL를 시험관에 취함

↓

아세톤-에탄올혼합액 2 mL를 가하여 용해

↓

1% 디지토닌에탄올용액을 가하여 혼합한 후 가열

↓

방냉 후 에테르를 가하면 디지토나이드가 침전

비 고

① Liebermann-Burchard 반응 또는 Salkowski 반응은 특유한 발색을 나타내어 콜레스테롤 정량에 이용된다.

② 디지토닌 반응은 Liebermann-Burchard 반응에서 나타나는 색에 비해 진하고, 안정하여 콜레스테롤의 정성, 정량적 목적 및 분리정제에 이용한다(콜레스테롤 0.1 mg/1 mL 알코올 검출).

5.3. 단백질의 정성반응

단백질에 대한 일반적 실험으로서 비우렛(biuret), 닌하이드린(ninhydrin)반응이 있지만, 단백질을 구성하고 있는 아미노산의 특수한 작용기에 의한 것에 밀론반응(Millon, 티아민), Hopkinscole반응(트립토판), 크산토프로테인반응(타이로신, 트립토판), Sakaguchi반응(알지닌) 등이 있다.

실험 5-3. 단백질의 정성시험

---

1) 비우렛 반응(biuret reaction)

비우렛은 알칼리성에서 황산구리($CuSO_4$)와 반응하여 자색의 화합물을 만든다. 단백질 용액 또는 트리펩타이드 이상의 단백질 분해액에서도 유사한 착화합물을 만들어 자색을 나타낸다. 정색반응은 구리원자와 질소 4원자의 배위결합에 의한다.

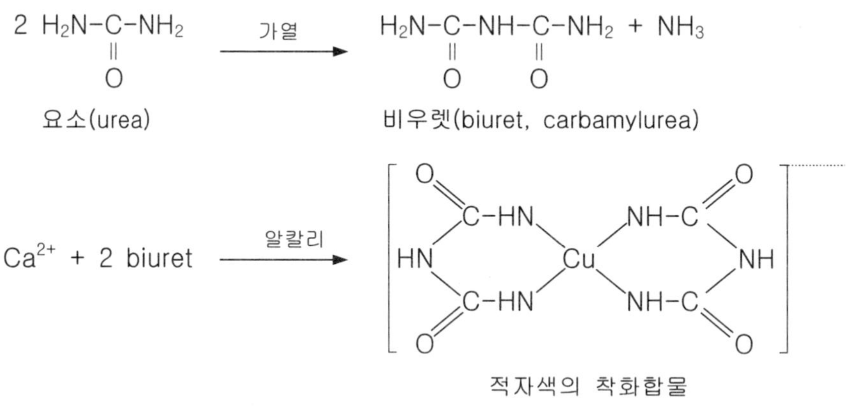

[그림 5-1] 비우렛 정색반응

시 료

① 아미노산(글리신, 타이로신, 트립토판, 프롤린 등)의 0.1% 수용액
② 단백질(알부민, 젤라틴)의 1% 수용액

시 약

4% 수산화나트륨, 1% 황산구리($CuSO_4$)용액

조 작

단백질용액 2 mL를 시험관에 취함
↓
4% 수산화나트륨 2 mL를 가함
↓
1% 황산구리용액 1~2방울 가함
↓
단백질 존재시 적~적자색 형성

2) 닌하이드린 반응(ninhydrin reaction)

단백질용액을 중성~미산성(pH 4~8)에서 닌하이드린시약을 가하여 가열하면 자색을 나타내는 반응으로 이것은 α-아미노산의 아미노기와 닌하이드린의 반응으로 착색물질을 생성하기 때문이다.

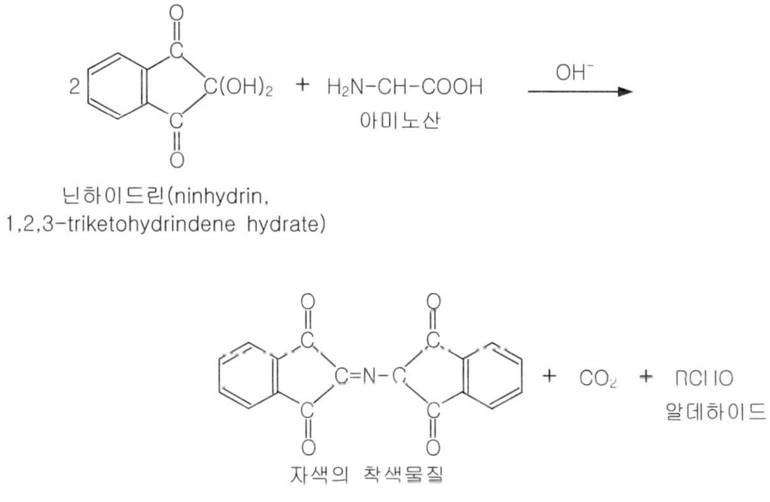

[그림 5-2] 닌하이드린 정색반응

시 약

1% 닌하이드린시약 : 닌하이드린 1 g을 100 mL 물에 녹인다(사용직전에 만들 것).

조 작

중성 또는 미산성의 단백질용액 2 mL를 시험관에 취함

↓

1% 닌하이드린시약 1~2방울 가함

↓

가열하여 적자색이 나타나면 단백질 존재

5.4. 식물성 색소의 정색반응

식품의 색소, 특히 식물성색소는 pH, 가열, 빛, 산화, 금속의 존재 등 여러 조건에 따라 색깔이 변화하는 일이 많고 조리 또는 식품가공에서도 충분히 고려할 필요가 있다.

실험 5-4. 식물성 색소의 정색시험

1) 클로로필류(chlorophylls)

녹색채소를 알칼리성에서 가열하면 짙은 녹색이 되고, 산성의 경우는 갈색으로 변한다. 또 미량의 황산구리($CuSO_4$)을 가하면 안정한 짙은 녹색이 되며 이는 클로로필의 성질에 의한 것이다.

시 료

녹색 채소(시금치)

시 약

0.01% 초산(acetic acid), 0.5% 탄산수소나트륨($NaHCO_3$)용액, 0.05% 황산구리($CuSO_4$)용액

확인실험

녹색채소를 잘게 썰어 시험관에 넣는다.	8개 제조
↓	
각 시험관에 증류수, 초산용액, 탄산수소나트륨용액, 황산구리용액을 3 mL씩 가함	각각 2개씩 제조
↓	
그대로 방치한 경우와 가열한 경우의 색조의 변화를 관찰	

시 료	그대로 방치한 경우	가열한 경우
1) 시료 + 증류수 3 mL 2) 시료 + 초산용액 3 mL 3) 시료 + 탄산수소나트륨용액 3 mL 4) 시료 + 황산구리용액 3 mL		

2) 플라보노이드류(flavonoids)

식물계에 널리 분포하고 있는 색소로서 보통 배당체로 되어 있어 물에 녹기 쉬운 형태로 되어 있다. 플라보노이드색소는 Fe^{+3}과 착염을 형성하여 갈색, 자색, 청색을 나타낸다.

시 료

양파껍질

시 약

1% 염화 제2철($FeCl_3$)용액, 석유에테르(b.p. 30~60℃), 벤젠, 메탄올

조 작

양파껍질 200 g을 분말건조(60~80 mesh)

↓

추출장치를 이용하여 석유에테르로 약 24시간 추출 — 적갈색의 왁스 물질이 얻어짐

↓

여과하여 분액깔때기에 넣고 벤젠으로 세척 — 왁스상의 물질은 벤젠용액 중에 있고 분액깔때기 위에는 황색 고형분이 남는다.

↓

이것을 5 mL 메탄올에 녹여 결정화 — 플라보노이드인 황색의 quercetin이 얻어진다.

↓

확인시험에는 메탄올에 녹인 것을 사용

확인시험

시험관에 시료액 1 mL 가함

↓

1% 염화 제2철용액을 1방울 가함

↓

색깔의 변화를 관찰 — 갈색, 자색, 청색을 나타내면 플라보노이드 존재

3) 안토시아닌(anthocyanins)

안토시아닌은 수용성 양성물질이므로 pH에 따라 색깔이 달라, 산성(적색) → 중성(자색) → 알칼리성(청색)으로 변화한다. 또 철, 알루미늄 등과 안정한 착염을 형성한다.

시 료

가지의 껍질

시 약

염산, 메탄올, 0.1N 수산화나트륨

조 작

가지껍질 50 g을 미세하게 마쇄

↓

메탄올 100 mL, 염산 2 mL 가함 — 안토시아닌색소는 산성에 안정

↓

3~6시간 침지추출(선홍색으로 추출)

확인시험

100 mL 비커에 시료액 20 mL 취함

↓

검액의 pH를 측정

↓

0.1N NaOH용액을 조금씩 가한다.

↓

색이 변화가 일어나는 시점의 pH를 측정

↓

pH 2~6에서 적색, pH 6~9에서 청자색으로 변하면 안토시아닌 존재

4) 타닌(tannins)

타닌류는 철이 존재하면 결합하여 흑변한다.

시 료

녹차

시 약

1% 황산 제2철($FeCl_3$)용액

조 작

찻잎 2 g에 열수 약 20 mL를 가하여 타닌 추출

↓

침지액 2 mL를 시험관에 취함

↓

실온 방치했을 때, 1% 황산 제2철용액을 가했을 때의 색 변화를 각각 관찰

1. 우유비중보정표

우유 온도		0	1	2	3	4	5	6	7	8	9	10	11	12	13	14
우유용비중계도수	14	12.9	12.9	12.9	13.0	13.0	13.1	13.1	13.1	13.2	13.3	13.4	13.5	13.6	13.7	13.8
	15	13.9	13.9	13.9	14.0	14.0	14.1	14.1	14.1	14.2	14.3	14.4	14.5	14.6	14.7	14.8
	16	14.9	14.9	14.9	15.0	15.0	15.1	15.1	15.1	15.2	15.3	15.4	15.5	15.6	15.7	15.8
	17	15.9	15.9	15.9	16.0	16.0	16.1	16.1	16.1	16.2	16.3	16.4	16.5	16.6	16.7	16.8
	18	16.9	16.9	16.9	17.0	17.0	17.1	17.1	17.1	17.2	17.3	17.4	17.5	17.6	17.7	17.8
	19	17.8	17.8	17.8	17.9	17.9	18.0	18.1	18.1	18.2	18.3	18.4	18.5	18.6	18.7	18.8
	20	18.7	18.7	18.7	18.8	18.8	18.8	19.0	19.0	19.1	19.2	19.3	19.4	19.5	19.6	19.8
	21	19.6	19.6	19.7	19.7	19.7	19.8	19.9	20.0	20.1	20.2	20.3	20.4	20.5	20.5	20.8
	22	20.6	20.6	20.7	20.7	20.7	20.8	20.9	21.0	21.1	21.2	21.3	21.4	21.5	21.6	21.8
	23	21.5	21.5	21.6	21.7	21.7	21.8	21.9	22.0	22.1	22.2	22.3	22.4	22.5	22.6	22.8
	24	22.4	22.4	22.5	22.6	22.7	22.8	22.9	23.0	23.1	23.2	23.3	23.4	23.5	23.6	23.8
	25	23.3	23.3	23.4	23.5	23.6	23.7	23.8	23.9	24.0	24.1	24.2	24.3	24.5	24.6	24.8
	26	24.3	24.3	24.4	24.5	24.6	24.7	24.8	24.9	25.0	25.1	25.2	25.3	25.5	25.6	25.8
	27	25.2	25.3	25.4	25.5	25.6	25.7	25.8	25.9	26.0	26.1	26.2	26.3	26.5	26.6	26.8
	28	26.1	26.2	26.3	26.4	26.5	26.6	26.7	26.8	26.9	27.0	27.1	27.2	27.4	27.6	27.8
	29	27.0	27.1	27.2	27.3	27.4	27.5	27.6	27.7	27.8	27.9	28.1	28.2	28.4	28.6	29.0
	30	27.9	28.0	28.1	28.2	28.3	28.4	28.5	28.6	28.7	28.8	29.0	29.2	29.4	29.6	29.8
	31	28.8	28.9	29.0	29.1	29.2	29.3	29.5	29.6	29.7	29.8	30.0	30.2	30.4	30.6	30.8
	32	29.7	29.8	29.9	30.0	30.1	30.3	30.4	30.5	30.6	30.8	31.0	31.2	31.4	31.6	31.8
	33	30.6	30.7	30.8	30.9	31.0	31.2	31.3	31.4	31.6	31.8	32.0	32.2	32.4	32.6	32.8
	34	31.5	31.6	31.7	31.8	31.9	32.1	32.2	32.3	32.5	32.7	32.9	33.1	33.3	33.5	33.8
	35	32.4	32.5	32.6	32.7	32.8	33.0	33.1	33.2	33.4	33.6	33.8	34.0	34.2	34.4	34.7

15	16	17	18	19	20	21	22	23	24	25	26	27	28	29	30
14.0	14.1	14.2	14.4	14.6	14.8	15.0	15.2	15.4	15.6	15.8	16.0	16.2	16.4	16.6	16.8
15.0	15.1	15.2	15.4	15.6	15.8	16.0	16.2	16.4	16.6	16.8	17.0	17.2	17.4	17.6	17.8
16.0	16.1	16.3	16.5	16.7	16.9	17.1	17.3	17.5	17.7	17.9	18.1	18.3	18.5	18.7	18.9
17.0	17.1	17.3	17.5	17.7	17.9	18.1	18.3	18.5	18.7	18.9	19.1	19.3	19.5	19.7	20.0
18.0	18.1	18.3	18.5	18.7	18.9	19.1	19.3	19.5	19.7	19.9	20.1	20.3	20.5	20.7	21.0
19.0	19.1	19.3	19.5	19.7	19.9	20.1	20.3	20.5	20.7	20.9	21.1	21.3	21.5	21.7	22.0
20.0	20.1	20.3	20.5	20.7	20.9	21.1	21.3	21.5	21.7	21.9	22.1	22.3	22.5	22.7	23.0
21.0	21.2	21.4	21.6	21.8	22.0	22.2	22.4	22.6	22.8	23.1	23.2	23.4	23.6	23.8	24.1
22.0	22.2	22.4	22.6	22.8	23.0	23.2	23.4	23.6	23.8	24.1	24.3	24.5	24.7	24.9	25.2
23.0	23.2	23.4	23.6	23.8	24.0	24.2	24.4	24.6	24.8	25.1	25.3	25.5	25.7	26.0	26.2
24.0	24.2	24.4	24.6	24.8	25.0	25.2	25.4	25.6	25.8	26.1	26.3	26.5	26.7	27.0	27.3
25.0	25.2	25.4	25.6	25.8	26.0	26.2	26.4	26.6	26.8	27.1	27.3	27.5	27.7	28.0	28.3
26.0	26.2	26.4	26.6	26.9	27.1	27.3	27.5	27.7	27.9	28.2	28.4	28.6	28.9	29.2	29.5
27.0	27.2	27.4	27.6	27.9	28.2	28.4	28.6	28.8	29.0	29.3	29.5	29.7	30.0	30.3	30.6
28.0	28.2	28.4	28.6	28.9	29.2	29.4	29.6	29.9	30.1	30.4	30.6	30.8	31.1	31.4	31.7
29.0	29.2	29.4	29.6	29.9	30.2	30.4	30.6	30.9	31.2	31.5	31.7	31.9	32.2	32.5	32.8
30.0	30.2	30.4	30.6	30.9	31.2	31.4	31.6	31.9	32.2	32.5	32.7	33.0	33.3	33.6	33.9
31.0	31.2	31.4	31.7	32.0	32.3	32.5	32.7	33.0	33.3	33.6	33.8	34.1	34.4	34.7	35.1
32.0	32.2	32.4	32.7	33.0	33.3	33.6	33.8	34.1	34.4	34.7	34.9	35.2	35.5	35.8	36.2
33.0	33.2	33.4	33.7	34.0	34.3	34.6	34.9	35.2	35.5	35.8	36.0	36.3	36.6	36.9	37.3
34.0	34.2	34.4	34.7	35.0	35.3	35.6	35.9	36.2	36.5	36.8	37.1	37.4	37.7	38.0	38.4
35.0	35.2	35.4	35.7	36.0	36.3	36.6	36.9	37.2	37.5	37.8	38.1	38.4	38.7	39.1	39.5

2. 탈지우유비중 보정표

탈지유 온도		0	1	2	3	4	5	6	7	8	9	10	11	12	13	14
	18	17.2	17.2	17.2	17.2	17.2	17.3	17.3	17.3	17.3	17.4	17.5	17.6	17.7	17.8	17.9
	19	18.2	18.2	18.2	18.2	18.2	18.3	18.3	18.3	18.3	18.4	18.5	18.6	18.7	18.8	18.9
	20	19.2	19.2	19.2	19.2	19.2	19.2	19.3	19.3	19.3	19.4	19.5	19.6	19.7	19.8	19.9
	21	20.2	20.2	20.2	20.2	20.2	20.3	20.3	20.3	20.3	20.4	20.5	20.6	20.7	20.8	20.9
우	22	21.1	21.1	21.1	21.2	21.2	21.3	21.3	21.3	21.3	21.4	21.5	21.6	21.7	21.8	21.9
	23	22.0	22.0	22.0	22.0	22.1	22.2	22.3	22.3	22.3	22.4	22.5	22.6	22.7	22.8	22.9
유	24	22.9	22.9	22.9	22.9	23.0	23.1	23.2	23.2	23.2	23.3	23.4	23.5	23.6	23.7	23.9
	25	23.8	23.8	23.8	23.8	23.9	24.0	24.1	24.1	24.1	24.2	24.3	24.4	24.5	24.6	24.8
용	26	24.8	24.8	24.8	24.8	24.9	25.0	25.1	25.1	25.1	25.2	25.3	25.4	25.5	25.6	25.8
	27	25.8	25.8	25.8	25.8	25.9	26.0	26.1	26.1	26.1	26.2	26.3	26.4	26.5	25.5	26.8
비	28	26.8	26.8	26.8	26.8	26.9	27.0	27.1	27.1	27.1	27.2	27.3	27.4	27.5	27.6	27.8
	29	27.8	27.8	27.8	27.8	27.9	28.0	28.1	28.1	28.1	28.2	28.3	28.4	28.5	28.6	28.8
중	30	28.7	28.7	28.7	28.7	28.8	28.9	29.0	29.0	29.1	29.2	29.3	29.4	29.5	29.6	29.8
	31	29.7	29.7	29.7	29.7	29.8	29.9	30.0	30.0	30.1	30.2	30.3	30.4	30.5	30.6	30.8
계	32	30.7	30.7	30.7	30.7	30.8	30.9	31.0	31.0	31.1	31.2	31.3	31.4	31.5	31.6	31.8
	33	31.7	31.7	31.7	31.7	31.8	31.9	32.0	32.0	32.1	32.2	32.3	32.4	32.5	32.6	32.8
도	34	32.6	32.6	32.6	32.7	32.8	32.0	32.9	33.0	33.1	33.2	33.3	33.4	33.5	33.6	33.8
	35	33.5	33.5	33.5	33.6	33.7	33.8	33.8	33.9	34.0	34.1	34.2	34.3	34.4	34.6	34.8
수	36	34.4	34.5	34.5	34.6	34.7	34.8	34.8	34.9	35.0	35.1	35.2	35.3	35.4	35.6	35.8
	37	35.3	35.4	35.5	35.6	35.7	35.8	35.8	35.9	36.0	36.1	36.3	36.2	36.4	36.6	36.8
	38	36.2	36.3	36.4	36.5	36.6	36.7	36.8	36.9	36.9	37.1	37.2	37.3	37.4	37.6	37.8
	39	37.1	37.2	37.3	37.4	37.5	37.6	37.7	37.8	37.9	38.0	38.2	38.3	38.4	38.6	38.8
	40	38.0	38.1	38.2	38.3	38.4	38.5	38.6	38.7	38.8	38.9	38.1	38.2	38.4	38.6	38.8

15	16	17	18	19	20	21	22	23	24	25	26	27	28	29	30
18.0	18.1	18.2	18.4	18.6	18.8	18.9	19.1	19.3	19.5	19.7	19.9	20.1	20.3	20.5	20.7
19.0	19.1	19.2	19.4	19.6	19.8	19.9	20.1	20.3	20.5	20.7	20.9	21.1	21.3	21.5	21.7
20.0	20.1	20.2	20.4	20.6	20.8	20.9	21.1	21.3	21.5	21.7	21.9	22.1	22.3	22.5	22.7
21.0	21.1	21.2	21.4	21.6	21.8	21.9	22.1	22.3	22.5	22.7	22.9	23.1	23.3	23.5	23.7
22.0	22.1	22.2	22.4	22.6	22.8	22.9	23.1	23.3	23.5	23.7	23.9	24.1	24.3	24.5	24.7
23.0	23.1	23.2	23.4	23.6	23.8	23.9	24.1	24.3	24.5	24.7	24.9	25.1	25.3	25.5	25.7
24.0	24.1	24.2	24.4	24.6	24.8	24.9	25.1	25.3	25.5	25.7	25.9	26.1	26.3	26.5	26.7
25.0	25.1	25.2	25.4	25.6	25.8	25.9	26.1	26.3	26.5	26.7	26.9	27.1	27.3	27.5	27.7
26.0	26.1	26.3	26.5	26.7	26.9	27.0	27.2	27.4	27.6	27.8	28.0	28.2	28.4	28.6	28.8
27.0	27.1	27.3	27.5	27.7	27.9	28.1	28.3	28.5	28.7	28.9	29.1	29.3	29.5	29.7	29.9
28.0	28.1	28.3	28.5	28.7	28.9	29.1	29.3	29.5	29.7	29.9	30.1	30.3	30.5	30.7	30.0
29.0	29.1	29.3	29.5	29.7	29.9	30.1	30.3	30.5	30.7	30.9	31.1	31.3	31.5	31.7	31.0
30.0	30.1	30.4	30.5	30.7	30.9	31.1	31.3	31.5	31.7	31.9	32.1	32.3	32.5	32.7	32.0
31.0	31.2	31.4	31.6	31.8	32.0	32.2	32.4	32.6	32.8	33.0	33.2	33.4	33.6	33.8	33.1
32.0	32.2	32.4	32.6	32.8	33.0	33.2	33.4	33.6	33.9	34.1	34.3	34.5	34.7	34.0	34.2
33.0	33.2	33.4	33.6	33.8	34.0	34.2	34.4	34.6	34.9	35.2	35.4	35.6	35.8	35.1	35.3
34.0	34.2	34.4	34.6	34.8	35.0	35.2	35.4	35.6	35.9	36.2	36.4	36.7	36.9	36.2	36.4
35.0	35.2	35.4	35.6	35.8	36.0	36.2	36.4	36.6	36.9	37.2	37.4	37.7	37.0	37.3	37.5
36.0	36.2	36.4	36.6	36.9	37.1	37.3	37.5	37.7	38.0	38.3	38.5	38.8	39.1	39.4	39.7
37.0	37.2	37.4	37.6	37.9	38.2	38.4	38.6	38.8	39.1	39.4	39.6	39.8	40.2	40.5	40.8
38.0	38.2	38.4	38.6	38.9	39.2	39.4	39.7	39.9	40.2	40.5	40.7	41.0	41.3	41.6	41.9
39.0	39.2	39.4	39.6	39.9	40.2	40.4	40.7	40.0	41.3	41.6	41.8	42.1	42.4	42.7	42.0
40.0	40.2	40.4	40.6	40.9	41.2	41.4	41.7	41.0	42.3	42.6	42.9	43.2	43.5	43.8	44.1

3. 벨트란 당류 정량표

당류 (mg)	각 당류에 상당하는 동 중량(mg)					당류 (mg)	각 당류에 상당하는 동 중량(mg)				
	전화당	포도당	갈 락 토오스	맥아당	유당		전화당	포도당	갈 락 토오스	맥아당	유당
10	20.6	20.4	19.3	11.2	14.4	34	66.7	66.5	63.3	37.6	47.4
11	22.6	22.4	21.2	12.3	15.8	35	68.5	68.3	65.0	38.7	48.7
12	24.6	24.3	23.0	13.4	17.2	36	70.3	70.1	66.8	39.8	50.1
13	26.5	26.3	24.9	14.5	18.6	37	72.2	72.0	68.6	40.9	51.4
14	28.5	28.3	26.7	15.1	20.0	38	74.0	73.8	70.4	41.9	52.7
15	30.5	30.2	28.6	16.7	21.4	39	75.9	75.7	72.1	430	54.1
16	32.5	32.2	30.5	17.8	22.8	40	77.7	77.5	73.9	44.1	55.4
17	34.5	34.2	32.3	18.9	24.2	41	79.5	79.3	75.6	45.2	56.7
18	36.4	36.2	34.2	20.0	25.6	42	81.2	81.1	77.4	46.3	58.0
19	38.4	38.1	36.0	21.1	27.0	43	83.0	82.9	79.1	47.4	59.3
20	40.4	40.1	37.9	22.2	28.4	44	84.8	84.7	80.8	48.5	60.6
21	42.3	42.0	39.8	23.3	29.8	45	86.5	86.4	82.5	49.5	61.9
22	44.2	43.98	41.6	24.4	31.1	46	88.2	88.2	84.3	50.6	63.3
23	46.1	45.8	43.4	25.5	32.5	47	90.0	90.0	86.6	51.7	64.6
24	48.0	47.7	45.2	26.6	33.9	48	91.8	91.8	87.7	52.8	65.9
25	49.8	49.6	47.0	27.7	35.2	49	93.6	93.6	89.5	53.9	67.2
26	51.7	51.5	48.9	28.9	36.6	50	95.4	95.4	91.2	55.0	68.5
27	53.6	53.4	50.7	30.3	38.0	51	97.1	97.1	92.9	56.1	69.8
28	55.5	55.3	52.5	31.1	39.4	52	98.8	98.9	94.6	57.1	71.1
29	57.4	57.2	54.4	32.2	40.7	53	100.6	100.6	96.3	58.2	72.4
30	59.3	59.1	56.2	33.3	42.1	54	102.2	102.3	98.0	59.3	73.7
31	61.1	60.9	58.0	34.4	43.4	55	104.0	104.0	99.7	60.3	74.9
32	63.0	62.8	59.7	35.5	44.8	56	105.7	105.8	101.5	61.4	76.2
33	64.8	64.6	61.5	36.5	46.1	57	107.4	107.6	103.2	62.5	77.5

당류 (mg)	각 당류에 상당하는 동 중량(mg)					당류 (mg)	각 당류에 상당하는 동 중량(mg)				
	전화당	포도당	갈 락 토오스	맥아당	유당		전화당	포도당	갈 락 토오스	맥아당	유당
58	109.2	109.3	104.9	63.5	78.8	80	145.3	146.1	141.3	87.2	106.7
59	110.9	111.1	106.6	64.6	80.1	81	146.9	147.7	142.9	88.3	107.9
60	112.6	112.8	108.3	65.7	81.4	82	148.5	149.3	144.6	89.4	109.2
61	114.3	114.5	110.0	66.8	82.7	83	150.0	150.9	146.2	90.4	110.4
62	115.9	116.2	111.6	67.9	83.9	84	151.6	152.5	147.8	91.5	111.7
63	117.6	117.9	113.3	68.9	85.2	85	153.2	154.0	149.4	92.6	112.9
64	119.2	119.6	115.0	70.0	86.5	86	154.8	155.6	151.1	93.7	114.1
65	120.9	121.3	116.6	71.1	87.7	87	156.4	157.2	152.7	94.8	115.4
66	122.6	123.0	118.3	72.2	89.0	88	157.9	158.3	154.0	95.8	116.6
67	124.2	124.7	120.0	73.0	90.3	89	159.5	160.4	156.0	96.9	117.9
68	125.9	126.4	121.7	74.0	91.6	90	161.1	162.0	157.6	98.0	119.1
69	127.5	128.1	123.3	75.4	92.8	91	162.6	163.6	159.2	99.0	120.3
70	129.2	129.8	125.0	76.5	94.1	92	164.2	165.2	160.8	100.1	121.6
71	130.8	131.4	126.6	77.6	95.4	93	165.7	166.7	162.4	101.1	122.8
72	132.4	133.1	128.3	78.6	96.9	94	167.3	168.3	164.0	102.2	124.0
73	134.0	134.7	130.0	79.7	98.0	95	168.8	169.9	165.6	103.2	125.2
74	135.6	136.3	131.5	80.8	99.1	96	170.3	171.5	167.2	104.2	126.5
75	137.2	137.9	133.1	81.8	100.4	97	171.9	173.1	168.8	105.3	127.7
76	138.9	139.6	134.8	82.9	101.7	98	173.4	174.6	170.4	106.3	128.9
77	140.5	141.2	136.4	84.0	102.9	99	175.0	176.2	172.0	107.4	130.2
78	142.1	142.8	138.0	85.1	104.2	100	176.5	177.8	173.6	108.4	131.4
79	143.7	144.5	139.7	86.1	105.4						

4. 당도 온도 보정표

℃ \ %	5	10	15	20	25	30	35	40	45	50	55	60	65	70
	(-)읽은 값(%)에서 빼야 할 수													
15	0.29	0.31	0.33	0.34	0.34	0.35	0.36	0.37	0.37	0.38	0.39	0.39	0.40	0.40
16	0.24	0.25	0.26	0.27	0.28	0.28	0.29	0.30	0.30	0.30	0.31	0.31	0.32	0.32
17	0.18	0.19	0.20	0.21	0.21	0.21	0.22	0.22	0.23	0.23	0.23	0.23	0.24	0.24
18	0.13	0.13	0.14	0.14	0.14	0.14	0.15	0.15	0.15	0.15	0.16	0.16	0.16	0.16
19	0.06	0.06	0.07	0.07	0.07	0.07	0.08	0.08	0.08	0.08	0.08	0.08	0.08	0.08
20	0	0	0	0	0	0	0	0	0	0	0	0	0	0
(+)읽은 값(%)에다 더하여야 할 수														
21	0.07	0.07	0.07	0.07	0.08	0.08	0.08	0.08	0.08	0.08	0.08	0.08	0.08	0.08
22	0.13	0.14	0.14	0.15	0.15	0.15	0.15	0.16	0.16	0.16	0.16	0.16	0.16	0.16
23	0.20	0.21	0.22	0.22	0.23	0.23	0.23	0.24	0.24	0.24	0.24	0.24	0.24	0.24
24	0.27	0.28	0.29	0.30	0.30	0.31	0.31	0.31	0.31	0.31	0.32	0.32	0.32	0.32
25	0.35	0.36	0.37	0.38	0.38	0.39	0.40	0.40	0.40	0.40	0.40	0.40	0.40	0.40
26	0.42	0.43	0.44	0.45	0.46	0.47	0.48	0.48	0.48	0.48	0.48	0.48	0.48	0.48
27	0.50	0.52	0.53	0.54	0.55	0.55	0.56	0.56	0.56	0.56	0.56	0.56	0.56	0.56
28	0.57	0.60	0.61	0.62	0.63	0.63	0.34	0.64	0.64	0.64	0.64	0.64	0.64	0.64
29	0.66	0.68	0.69	0.71	0.72	0.72	0.73	0.73	0.73	0.73	0.73	0.73	0.73	0.73
60	0.74	0.77	0.78	0.79	0.80	0.80	0.81	0.81	0.81	0.81	0.81	0.81	0.81	0.81

5. 완충용액조성표

1) 초산나트륨-HCl완충액

1M HCl 1M초산나트륨	100 mL 50	90 50	80 50	70 50	65 50	60 50	55 50	53.5 50	52.5 50	51.0 50	50.0 50	49.75 50
pH	0.65	0.75	0.91	1.09	1.24	1.42	1.71	1.85	1.99	2.32	2.64	2.72

1M HCl 1M초산나트륨	48.5 mL 50	47.5 50	6.25 50	45.0 50	42.5 50	40.0 50	35.0 50	30.0 50	25.0 50	20.0 50	15.0 50	10.0 50
pH	3.09	3.29	3.49	3.61	3.79	3.95	4.19	4.39	4.58	4.76	4.95	5.20

2) 제2구연산나트륨-HCl 완충액

0.1M 제2구연산나트륨 0.1M HCl	0.0 mL 10.0	1.0 9.0	2.0 8.0	3.0 7.0	3.33 6.67	4.0 6.0	4.5 5.5	4.75 5.25
pH	1.04	1.17	1.42	1.93	2.27	2.97	3.36	3.53

0.1M 제2구연산나트륨 0.1M HCl	5.0 mL 5.0	5.5 4.5	6.0 4.0	7.0 3.0	8.0 2.0	9.0 1.0	9.5 0.5	10.0 0.0
pH	3.69	3.95	4.16	4.45	4.65	4.83	4.89	4.96

3) 제1구연산나트륨-HCl 완충액(Kolthoff 완충액)

0.1M HCl 0.1M제1구연산나트륨	49.7 mL 50	43.4 50	36.8 50	30.2 50	23.6 50	17.2 50	10.7 50	4.2 50
pH(18℃)	2.2	2.4	2.6	2.8	3.0	3.2	3.4	3.6

(물로 전체량을 100 mL로 한다.)

4) McIlvaine 완충액

0.1M 구연산 0.2M Na_2HPO_4	19.60 mL 0.40	18.76 1.24	17.82 2.18	16.83 3.17	15.89 4.11	15.06 4.94	14.30 5.70	13.56 6.44	12.90 7.10	12.29 7.71	11.72 8.28	11.18 8.82	10.65 9.35	10.14 9.86	9.70 10.30
pH	2.2	2.4	2.6	2.8	3.0	3.2	3.4	3.6	3.8	4.0	4.2	4.4	4.6	4.8	5.0

0.1M 구연산	9.28 mL	8.85	8.80	7.91	7.37	6.78	6.15	5.45	4.55	3.53	2.61	1.83	1.27	0.85	0.55
0.2M Na_2HPO_4	10.72	11.15	11.60	12.09	12.63	13.22	13.85	14.55	15.45	16.47	17.39	18.17	18.73	19.15	19.45
pH	5.2	5.4	5.6	5.8	6.0	6.2	6.4	6.6	6.8	7.0	7.2	7.4	7.6	7.8	8.0

5) Michaelis-veronal 완충액

0.1M 베로날나트륨	5.22 mL	5.36	5.81	6.15	15.89	6.62	7.16	7.69	8.23	8.71	9.08	9.36	9.52	9.74	9.85
0.2M HCl	4.78	4.64	4.19	3.17	3.85	3.38	2.84	2.31	1.77	1.29	0.92	0.64	0.48	0.26	0.15
pH	6.80	7.00	7.20	7.40	7.60	7.80	8.00	8.20	8.40	8.60	8.80	9.00	9.20	9.40	9.60

6) 초산나트륨-초산 완충액

0.2M 초산	18.5 mL	17.6	16.4	14.7	12.6	10.2	8.0	5.9	4.2	2.9	1.9
0.2M 초산나트륨	1.5	2.4	3.6	5.3	7.4	9.8	12.0	14.1	15.8	17.1	18.1
pH	3.6	3.8	4.0	4.2	4.4	4.6	4.8	5.0	5.2	5.4	5.6

7) 제1구연산칼륨-NaOH 완충액

0.1M NaOH	2.0 mL	9.0	16.3	23.7	31.5	39.2	46.7	54.2	61.0	68.0	4.4	81.2
0.1M 구연산칼륨	50	50	50	50	50	50	50	50	50	50	50	50
pH(18℃)	3.8	4.0	4.2	4.4	4.6	4.8	5.0	5.2	5.4	5.6	5.8	6.0

(100 mL로 채우지 않은 것은 물로 전체량을 100 mL로 한다.)

8) 인산염 완충액

0.2M NaH_2PO_4	93.5 mL	92.0	90.0	87.7	85.0	81.5	77.5	73.5	68.5	62.5	56.5	51.0
0.2M Na_2HPO_4	6.5	8.0	10.0	12.3	15.0	18.5	22.5	26.5	31.5	37.5	43.5	49.0
pH	5.7	5.8	5.9	6.0	6.1	6.2	6.3	6.4	6.5	6.6	6.7	6.8

0.2M NaH_2PO_4	45.0	39.0	33.0	28.0	23.0	19.0	16.0	13.0	10.5	8.5	7.0	5.3
0.2M Na_2HPO_4	55.0	61.0	67.0	72.0	77.0	81.0	84.0	87.0	89.5	91.5	93.0	94.7
pH	6.9	7.0	7.1	7.2	7.3	7.4	7.5	7.6	7.7	7.8	7.9	8.0

(물로 전체량을 200 mL로 한다.)

9) Tris 완충액

0.2M 트리스아미노메탄	25.0 mL	25.0	35.0	25.0	25.0	25.0	25.0	25.0	25.0	25.0	25.0	25.0	25.0	25.0	25.0	25.0	25.0
0.1M HCl	45.0	42.5	40.0	37.5	35.0	32.5	30.5	27.5	25.0	22.5	20.0	17.5	15.0	12.5	10.0	7.5	5.0
pH(23℃)	7.20	7.36	7.54	7.66	7.77	7.87	7.96	8.05	8.14	8.23	8.32	8.40	8.50	8.62	8.74	8.92	9.10

(물로 전체량을 100 mL로 한다.)

6. 국제원자량표

원소명	원소기호	원자번호	원자량	원소명	원소기호	원자번호	원자량
Actinium	Ac	89	[227]	Neodymium	Nd	60	144.24
Aluminium	Al	13	26.981538	Neon	Ne	10	20.1797
Americium	Am	95	[243]	Neptunium	Np	93	[237]
Antimony	Sb	51	121.760	Nickel	Ni	28	58.6934
Argon	Ar	18	39.948	Niobium	Nb	41	92.90638
Arsenic	As	33	74.92160	Nitrogen	N	7	14.0067
Astatine	At	85	[210]	Nobelium	No	102	[259]
Barium	Ba	56	137.327	Osmiun	Os	76	190.23
Berkelium	Bk	97	[247]	Oxygen	O	8	15.9994
Beryllium	Be	4	9.012182	Palladium	Pd	46	106.42
Bismuth	Bi	83	208.980	Phosphorus	P	15	30.973761
Bohrium	Bh	107	[264]	Platinum	Pt	78	195.078
Boron	B	5	10.811	Plutonium	Pu	94	[239]
Bromine	Br	35	79.904	Polonium	Po	84	[210]
Cadmium	Cd	48	112.411	Potassium	K	19	39.0983
Calcium	Ca	20	40.078	Praseodymium	Pr	59	140.90765
Californium	Cf	98	[252]	Promethium	Pm	61	[145]
Carbon	C	6	12.0107	Protactinium	Pa	91	231.03588
Cerium	Ce	58	140.116	Radium	Ra	88	[226]
Cesium	Cs	55	132.90545	Radon	Rn	86	[222]
Chlorine	Cl	17	35.453	Rutherfordium	Rf	104	[261]
Chromium	Cr	24	51.9961	Rhenium	Re	75	186.207
Cobalt	Co	27	58.933200	Rhodium	Rh	45	102.90550
Copper	Cu	29	63.546	Rubidium	Rb	37	85.4678
Curium	Cm	96	[247]	Ruthenium	Ru	44	101.07
Dubnium	Db	105	[262]	Samarium	Sm	62	150.36
Dysprosium	Dy	66	162.50	Scandium	Sc	21	44.955910
Einsteinium	Es	99	[252]	Seaborgium	Sg	106	[263]
Erbium	Er	68	167.259	Selenium	Se	34	78.96
Europium	Eu	63	151.964	Silicon	Si	14	28.0855
Fermiun	Fm	100	[257]	Silver	Ag	47	107.8682
Fluorine	F	9	18.9984032	Sodium	Na	11	22.989770
Francium	Fr	87	[223]	Strontium	Sr	38	87.62
Gadolinium	Gd	64	157.25	Sulfur	S	16	32.065
Gallium	Ga	31	69.723	Tantalum	Ta	73	180.9497
Germanium	Ge	32	72.64	Technetium	Tc	43	[99]
Gold	Au	79	196.9665	Tellurium	Te	52	127.60
Hafnium	Hf	72	178.49	Terbium	Tb	65	158.92534
Hassium	Hs	108	[265]	Thallium	Tl	81	204.3833
Helium	He	2	4.002602	Thorium	Th	90	232.0381
Holmium	Ho	67	164.93032	Thulium	Tm	69	168.93421
Hydrogen	H	1	1.00794	Tin	Sn	50	118.710
Indium	In	49	114.818	Titanium	Ti	22	47.867
Iodine	I	53	126.90447	Tungsten	W	74	183.84
Iridium	Ir	77	192.217	Ununbium	Uub	112	[277]
Iron	Fe	26	55.845	Ununhexium	Uuh	116	[289]
Krypton	Kr	36	83.80	Ununnilium	Uun	110	[269]
Lanthanum	La	57	138.9055	Ununoctium	Uuo	118	[293]
Lawrencium	Lr	103	[262]	Ununquaclium	Uuq	114	[289]
Lead	Pb	82	207.2	Ununnunium	Uuu	111	[272]
Lithium	Li	3	6.941	Uranium	U	92	238.02891
Lutetium	Lu	71	174.967	Vanadium	V	23	50.9415
Magnesium	Mg	12	24.3050	Xenon	Xe	54	131.293
Manganese	Mn	25	54.938049	Ytterbium	Yb	70	173.04
Meitnerium	Mt	109	[268]	Yttrium	Y	39	88.90585
Mendelevium	Md	101	[258]	Zinc	Zn	30	65.39
Mercury	Hg	80	200.59	Zirconium	Zr	40	91.224
Molybdenum	Mo	42	95.94				

7. 원소주기율표

1	2	3	4	5	6	7	8	9	10	11	12	13	14	15	16	17	18	*n*
1 H Hydrogen																	2 He Helium	1
3 Li Lithium	4 Be Beryllium											5 B Boron	6 C Carbon	7 N Nitrogen	8 O Oxygen	9 F Fluorine	10 Ne Neon	2
11 Na Sodium	12 Mg Magnesium											13 Al Aluminium	14 Si Silicon	15 P Phosphorus	16 S Sulfur	17 Cl Chlorine	18 Ar Argon	3
19 K Potassium	20 Ca Calcium	21 Sc Scandium	22 Ti Titanium	23 V Vanadium	24 Cr Chromium	25 Mn Manganese	26 Fe Iron	27 Co Cobalt	28 Ni Nickel	29 Cu Copper	30 Zn Zinc	31 Ga Gallium	32 Ge Germanium	33 As Arsenic	34 Se Selenium	35 Br Bromine	36 Kr Krypton	4
37 Rb Rubidium	38 Sr Strontium	39 Y Yttrium	40 Zr Zirconium	41 Nb Niobium	42 Mo Molybdenum	43 Tc Technetium	44 Ru Ruthenium	45 Rh Rhodium	46 Pd Palladium	47 Ag Silver	48 Cd Cadmium	49 In Indium	50 Sn Tin	51 Sb Antimony	52 Te Tellurium	53 I Iodine	54 Xe Xenon	5
55 Cs Cesium	56 Ba Barium	57~71 La~Lu	72 Hf Hafnium	73 Ta Tantalum	74 W Tungsten	75 Re Rhenium	76 Os Osmiun	77 Ir Iridium	78 Pt Platinum	79 Au Gold	80 Hg Mercury	81 Tl Thallium	82 Pb Lead	83 Bi Bismuth	84 Po Polonium	85 At Astatine	86 Rn Radon	6
87 Fr Francium	88 Ra Radium	89~103 Ac~Lr	104 Rf Rutherfordium	105 Db Dubnium	106 Sg Seaborgium	107 Bh Bohrium	108 Hs Hassium	109 Mt Meitnerium	110 Uun Ununnilium	111 Uuu Unununium	112 Uub Ununbium		114 Uuq Ununquadium		116 Uuh Ununhexium		118 Uuo Ununoctium	7

														n
57 La Lanthanum	58 Ce Cerium	59 Pr Praseodymium	60 Nd Neodymium	61 Pm Promethium	62 Sm Samarium	63 Eu Europium	64 Gd Gadolinium	65 Tb Terbium	66 Dy Dysprosium	67 Ho Holmium	68 Er Erbium	69 Tm Thulium	70 Yb Ytterbium	71 Lu Lutetium	6
89 Ac Actinium	90 Th Thorium	91 Pa Protactinium	92 U Uranium	93 Np Neptunium	94 Pu Plutonium	95 Am Americium	96 Cm Curium	97 Bk Berkelium	98 Cf Californium	99 Es Einsteinium	100 Fm Fermium	101 Md Mendelevium	102 No Nobelium	103 Lr Lawrencium	7

알기쉬운 식품분석

2017년 2월 16일 개정판 발행
2019년 2월 26일 1 쇄 발행

저 자 : 손 종 연
발행인 : 임 종 철
발행처 : 도서출판 **진 로**
등록 : 제6-0660호
주소 : 서울특별시 동대문구 답십리동 530-11 (의증빌딩 3층)
TEL : 02-2215-0203
FAX : 02-2216-0208
ISBN : 978-89-86877-99-1(93570)

정가 20,000 원